消费者
重点关注指标
通用技术指南

李　超　王庆华　杨　蕾
许春平　蔡洁云　编著

XIAOFEIZHE
ZHONGDIAN GUANZHU ZHIBIAO TONGYONG JISHU ZHINAN

华中科技大学出版社
http://press.hust.edu.cn
中国·武汉

内容简介

  21世纪进入体验经济时代，消费体验至关重要。现行卷烟产品标准是一种理性的标准，是基于生产工艺和技术水平而提出的，未能充分体现消费者体验。用户标准是感性的，应从消费者体验出发构建评价指标体系。产品标准是及格线，用户标准是美誉线。本书通过调研、反馈等获取信息，从五感维度确定消费者重点关注指标并评价，建立卷烟消费者体验通用技术指南，引导企业以体验为导向提升品质，满足消费者需求，为开发设计及构建标准技术体系提供指导。

图书在版编目（CIP）数据

消费者重点关注指标通用技术指南 / 李超等编著 . —— 武汉：华中科技大学出版社，2024.8.
ISBN 978-7-5772-0872-5

Ⅰ . TS452-62

中国国家版本馆 CIP 数据核字第 2024XV7312 号

消费者重点关注指标通用技术指南   李　超　王庆华　杨　蕾
Xiaofeizhe Zhongdian Guanzhu Zhibiao Tongyong Jishu Zhinan   许春平　蔡洁云 编著

策划编辑：吴晨希
责任编辑：王炳伦
封面设计：原色设计
责任校对：刘　竣
责任监印：朱　玢
出版发行：华中科技大学出版社（中国·武汉） 电话：（027）81321913
　　　　　武汉市东湖新技术开发区华工科技园 邮编：430223
录　　排：华中科技大学惠友文印中心
印　　刷：湖北新华印务有限公司
开　　本：787 mm×1092 mm　　1/16
印　　张：24.25　插页：2
字　　数：517 千字
版　　次：2024 年 8 月第 1 版第 1 次印刷
定　　价：219.00 元

编辑委员会

前言
PREFACE

21世纪已进入体验经济时代,消费体验在企业营销策略管理中扮演着越来越重要的角色,一个产品能否在激烈的市场竞争中脱颖而出,很大程度上取决于该产品能否更好地关注到消费者的体验感受。

现行卷烟产品标准是一种理性的标准,它包含ISO国际标准、国家标准、行业标准、企业标准和工厂标准。现行卷烟产品标准主要是基于当前的生产工艺和整体技术水平制定的,未充分考虑消费者的体验过程及感官感受。用户标准是一种感性的标准,从消费者体验的角度出发,基于消费者的视觉、听觉、触觉、嗅觉和味觉"五感"主观感知特点构建不同于现行产品标准的评价指标体系,即在保障安全和质量要求的基础上整合产品的视觉感知特性、听觉感知特征、触觉感知特性、嗅觉感知特性和味觉感知特性,力图使评价指标能够直观地反映消费者需求,回应消费者内心的呼声。因此,从某种意义上来说,产品标准是及格线,而用户标准则是美誉线。唯有赢得消费者的心,才能在日趋激烈的市场竞争中勇立潮头。

本书通过市场调研、售后反馈,以及产品研发过程中反馈获取的信息,从听觉、视觉、触觉、嗅觉、味觉五个感觉维度来进行梳理、分类和研究,确定消费者体验过程中的关注指标,并将消费者关注指标以定量或定性的方式进行评价,从而建立起基于消费者体验的通用技术指南,减少和避免卷烟产品在使用过程中让消费者产生不愉悦的体验感受,引导工业企业在设计、生产、检验卷烟产品环节,以消费者的体验感受为导向来进一步提升卷烟产品品质,从而满足人民日益增长的美好生活需要,并为企业开发设计相关卷烟产品以及构建从消费者体验角度出发的卷烟产品标准技术体系提供指导。

编者

2024年4月

目录

CONTENTS

第一章　消费者关注指标调研概述 /1

第一节　国内卷烟消费的趋势变化及特征 /2

第二节　云南品牌卷烟市场营销售后信息反馈 /10

第三节　本章小结 /18

第二章　卷烟消费者体验过程重点关注指标的调查研究 /19

第一节　概述 /20

第二节　案头研究 /21

第三节　定性调研执行及研究 /30

第四节　定量调研执行及研究 /89

第五节　卷烟消费体验结构方程模型构建及指标集体系验证 /227

第六节　指标集体系在产品研发及维护流程中的应用 /248

第三章　消费者体验过程关注指标 /261

第一节　基于"五感"的消费者体验过程关注指标 /262

第二节　消费者体验过程关注指标指南 /276

第三节　本章小结 /283

第四章　消费者体验过程重点关注质量指标影响机理的研究 /285

第一节　产品小盒开闭合性能研究 /286

第二节　卷烟纸破损产生的机理研究 /287

第三节　小盒上胶故障导致相关质量缺陷产生的机理研究 /290

第四节　烟支过滤嘴脱落相关质量缺陷产生的机理研究 /291

第五节　小盒透明纸相关质量问题的机理研究 /293

第六节　烟条内缺包质量缺陷问题的机理研究 /298

第七节　小盒封签质量缺陷问题的机理研究 /302

第八节　软包硬化小盒透明纸偏紧导致取出烟支后小盒变形问题的机理研究 /304

第九节　小盒密封度合格率整体提升的机理研究 /307

第十节　本章小结 /310

第五章　消费者体验过程重点关注指标的应用 /313

第一节　消费者体验过程重点关注的缺陷指标和引领指标的方法研究 /314

第二节　消费者体验过程重点关注指标在云产卷烟中的应用 /369

第一章

消费者关注指标调研概述

第一节 国内卷烟消费的趋势变化及特征

一、国内消费环境概述及发展趋势

（一）主流消费群体的演化特征

年龄是划分群体性消费价值观最简单和最直接的方式：出生于不同年代的人群，由于宏观环境、成长环境等方面的不同，基本画像和消费价值观也展现出了很大的差别。近几十年来，随着国力提升、国民收入水平提升、民族文化自信增强、消费升级等因素的带动，我国消费主体及其消费行为也发生着巨大变化，主流消费人群圈层化变迁趋势尤为突出。

1. 消费群体经历了 4 个代际演进

结合现有国民人口结构和消费心理特点来看，我国人口代际群体演进经历了 4 个代际。一是匮乏一代，主流人群以 50、60 后为主，70 后为辅，这三个代际的人群成长于物质匮乏、文化趋同的大环境之下，传统保守、从众、以必需品为主是他们的共同消费特点。二是补偿一代，主流人群以 60、70 后为主，80 后为辅，这部分人在后计划经济、社会巨变（开始学习西方）的影响下，消费开始从同质化为主转为逐步细分，补偿消费开始爆发。三是接轨一代，主流人群以 80 后为核心，90 后开始崭露头角。这部分人成长在经济、物质、互联网快速发展且西方文化加快涌入的大环境下，他们倡导与国际接轨，消费品日渐丰富且消费两极分化开始凸显。四是自主一代，主流人群以 90 后为核心，95 后渐成主流，00 后也开始崭露头角。这部分人是互联网原住民，成长在商品极大丰富、中国文化复兴的大背景下，悦己消费、个性消费、国潮消费、尝鲜消费成为这部分人的消费特点。

2. 新主流消费群体四大力量崛起

（1）上中产阶级、新中产阶级与轻中产阶级成为品质消费主导与消费市场中坚。

全国上中产阶级（包括年可支配收入 13 万以上的狭义上中产家庭，也包括年可支配收入 25 万以上的富裕家庭）在 2020 年已经突破 1 亿户，达到全国家庭总数的 30%，上中产阶级与富裕家庭成为我国社会的主导性力量。上中产阶级是消费升级的主力，今后五年，上中产阶级的消费增速将达到年均 17%，他们势头凶猛地从"购买产品"

转向"享受服务"、从"满足日常生活需求"转向"改善生活品质"。

新中产主要由80后组成，大多来自一二线城市，普遍接受过高等教育，有先进的生活方式和价值观，净收入10万～50万或可投资资产20万～500万，群体人数大约2亿，是当前我国最有质量的消费群体。

轻中产是介于普通大众和新中产之间的轻资产人群，具有四大特征：年轻，以80、90后为主力军，25～40岁的人群占比高达61.4%；教育背景良好，本科以上学历占比59.7%；多居于国内一二线城市，年收入在20万以上；注重文化消费、健康消费、智能消费，注重生活品质。据有关机构预测，新中产与轻中产群体人数在2030年将超过5亿，正在成为消费的中坚力量，将推动中国消费进一步升级转型。

（2）新老人（银发族）成为品牌商关注的新焦点。

该圈层主要泛指60岁以上的人群，可支配收入介于普通工薪退休人群和上中产之间，预计到2050年该圈层人口或将超过4亿。预计2050年，我国将拥有60万亿元银发族消费市场空间。"最与时俱进的一代"是这部分人群的标签。

（3）新小镇青年逐渐成为消费主力。

该圈层年龄结构为25～35岁，当前大约有2.27亿人，生活在三四线及以下城市的县级市，是当前国货经济的支撑力量。这部分人群在消费市场中逐渐成为主力，被称为"精神青年"。

（4）Z世代成为新式消费的中坚力量。

该群体被称为"最幸福的一代"，包括在1995—2009年出生的人群（不少机构也将中国Z世代更为精确地定义为1998—2014年出生的人），目前该群体大约有2.64亿人，是移动互联网的电子原住民，多受过高等教育，独生子女居多，住房压力小，他们都较为现实且善于跨圈层对话，视消费为个人标签的表达，乐为颜值和悦己买单，消费前必做好功课，有更加鲜明的新消费理念。

（二）主流消费群体需求变迁

从需求端来看，不管哪个圈层，消费者对高品质产品和服务的需求增强存在共同趋势，不同圈层的消费者都日益重视整体体验，品质消费、智能消费、健康消费、悦己消费等正在成为消费热点。

1.品质优先的消费特征日益明显

随着物质的不断丰富和收入水平的提高，人们的消费不再仅限于满足最基本的生活需要，而是更加注重高品质的商品及服务质量，尤其是新一代消费者，他们逐步掌握消费话语权，不再单纯追求低价，转而追求性价比的好物；他们不再单纯关注商品本身，开始在消费上投注自身的精神个性，主打品质消费的新时代已经到来。

2. 智能、智慧产品消费日趋流行

科技水平的持续提高、互联网与人工智能的快速发展，加速了各门类产品迭代，推动了智能化、智慧化产品消费的日趋流行。长远来看，新一代信息技术的不断成熟与发展，必然催生更多的"智慧+"消费增长点。

3. 线上线下融合消费趋势持续显现

网络经济与人们的生活越来越密切相关，线上购物仍将继续深入发展，向各个不同地域、品类、人群渗透并不断提升，而线上线下的融合将会加快，由此促使消费市场的新业态、新模式进一步扩展。

4. 消费升级和需求收缩并存

国内社会经济长期向好的基本面依旧，消费升级的整体步伐不会放缓，但以品质化、多样化和个性化为特点的消费升级持续发展的同时，当前宏观经济下行对于我国市场消费的影响持续凸显，未来两年市场消费的分化仍然会延续，消费升级与消费降档也将同时并存，成为消费行为的两端。

（三）主流消费群体的消费心理变迁

1. 日渐注重消费的健康性

物质水平和大众健康意识的逐年提高，推动消费从早先物质短缺时代基本的功能需求，逐渐过渡到当前日益注重消费的健康性，绿色、品质成为多领域消费者的共同诉求，大众在消费领域就更加注重各类消费品的健康和环保，这也是今后消费领域的主流趋势。

2. 日渐注重消费的精神性

物质的丰富和功能性需求的逐渐满足，大众在各领域的消费需求开始从物质的基本功能层面上升到精神需求层面，商品在产品价值之外，还需要有精神价值才能得到消费者的认可，可以说消费升级的一个表征就是从物质上升到精神，大众日益注重商品的情绪价值和认同价值。

3. 日渐注重消费的体验性

不同圈层的消费者，对消费体验的诉求日趋重视，消费场景的布局、陈设、格调以及是否便捷、高效、舒适等，都成为影响消费者心情和感受的因素。令消费者获得满意的体验，已经成为各领域商家吸引消费者、促进消费的主要手段。

4. 理性消费与悦己（个性）消费并存

随着消费需求的变迁，"只买贵的，不买对的"等消费观念已被"买精买好"的观

念所取代，追求用合适的价格高效地选到有用的好东西是当前消费者的主要消费观。与此同时，Z世代逐步成为消费市场的新宠，并正在构建新的流量中心，"为爱买单、自我满足"成为Z世代的消费标签。这两大群体整体造就了理性消费和悦己消费的并存。

（四）主流消费群体的消费行为变迁

1. 从大众化产品到品牌化消费

从物质匮乏到物质丰富，大众消费需求也从基本功能层面上升到精神价值层面，商品也从单纯的产品演化为品牌，不仅承载为消费者提供产品功能的责任，而且还衍生出为消费者提供认知价值和情绪价值的功能，消费也从过往的大众化进化为品牌化。

2. 从平民化消费到高端化消费

伴随社会经济的快速发展，在商品物质日趋丰富和大众收入水平不断提高、中等收入群体显著扩大的共同加持下，物质匮乏及收入有限时代以极致性价比为特点的平民化消费，逐渐让位追求有更多附加价值的高端化消费；从单纯的产品购买到更加注重品质、品牌、服务、文化理念等有更多附加价值的消费将成为更多人群的选择。

3. 从崇洋消费到国潮兴起

随着我国国力与国际话语权的提升，人民文化自信、民族自豪感得以提升，中国传统文化备受关注，越来越多的消费者愿意为中国传统文化而消费，高涨的民族文化自信和传统文化复兴潮流，将在较长时期内推动国货消费品牌高速发展。

4. 从从众消费到个性化消费

在以往商品匮乏时代，可供选择的商品较少，加之彼时普通大众经济收入有限，信息闭塞导致思想认知差别不大，以60、70后为核心的消费人群的从众消费特征突出。近年来，80、90后开始成为消费主力，物质丰富、信息多元，他们的消费观念开始分化。尤其是Z世代逐渐步入职场，展现出惊人的消费能力，他们的消费往往是求新和求不同，通过消费表达个性主张和实现自我外显，热衷以消费打造个人标签、进行个性表达，愿意为情绪价值买单，越来越多"有态度的消费者"、越来越追求"独异性的消费社会"将是当下消费市场的核心走势。

5. 从传统消费到智能化消费

商品、信息的丰富和经济收入的提升，使人们的消费范围从传统消费领域向新兴的、追求生活质量的享受型消费领域转变。人工智能、大数据等多种新技术的广泛应用，潜移默化地改变着人们的消费习惯。尤其新一代消费群体对生活、社交以及购物有更高的要求，对新技术也有较强的接受能力，消费从内容到形式都呈现从传统消费向智能化消费迈进的趋势。

（五）疫情对商业消费趋势的新影响

1. 大众消费态度相对审慎和保守

大众的消费态度相对疫情前更加审慎和保守，尤其当前经济下行压力增大，居民收入增速明显放缓，削弱了消费能力；同时，未来的不确定性增大，居民避险情绪上升，增加预防性储蓄，冲动消费倾向下降。

2. 大众消费观转向长期主义与回归本质

大众消费更趋向于产品的基本核心价值，过去几年的新消费风口渐渐回落，当流量红利失效，消费者的追求又转向长期主义的时候，大众消费观回归本质的趋势日渐凸显。

3. 去伪存真，更倾向高信任度、高社会责任感品牌

大件商品售后问题频出，推动了消费者选择高信任度品牌（大品牌）；环保成为企业社会责任认知的重要维度，碳中和产品与包装设计成为新热点。疫情过后，消费者的这一选择并没有本质改变，高信任度、高社会责任感的大品牌在消费者心目中的地位不可动摇。

二、国内卷烟消费的趋势变化及特征

综合市场调研和国内主要参考文献的研究成果来看，随着国内消费环境出现新变化，作为快消品的卷烟消费也随之持续变迁。卷烟消费从外观体验、品吸体验、情感体验等都出现系列新需求，由此导致消费动机、消费场景、消费心理随之出现新变化，整体呈现如下消费新趋势。

1. 悦己享受成为抽烟最主要的动机

调研数据显示，悦己享受已经成为抽烟最主要的动机。在"悦己享受、提神醒脑、缓解压力、身份标识、社交融入、好奇尝试"等六大项抽烟的主要动机中，选择比重最高的是"悦己享受"，有31%的受访者不约而同都选择了该选项。从细分年龄段抽烟动机的前三选项来看，在18～25岁、26～35岁、36～45岁、46～55岁、56～65岁等5个不同年龄段的烟民中，"悦己享受"始终是第一位的（见图1-1）。这充分表明，大部分烟民都能从抽烟过程中体会到愉悦感。因此，卷烟产品已经不仅是满足烟瘾的功能性产品，而是满足现代人精神需求的悦己型产品。

针对这一趋势，卷烟产品的研发和提质需要优先考虑强化抽烟带来的愉悦感和满足感，如强化抽吸过程的仪式感、令人愉悦而丰富的香气、香气缓释、口味变化与层次感、烟包设计的文化价值与收藏属性，以及卷烟及其周边产品强化可玩性。

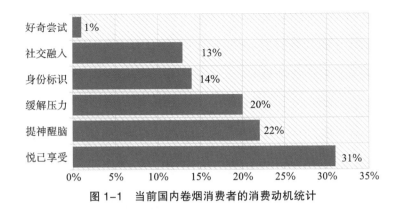

图1-1 当前国内卷烟消费者的消费动机统计

2. 抽烟成为年轻消费者解压的选择

变快的生活节奏、较长的工作时间、高企的房价、老龄化导致的人口结构压力以及社会竞争压力等问题的存在，缓解压力成为年轻人重要的抽烟动机之一，有20%的烟民因为缓解压力的目的而抽烟，而这一比例在45岁以下的人群中比例更高（见图1-2）。

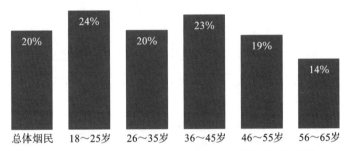

图1-2 "缓解压力"成为年轻人最主要的抽烟动机统计

针对这一趋势，产品研发的主要出发点之一就是考虑如何支持年轻人度过艰难的时期，让更好的吸烟体验帮助他们有效缓解压力，如气味解压、烟气可视化、结合自然、包装上加入治愈性文字等。

3. 烟民的健康意识上升

一方面，人们比过去更加关注自己的身心健康，健康消费成为国内消费新趋势；另一方面，控烟形势日益严峻、控烟信息持续传播，烟民对卷烟消费的健康意识不断上升。结合本次调研及相关咨询机构的研究来看，尽管抽烟有害健康是普遍共识，但依然有接近9成的烟民想抽健康一点的烟，由此可见，卷烟对健康的影响最小化是烟民永恒的追求。

此外，在烟民对健康的顾虑中，呼吸道健康是重要的关注点，但值得注意的是，提到"吸烟会让牙齿和手指变黄"的比例超过了呼吸道健康的比例，这说明吸烟带来的外表的改变可能是更为普遍的问题。

针对这一趋势，产品研发和提质改造需要着眼消费者的健康需求和健康困扰，从中支烟、细支烟、低焦烟入手，同时探索将技术的应用转变为可被消费者感知的功效，将健康成分、减害技术转化为可感知、可测量的产品。

4. 抽烟对年轻人的社交属性衰减

调研结果显示，社交融入不再是年轻人主要的抽烟动机之一，仅有13%的烟民将"社交融入"作为最主要的抽烟动机，这一比例低于"悦己享受""缓解压力""提神醒脑""身份标识"。对于年轻烟民而言，"派烟"这一社交活动逐渐从他们的抽烟过程中淡化。

5. 抽烟场景分化

调研结果显示，尽管年轻烟民越来越少地把烟作为社交工具，但香烟在社交场景中依旧活跃。有57%的烟民声称他们在派烟时，会单独准备一包烟，用于社交场合派烟，还有3%的烟民会随身携带几种不同的烟，根据对象来派烟。而对于依然有派烟习惯的年轻烟民来说，有超过6成的人会另外准备一包烟用于社交场合派烟，不同年龄的烟民均有半数或超过半数的人会携带其他香烟用于社交场合派烟。这表明对消费者而言，不同的卷烟产品已经有了场景分化，且大部分烟民心目中有自己衡量标准，对他们来说，"口粮烟"与"社交烟"之间有清晰的划分。

针对这一趋势，就需要积极探索卷烟品牌以及产品的研发设计，要针对不同的场景进行定位。鉴于消费者往往根据他们的直觉选择卷烟品牌，因此非常有必要对烟民群体进行深入研究，针对不同场景以及不同场景衍生出的需求，重新梳理产品线，对产品进行明确定位，降低烟民购买时的决策成本，建立购买过程中的"心智捷径"。

6. 对卷烟产品的忠诚度降低

在卷烟产品日益丰富、细分和同质化的当下，消费者的选择也越来越多元化。调研结果显示，仅有12%的烟民声称已经有了固定消费的产品，不会考虑其他卷烟，而77%的烟民会选择购买一些新产品来换换口味，更有11%的烟民没有固定消费的产品，对这部分烟民而言，更换产品尝鲜是一种常态。

针对这一趋势，卷烟产品的研发就需要着重做好4个方面的工作：一是做好品牌与产品差异化；二是强化与烟民的情感联系；三是沉淀价值用户并进；四是缩短产品创新和产品开发周期。

7. 去标签化趋势初露端倪

随着卷烟社交工具角色的淡化，以及整体社会价值取向的变化，去标签化的趋势呈现出端倪：总体有17%的烟民不希望别人知道他抽的是什么烟，不少烟民希望自己抽的烟尽可能低调。调研结果也表明，主抽高价位的烟民有更高的去标签化意愿，如主抽30元及以上卷烟的烟民有更高的比例希望别人不知道他抽的是什么烟，在社交、商务场合进行派烟时，这部分消费者尤为注意这一点（见图1-3）。而对于主抽30元以下卷

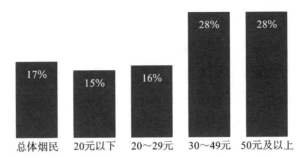

图1-3　非常同意＋比较同意"不希望别人知道我抽的是什么烟"统计

烟的烟民来说，他们消费降级后不愿被别人轻易地进行横向比较。

针对这一趋势，需要注意的是，绝大部分烟民仍然需要香烟足够醒目、个性化，但不能忽视烟民群体在此出现了分化，这一个细分群体与其他烟民相比，拥有不同的需求。因此，产品研发就应该兼顾考虑，如使用简洁与简约的包装风格、品牌符号化、成立新品类或子品牌、体现原料品质和包装质感等。

8. 抽烟的利他考虑高企

随着国民整体素质的不断提升，有更多的烟民在抽烟时会为他人考虑，不仅包括家人，也包括身边的朋友、同事等。调研表明，有88%的烟民同意"我希望我抽烟可以尽量不影响他人"这一观点。细分群体来看，女性及26～45岁的烟民更注重抽烟不影响他人（见图1-4）。

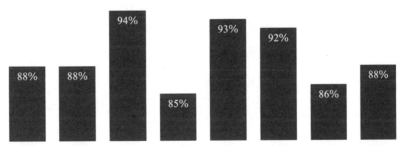

图1-4　非常同意＋比较同意"我希望我抽烟可以尽量不影响他人"统计

烟民认为抽烟对他人的困扰主要集中在气味和烟灰两方面，有18%的烟民表示抽完烟以后身上太臭，也有17%的烟民表示到处飞的烟灰给他们和他们身边的人造成了困扰。

针对这一趋势，卷烟产品的研发就应致力于消除烟民的顾虑，使他们的抽烟行为尽量不打扰到其他人，如残留气味更小／无残留；气味好闻不臭；主动消除气味；烟灰不易断、不乱飞；阻燃／自动熄灭。

9. 中国信心澎湃

当今中国处于一个民族自豪感空前高涨的时代，国潮市场品牌增速是普通品牌的三倍多，越来越多的消费者愿意为中国产品消费，渴望在国潮消费中找到对中国文化的存在感、归属感、成就感。

针对这一趋势，要坚定中式卷烟的发展方向，在卷烟品牌的塑造和产品的研发方面，注重"中国"要素，如品牌历史、中国制造、城市地标、家国情怀、文化背书等。

10. 女性烟民不可忽视

女性烟民数量正在增长，2021年中国女性成人吸烟者数量超过1000万。纵观全球，女性吸烟率高的地区通常具备下面4个驱动力中的一个或多个：男女平权、劳动参与率高、烟草公司针对女性客户制定了独特的营销活动、因为怀孕而戒烟的医学观念较为薄弱。从当前来看，中国女性烟民对抽烟行为还有一定的负罪感，这种心理不仅源于长久以来的社会观念，也源于男性眼中的形象压力。但有理由相信，随着社会的发展、女性对自我的追求会越来越强烈，她们的吸烟羞耻感也正在降低。另外，女性烟民购烟时更多考虑焦油含量或特定口味，对价格敏感度更低，女性烟民对新奇的口味有更高的接受度，亦如她们更愿意尝试多样化的美食。

针对这一趋势，卷烟产品的研发和传播推广应对女性烟民给予更多的关注和支持，如帮助女性摆脱抽烟羞耻感，减轻来自他人的形象压力，推出男女均可接受、不带有明显性别特征的产品；注重低焦油产品，但更重要的是拥有醒目的标识和引导，帮助女性筛选出她们喜欢的烟；加快产品创新的步伐，参考其他领域的口味趋势，带有更多"网红"口味也是一种吸引女性消费者的方式。

第二节　云南品牌卷烟市场营销售后信息反馈

一、消费者信息反馈的渠道和内容

目前从市场上采集的消费者反馈的售后信息主要通过日常营销活动走访、400客服专线和本香平台等三大渠道。对2021—2023年采集的市场售后反馈信息进行归集、处理和分析后，发现消费者反馈的信息主要包括消费者质量投诉和消费者相关咨询两大类。

消费者的质量投诉层面信息是云南产卷烟产品质量在供销各环节活动中产生的数据情报资料，能保证消费者投诉的质量问题能及时得到解决和赔付，旨在提升消费体验，提振消费活力。

消费者的相关咨询层面信息是消费者通过相关渠道发起的产品信息咨询，以及云南中烟主动向消费者对在销产品发起的调研征询。信息内容主要包括卷烟产品的真伪辨别、价格咨询、新老版本特点咨询、扫码问题咨询。

二、消费者信息反馈的主要类型

1. 产品质量投诉处理类

部分消费者反馈的信息以投诉赔付的形式反馈，消费者认为消费体验降低，需要进行售后处理。2021—2023 年，共受理消费者投诉 152 起，有效投诉共 26 起，具体详见表 1-1。

表 1-1 2021—2023 年售后服务处理汇总

序号	品牌规格	质量原因	数量/条	投诉地	投诉渠道	鉴定缺陷	鉴定结果
1	玉溪（软）	油封损坏	0.8	上海	零售户	小盒透明纸粘贴错位、破损且小盒拉带位置不正确	制造环节
2	玉溪（软）	烟包损坏无油封	0.2	上海	零售户	小盒严重变形且露出烟支	制造环节
3	玉溪（软）	小包商标错位	4.4	上海	零售户	小盒封签歪斜	制造环节
4	云烟（印象）	薄膜纸褶皱	0.1	海口	零售户	小盒透明纸破损、褶皱、泡松	制造环节
5	玉溪（尚善）	薄膜纸褶皱	0.1	海口	零售户	小盒透明纸破损、翻折露出小盒	制造环节
6	云烟（细支云龙）	包装内有异物	1	成都	零售户	透明纸内包有非烟草异物	制造环节
7	玉溪（硬）	烟支空头	0.1	乐山	消费者	小盒商标纸破损	制造环节
8	红河（软88）	嘴棒脱胶	7	长治	零售户	烟支滤嘴脱落19盒	制造环节
9	玉溪（软）	小包包装异常	0.1	内江	零售户	小盒商标有非烟草异物	制造环节
10	玉溪（中支和谐）	缺烟嘴爆珠	2.1	西昌	零售户	缺烟嘴爆珠18盒	制造环节

序号	品牌规格	质量原因	数量/条	投诉地	投诉渠道	鉴定缺陷	鉴定结果
11	云烟（中支金腰带）	烟包包装不齐	1	红河	消费者	小盒透明纸粘贴错位10盒	制造环节
12	红塔山（经典100）	条盒包装破损	1	红河	消费者	小盒盖左侧严重破损10盒	制造环节
13	云烟（细支云龙）	盒盖打不开	0.6	达州	零售户	小盒盖无法打开6盒	制造环节
14	玉溪（硬）	过滤嘴掉头	0.1	资阳	消费者	烟支滤嘴脱落1支	制造环节
15	玉溪（硬和谐）	整条缺包	1	普洱	消费者	条内少2包	制造环节
16	云烟（软珍品）	内衬纸褶皱	1.9	鞍山	消费者	小盒内衬纸褶皱11盒	制造环节
17	云烟（软珍品）	整条缺包	1	大连	零售户	条内缺包1盒	制造环节
18	威斯（小熊猫）	封签歪斜	0.4	重庆	零售户	小盒封签歪斜4盒	制造环节
19	红塔山（硬经典100）	烟支空头	1	重庆	零售终端	烟支滤嘴脱落51支	制造环节
20	玉溪（硬和谐）	整条缺包	1	个旧	消费者	条内缺包2盒	制造环节
21	玉溪（创客）	外包装异常	0.1	广元	消费者	小盒翻盖侧面内折	制造环节
22	云烟（细支珍品）	外包装异常	0.2	广元	消费者	小盒透明纸破损、翻折露出小盒	制造环节
23	云烟（软大重九）	烟包脱胶	0.4	绵阳	消费者	小盒底部粘贴不牢2盒	制造环节
24	云烟（软大重九）	小包封签	1	株洲	零售户	小盒封签反贴4盒	制造环节
25	云烟（软珍品）	小包破损	0.2	绵阳	零售户	小盒透明纸破损、褶皱	制造环节
26	云烟（小熊猫家园）	小盒透明纸内夹杂异物	0.1	济南	消费者	小盒透明纸内包裹异物	制造环节

2. 400 客户服务专线信息类

400 客户服务专线主要为广大客户提供云南产卷烟产品信息查询、咨询、投诉等相关售后服务，由专人接听处理并及时进行信息收集反馈。2021—2023 年，400 客户服务专线共受理的客户来电中投诉电话 385 个（质量及直播方面），咨询防伪 2015 个，咨询价格 722 个，其他的咨询 2802 个。

（1）来电投诉类信息。

在来电投诉类信息中，消费者主要关注的是条盒外包装破损、有异物、有污迹、条缺包、烟支霉变、烟支空头、过滤嘴掉色、过滤嘴水松纸过长等。从近 3 年的来电投诉信息情况看，投诉信息主要涉及云烟（紫）、云烟（软大重九）、云烟（软珍品）、云烟（小熊猫家园）、云烟（细支珍品）、云烟（细支云龙）、玉溪（软）等主销规格，以及云烟（中支小重九）、云烟（云端）、云烟（黑金刚印象）等新品、次新品规格（见表1-2）。

表1-2　2021—2023年来电投诉统计情况

投诉品规	投诉次数	投诉主要问题	处理结果
云烟（软珍品）	59	烟支空头30个，整条缺包1个，外包装破损或未包好等质量问题5个，小包未封好3个，烟支破洞1个，过滤嘴瑕疵4个，内衬纸未包好1个，烟支污渍1个，虫蛀5个，霉变3个，烟支瑕疵3个，异物1个，吸味异常1个	满意
云烟（紫）	41	烟支空头6个，霉变2个，吸味异常17个，烟支中空1个，烟支上有污渍1个，小盒未封好1个，小盒破损4个，内衬纸外露1个，异物3个，无烟支、少烟支、虫蛀、过滤嘴未包好、烟丝脱落等均1个	满意
云烟（软大重九）	30	霉变、渗油18个，异物2个，缺包、过滤嘴无海绵头、小包破损、空头、烟支污渍、烟丝脱落等均1个，虫蛀2个，烟支破损2个	满意
玉溪（软）	27	外包装未包好4个，烟支粘连13个，吸味异常4个，烟支渗油、烟丝过少、异物、封签贴歪、过滤嘴水松纸过长、过滤嘴未包好等均1个	满意
云烟（细支云龙）	21	异物2个，烟支中空2个，过滤嘴未包好4个，无打孔、破洞、少烟支、吸味异常、条包未包好、无拉线、虫蛀、无盒盖等均1个，空头3个，小盒破损2个	满意
云烟（细支珍品）	14	过滤嘴掉色14个	满意
云烟（小熊猫家园）	15	空头8个，霉变2个，外包装破损2个，异物、拉线瑕疵、盒盖粘连等均1个	满意
云烟（硬云龙）	10	烟支发霉、过滤嘴瑕疵、无盒盖等均1个，吸味异常2个，小包破损2个，烟支空头3个	满意
红河（软甲）	6	浓烈薄荷味5个，发霉1个	满意
其他	58	云烟系列20个、玉溪系列13个、红塔山系列12个、红河系列3个、雪莲系列1个、呼伦贝尔1个、市场投诉8个	

（2）咨询问题类信息。

咨询较多的问题主要集中在其他咨询、辨别真伪、市场价格。从近3年来的咨询问题信息情况看，其他咨询（含香烟购买渠道、香烟生产日期及保质期、香烟警示语、香烟区域版本问题、香烟外包装细节、本香平台积分问题及兑奖相关问题、假烟举报电话、咨询直播活动等）、辨别真伪、市场价格的受理电话都高于质量投诉问题。其中，辨别真伪共受理2015个，主要咨询辨别真伪的方法以及辨别方法的可靠性；市场价格共受理 722 个，以咨询香烟市场售价为主；新老版本共受理 283 个，咨询改版后外包装变化以及吸味变化；扫码问题共受理 113 个，主要咨询"本香世界"扫码以及积分兑换相关问题；质量投诉共受理 385 个，其中质量投诉包括香烟质量问题，各直播平台奖品未兑现、奖品发错、香烟破损等问题；其他咨询共受理 2802 个，主要咨询香烟购买渠道、香烟生产日期以及保质期、烟包警示语、假烟和高价烟举报途径、办理烟草证、各平台直播活动等（见图 1-5）。

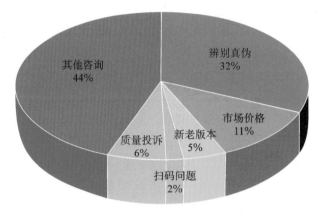

图 1-5　2021—2023 年 400 客户服务专线咨询问题类型占比情况

（3）消费者分布情况。

从近 3 年来消费者分布的情况看，消费者来电较多的省或市依次分别为：云南（952个）、四川（604 个）、浙江（360 个）、广东（332 个）、山东（268 个）、北京（262个）、江苏（219 个）、河北（162 个）、辽宁（144 个）、山西（119 个）、河南（79个）、贵州（43 个），如图 1-6 所示。

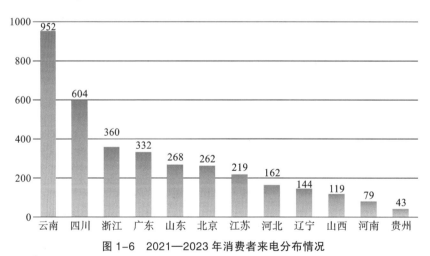

图 1-6　2021—2023 年消费者来电分布情况

3. 日常营销活动反馈类

（1）常态化市场信息反馈。

常态化市场信息反馈是在全国范围内、日常营销活动开展过程中采集到的消费者信息。例如：终端走访活动收集零售户反馈的市场信息；在圈层推广、VIP 邮寄、本香工业体验等面向消费者的活动中，通过调研问卷、深度交流等形式，收集到目标消费群对产品质量的反馈信息。反馈信息主要集中在"卷烟吸味"和"产品包装"两个维度，正向指标较多，负向指标较少。以 2023 年 7 月汇总采集的信息来介绍消费者的信息反馈。

①销量主体品规。

云烟（软大重九）：安徽反映更换新版包装后，包装色彩风格认可度较高；山东反映颜色靓丽吸引眼球，陈列效果有所提升，口感醇和、香气饱满、舒适度高；广西反映吸味纯正，烟草本香醇厚；甘肃反映口感好，烟气饱满纯正，满足感强。

云烟（细支大重九）：西藏反映包装上档次，色调凸显品位；安徽反映更换新版包装后，色彩风格认可度较高，新版包装体现了高端品牌形象；河北反映改版后较之前高档；广西反映翻盖有时较困难，导致烟包破损，烟包质感可以进一步提升；山东反映尊贵典雅、高端大气，是高端细支产品首选；山东反映入口柔和纯净、香味浓郁、满足感强；西藏反映吸味受消费者认可；广西反映吸味醇厚，得到高端消费者认可；甘肃反映入口柔，烟气纯正；深圳反映吸味醇正。

玉溪（软）：山东反映经典搭配，辨识度高，家族式的颜色搭配有辨识度，但是外包装太软；广西反映吸味香甜、醇正，满足感比较好；江苏反映吸味较好，价格适中，吸味质量不稳定，有出现发酸的情况。

云烟（软珍品）：山东反映整体包装大气、给人的视觉效果非常好；江苏反映包装老化，偶尔有空头现象；河北部分消费者觉得吸味不如以前；西藏反映香味充足，吸味较好；广西反映因广西湿度较大，对吸味有一定负面影响；山东反映吸味满足感强、入喉柔和。

②销量支撑品规。

玉溪（双中支翡翠）：广西反映对于喜欢刺激性较弱的卷烟的消费群体，该产品吸引力较强。

玉溪（硬和谐）：西藏反映部分消费者吸味更加柔和，但包装老化；甘肃反映口感纯正，烟量适中。

云烟（小熊猫家园）：深圳反映包装精美，便于携带；天津反映外观色彩清新；安徽反映包装外观比较显眼、上档次，市场认可度较高；广西反映包装设计好看，颜色有质感；甘肃反映 16 支装性价比不高；广西反映香足味浓，入口烟气清新绵柔；河北反映部分消费者觉得吸味不及改版前；山东反映口感良好，各方面都比较均衡，但劲头略有不足。

③重点培育品规。

云烟（黑金刚印象）：广西反映吸味刺激性较强，爆珠体验感不明显；福建反映部分消费者觉得劲头太大；天津反映吸味刺激感较强。

玉溪钓鱼台（84 mm细支）：安徽反映条盒包装比较显眼、上档次，市场认可度较高；广西反映包装华丽时尚，高端优雅，有较高认识度，但包装容易受潮；安徽反映吸味市场评价比较高。

玉溪（中支和谐）：广西反映咖啡色烟支的形象和质感得到认可；安徽反映新包装外观经典元素保留较多，市场认可度较高，但异型条包装不利于分拣；山东反映爆珠清凉润喉，口感醇正；西藏反映爆珠接受度两极分化；广西反映爆珠特性受到中青年消费群体喜爱。

玉溪（鑫中支）：广西反映延续玉溪经典元素，消费者尝试性消费行为较为积极；西藏反映包装精致，延续玉溪品牌风格，识别度高；江苏建议提升产品包装质量；河南反映外观包装视觉冲击不够强；广西反映口感满意。

云烟（中支金腰带）：山东反映香气及吸味无明显提升；甘肃反映抽吸后咽部稍有不适。

④近年上市新品规。

玉溪（中支境界）：安徽反映包装比较精美，市场认可度较高；河北反映小盒包装不够大气；广西反映受全国热销影响，反响较好，消费者认为吸味纯粹，物超所值；安徽反映吸味评价比较高。

云烟（盛世小熊猫）：安徽反映包装外观比较显眼、上档次，吸味评价较好，市场认可度较高；山东反映"活力橙"色调出彩大方，香气饱满，口感醇厚。

（2）本香世界核心消费者信息反馈。

在本香世界网络营销活动中，用户也会提供相关产品信息反馈，如2023年上半年进行的用户问卷调研，通过数据清理、配对分析，调研结果有如下特点。

①消费者认为工业企业的售后服务核心是聚焦产品问询。

超过81%的受访者选择了"满足消费者对产品真伪、价格、特点及改版等情况的问询需求"，六成以上的受访者依次分别选择了"设置400热线、App客户端、小程序等受理客户来电""满足消费者对产品促销及投放情况的问询需求"，紧随其后才是"处理消费者投诉的质量烟"，可见消费者认为工业企业的售后服务更需要的是对于产品的问询。

②消费者最需要的售后服务是产品问询。

超过84%的受访者优先选择了"满足消费者对产品的答疑解惑需求（价格、改版、促销、投放等）"，其次是"投诉渠道通畅、便捷"，有超过七成受访消费者选择该项，还有六成以上消费者选择了"工作人员协调对接相关零售终端，帮助实地解决消费者投诉问题"和"处理态度好"，"投诉反馈及时、赔付快""赔付比例高"的选择占比分别居第五、第六。

③超八成消费者认为工业企业最好的售后服务渠道是微信公众号。

超过81%的受访消费者均优先选择微信公众号；其次是"微信小程序"，64%的受访消费者选择了该项；而传统的"400服务热线"的选择占比仅居第三。另有3.2%的受访消费者勾选了"其他"选项，补充建议主要集中在两方面：希望工业企业不定期在人流量比较大的区域进行产品宣传促销；希望依托公众号推送品鉴视频。

④仅一成消费者选择"400服务热线"进行售后投诉。

工业企业目前最核心的"400服务热线"并不是消费者选择售后服务的首选，依托该渠道能够得到的售后质量信息非常有限。不愿意选择售后的消费者主要是嫌麻烦，选择售后的消费者则更多依托零售终端，零售终端的态度和引导就非常关键，且一旦出现质量售后处理不当，直接后果是消费者弃店和弃品牌，对终端和工业企业都会带来直接影响。

⑤近六成消费者关注卷烟升级改版信息。

超过58%的受访消费者选择了"主动了解，但没有影响"，有超过18%的受访消费者选择"主动了解，有影响"，另有合计超过23%的受访消费者选择"不了解，认为没有影响"和"不主动了解，但会有影响"。整体可见，卷烟升级改版信息能有效传递到消费端仍很关键。

三、消费者最关注的信息点

分析近3年来收集的市场质量信息，消费者关注和投诉的焦点主要有以下三方面。

1. 卷烟真伪

无论是新产品还是老产品，消费者最关心的首先是卷烟真伪，因此无论是营销活动还是400服务热线，卷烟的真伪咨询、真伪辨别咨询都是消费者主要关注的，而对真伪的关注就涉及卷烟的改版升级，新老包装并存的时候，消费者尤其希望得到相关改版信息以辨真伪。

2. 卷烟吸味

消费者对卷烟吸味的关注仅次于卷烟真伪，往往涉及不同批次的同一规格，或同一批次同一规格在不同省区投放，消费群体的吸品体验都有差异，尤其是改版升级的产品，消费者最关心的是"熟悉的配方、熟悉的味道"。

3. 卷烟外观

消费者对卷烟产品（从条盒到小包）的外观质量也非常关注，而相关质量投诉更多的也是与卷烟产品外观有关，包括商标纸歪斜、封条不齐、破损、污染、变形，等等。

第三节　本　章　小　结

　　我国消费主体的变化及消费需求的多元化，给新消费市场巨大的增长空间。Z世代、新小镇青年、新老人、新中产以更加鲜明的消费理念、消费偏好逐渐成为市场和新消费品牌的新焦点。其中，新世代人群对悦己为先最敏感，新老人人群对谢绝焦虑、智能尝新和健康图鉴最看重，新小镇青年对国风国潮和新潮运动最热衷，新中产人群对智能尝新、健康图鉴和谢绝焦虑最感兴趣。卷烟行业亦是如此。且受行业特殊性影响，卷烟消费群体受整体消费趋势影响的同时，其消费动机、消费场景等凸显了不一样的特点，与既往的卷烟消费相比呈现出十大新变化：悦己享受成为抽烟最主要的动机；抽烟成为年轻消费者解压的选择；烟民的健康意识上升；抽烟对年轻人的社交属性衰减；抽烟场景分化；对卷烟产品的忠诚度降低；去标签化趋势初露端倪；抽烟的利他考虑高企；中国信心澎湃；女性烟民不可忽视。

　　面对国内消费趋势的变迁，卷烟消费动机、消费喜好也在持续演变，及时掌握卷烟消费趋势变化，消费者反馈的市场信息的收集和分析运用就尤为关键。作为卷烟产品的最终使用者，消费者最在意的就是产品给予自己的消费体验，首先是购买体验，消费者能便捷购买到自己喜欢的真品卷烟，而对产品有疑问时，也最在意如何便捷鉴别真伪。其次是感官体验，消费者对购买的卷烟产品，从条盒到小包的外观、细节、质感，再到取出烟支的顺畅程度，都会成为影响消费者感官体验的重要因素，可以说，感官体验较大程度会影响消费者对卷烟品牌的既有印象，外在感知的任何细节瑕疵，都可能直接影响消费者对卷烟品规甚至生产厂家的主观印象和忠诚度。再次是消费者对卷烟的抽吸体验，作为入口的商品，吸味是核心要素，"喜爱的老朋友，熟悉的味道"是消费者的关键诉求，而如有吸味异常的体验，售后服务方面的共情理解、合理解释与合情处理将成为留住消费者的关键。另外，对消费者而言，对产品的知情体验也很关键，尤其对于改版产品和新品，消费者希望知晓相关信息。真实收集和梳理分析消费者反馈信息，有助于对质量投诉的焦点以及消费者的关注点有更清晰的了解，通过从消费者关注的物理性指标和心理性指标着手，助力以技术性指标契合卷烟消费者的喜好。

General Technical Guide to
Indicators of Consumer Care

第二章

卷烟消费者体验过程重点
关注指标的调查研究

第一节 概 述

随着时代的发展，消费水平及认知水平亦有所不同，消费体验也进入了不断迭代的过程中。目前，消费已进入全方位式的体验交互时代，消费体验被赋予新的内涵及更广泛的应用。相比单纯的以交易为终点的消费评价方式而言，更多的品牌方开始着重关注消费者从知晓到复购的全流程体验。此过程中品牌与消费者的交互点（触点）、与触点相关的情绪感受（峰终定律）及消费需求（痛点/痒点/爽点）逐渐成为品牌的聚焦点。

体验首先来源于认知。以人类感知为例，视觉、嗅觉、触觉、听觉、味觉之间的相互交互作用形成人脑对于事物整体的认知。在此背景下，卡尼曼的峰终定律证明，消费者记得的事情并没有那么多，但是消费体验的黄金时刻（最初、最高、最终的时刻）却会记忆犹新。与此同时，案例研究发现，越是知名零售企业越注重消费体验，并愿意结合消费体验创新零售模式。提升消费体验感能给消费者带来快乐舒适的情绪感受，消费者更愿意发生购买行为，对于增加品牌与客户黏性，提升品牌认知度及影响力，促进销售业绩提升具有重要意义。

可以说，"关注关键事件，寻找关键时刻"是赋予消费者良好消费体验的有效方法。在此逻辑下，我们要做的就是找出真正影响消费者决策的关键时刻，进行体验设计，从而有效影响消费者的心智与行为。

相比快消品，卷烟因具有一定成瘾性而一度被认为是特殊嗜好品，但其本质仍然是消费品。消费者自我健康意识的觉醒、卷制工艺及研发技术的不断进步，一定程度上推动了卷烟朝着低害节约方向发展，目前大型企业卷烟产品质量较为稳定。在国内卷烟市场总量有限前提下，各大品牌产品不断推陈出新，竞争也越发激烈。单纯以产品质量取胜的竞争道路也越来越窄，"场景化+体验感"的消费模式似乎更受消费者欢迎。可以说，卷烟消费也逐渐进入了全方面体验交互时代。

现行卷烟产品标准主要规定卷烟生产过程中产品质量的控制、关键工艺参数，并未考虑消费者的体验过程及感官感受。BAT、PMI等国际公司早已将卷烟用户体验作为其主要研究方向之一。在产品品质差异化不突出、同质化普遍的背景下，消费体验感越好的产品越容易获得消费者认可。

就烟草行业来说，消费者体验为感性标准，仅从现有的售后反馈来归纳提炼是不够全面的。基于此，本书从关注卷烟消费旅程出发，开展卷烟消费者体验感指标调研研究。从卷烟消费旅程出发，挖掘收集影响消费者体验感指标，基于不同品类、价类、地域分布、不同消费群体下，分析卷烟消费旅程中的峰值、谷值，进一步绘制不同维度不同类别下的卷烟消费体验旅程图，引导工业企业在设计、生产卷烟产品时，高度关注和践行消费者需求导向的给予消费者良好体验的标准化技术发展方向，努力避免产品给消费者带来不愉快的体验，从而提升消费者的满意度和品牌美誉度，提高品牌的形象和影响力。

本章结合营销售后反馈、在售产品消费者测试反馈、卷烟质量控制重点关注方向等，通过研究梳理，采用定性定量调研结合的方式，对被访者消费旅程及重点关注指标进行挖掘收集和分析研究，旨在建立科学合理的卷烟消费旅程五感指标集，为后续卷烟消费者重点关注指标研究、改善、产品运用等奠定基础。

第二节　案头研究

一、消费体验概念形成

传统经济学把产品的功能绩效视为影响消费者行为的主要因素，重点关注产品的功能性表现，比如汽车的油耗情况对于汽车购买的影响。但是，顾客的购买行为并不总是按照理性算计，也会涉及消费者的主观感受，比如时髦、身份象征、生活方式等。这种消费者的主观感受指的就是体验。

诺里斯（Norris）最早提出"消费体验"的概念，他强调产品消费的最终目的是获得服务所带来的体验，因此，消费体验的关键在于商品服务而非商品本身。在此阶段，品牌方视角由关注产品功能的"好与坏"向关注消费者主观感受"喜欢与不喜欢"转变。

在消费市场中，体验更多地被认为是一种享乐，与体验相关的消费现象构成了享乐性消费。美国著名的心理学教授米哈里·契克森米哈赖（Mihaly Csikszentmihalyi）认为体验的本质是个体取得的愉悦感（flow），这种愉悦感是当人们完全沉浸在他所从事的体验活动中时体会到的满足感，乃至达到物我两忘的状态。随着研究的深入，体验的维度不断被拓宽，例如霍尔布鲁克提出的"3Fs"与"4Es"理论（见图2-1）。

在营销学家看来，体验不是自发产生的，而是被诱发出来的。2004年，伯德·施密特（Bernd Schmitt）在《体验营销》一书中对"体验"进行了定义，并针对如何管理顾客体验、如何区分不同类型的体验、如何管理所有类型的客户体验提出了概念框架。"体验"是顾客对售前或售后一些营销努力刺激做出的反应，是个体遇到、遭受或经历过某些情景之后产生的结果，这些情景往往会激发某种感觉、触动心灵。体验的结构比较复杂而且具有"永恒的新鲜感"。施密特提出了五种不同类型的体验或战略体验模块（strategic experiential modules，即SEMs），分别是感官体验（sense）、情感体验（feel）、思维体验（think）、行动体验（act）和关联体验（relate）。施密特对五种体验模块的定义概括如图2-2所示。

霍尔布鲁克的"3Fs"

| **Fantasy** | **Feeling** | **Fun** |
| 幻想 | 感觉 | 趣味 |

享乐性消费体验

霍尔布鲁克的"4Es"

体验（Experience）	娱乐（Entertainment）	表现欲（Exhibitionism）	布道式（Evangelizing）
逃避（Escapism）	美学（Esthetics）	热情（Enthuse）	教育（Educate）
情绪（Emotions）	兴奋（Excitement）	表达（Express）	表明（Evince）
享乐（Enjoyment）	陶醉（Ecstasy）	显露（Expose）	认可（Endorse）

消费体验框架有4个大的维度：体验、娱乐、表现欲、布道式，每一种维度又包含三种体验形式，最终的消费体验由12种类型构成。

图2-1 霍尔布鲁克提出的"3Fs"与"4Es"理论

感官体验：通过视觉、听觉、触觉、嗅觉和味觉等感官方式创造的体验。感官体验营销能用来实现公司和产品差异化、激励顾客，为产品带来增值。理想的感官体验营销兼有认知一致性和感官丰富性。例如，感官体验营销应该在保持产品理念不变的同时通过新鲜的、变化的感官方式来呈现这种产品理念。

图2-2 施密特的"体验模块"

情感体验：指消费者内在的情绪和情感感受，这种体验可能是对某种品牌持有的略微好感（比如非耐用的品牌、服务或者工业产品），也可能是非常强烈的欢乐感和自豪感（比如耐用品、技术产品或社会营销活动）。情感体验营销成功的关键是要真正理解哪些因素能够激发消费者特定的情绪和意愿，以吸引他们表示情感认同和作出决定。

思维体验：强调为消费者提供知识、联想、思考、教育和解决问题等的体验。通过意外、激发和煽动等方式促使顾客进行发散性思维和收敛性思维。微软公司推出的广告语"今天你想去哪里？"（Where Do You Want to Go Today？）是典型的思维体验营销的案例。通过这个广告语，微软把自己成功定位于微软能够创造无限可能——只要你说出目的地，微软就会让你梦想成真。这种思维体验营销的背后是要让顾客理解电脑在当时真正意味着什么。

行动体验：强调消费者的身体体验，向消费者展示不同的行为方式和不同的生活方式。顾客生活方式和行为方式的改变通常源于内心深处的动机，并且往往容易被偶像角色所激发，如耐克品牌的"Just do it"是一种经典的行动体验营销的案例。

关联体验：基于消费者个体自我提升、社会地位和社会认同等心理需求产生的体验。关联体验包含感官、情感、思维和行动体验的很多方面，但是关联体验又超越了个人感情和个性，增加了"个人体验"，而且使个人与理想自我、他人或者文化产生关联。

迈入互联网时代，从计算机端到移动端，再到线上与线下双端协作，体验设计逐渐成为互联网大厂的核心驱动力之一。品牌方深入挖掘用户使用产品或服务各个阶段的痛点需求，搭建用户与产品或服务之间的桥梁，连接功能与体验。由于其可操作性及良好的应用性，体验设计不仅受用于互联网自身，也迅速渗透到其他领域和行业，最终呈现给消费者一个个有用、易用、好用甚至爱用的产品与服务。

现阶段，品牌方更加重视产品与消费者的全流程交互。品牌作为生产方通过生产产品并塑造品牌文化与消费者沟通，而消费者在消费过程中，通过感官（"五感"）接收到产品物理属性、购买及使用环境等刺激物（"触点"），产生情绪体验，该体验将激发消费者对品牌的需求，当这些需求被满足时将提升消费者对品牌的评价，长此以往将积累形成品牌资产。

二、经典应用案例

（一）宜家的峰终定律

宜家应用消费体验中的峰终定律，对消费旅程进行设计（见图2-3）。虽然在宜家的有些购买体验并不一定尽如人意，如"地形"复杂、只买一件家具也需要走完整个卖场、工作人员很少、在需要咨询或帮助时找不到人、需要自己从货架上搬货物、结账排长队、找厕所比较麻烦等，但是它的峰终体验是好的，尤其在一些直接影响购买的关键环节，如产品质量、现场DIY组装、产品使用及特色餐厅等就能给人难以忘怀的愉悦体验，尤其是结完账后还有一个小惊喜（能品尝到1元的冰激凌）。

如果没有出口处1元的冰激凌，宜家的"终"体验可能会很差。所以1元的冰激凌看似赔本，却为宜家带来了极佳的"终"体验，成为人们对于宜家美好印象的一个记忆点。人们每次回忆起宜家的购物经历时，都会觉得整体行程非常棒，然而这一切在很大程度上取决于高峰体验和最后的那个冰激凌的惊喜环节。

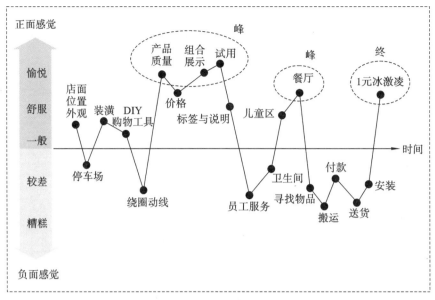

图 2-3　宜家的峰终定律

（二）乐高的"哇"（WOW）地图

乐高使用"用户体验地图"来映射已有的体验（见图 2-4）。这个特殊的乐高地图是一个面向服务的地图，能够将一种"哇"体验呈现在任何一个访问乐高的执行者面前。它可以直观地表达用户的需求，给设计师提出他们应该着重思考的问题。

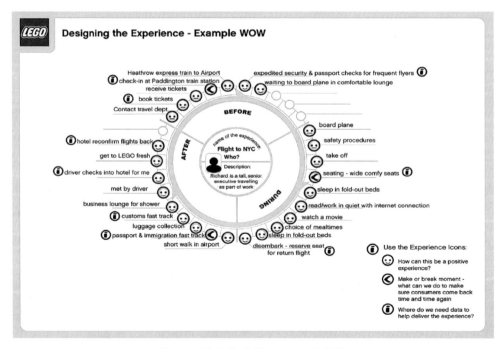

图 2-4　乐高的"哇"（WOW）地图

（三）屈臣氏"O+O 模式"赋能五感体验

屈臣氏以视觉、听觉、嗅觉、触觉、味觉为模型，实现"场景构建"延伸用户感受，通过 O+O 零售模式（以消费者为核心，通过企业微信、社群、CRM 系统等连通消费者，跟消费者产生各种各样的互动，包括线下服务预约、体验、线上活动、产品推荐等）赋能"1+1>2"的五感体验（见图 2-5）。

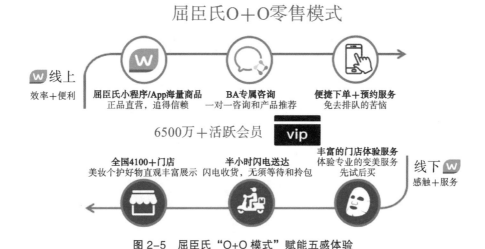

图 2-5　屈臣氏"O+O 模式"赋能五感体验

（四）招商银行开创金融体验新时代

招商银行是以体验视角完成整体转型的零售银行品牌，曾在国际权威财经杂志《亚洲银行家》（*The Asian Banker*）评选中荣获"中国最佳零售银行"荣誉，开创了国内金融体验新时代（见图 2-6）。

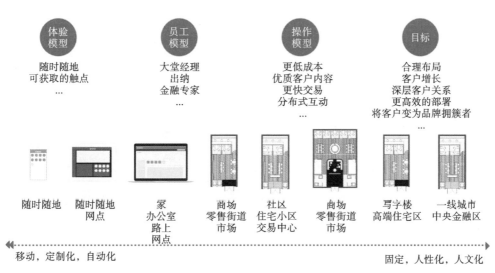

图 2-6　招商银行开创金融体验新时代

25

从宜家、乐高、屈臣氏等经典案例的研究发现，越是知名零售企业越注重消费体验，并愿意结合消费体验创新零售模式。提升消费体验感能给消费者带来快乐舒适的情绪感受，使消费者更愿意发生购买行为，对于增加客户黏性、提升品牌认知度及影响力、促进销售业绩提升具有重要意义。

三、消费体验模式的发展

通过前期的案头研究发现：随着时代不同，消费水平及认知水平的不同，消费体验也在不断迭代。消费体验从最初的仅关注功能，转为目前的全方位式的体验交互，被赋予新的内涵及更广泛的应用。目前，品牌方更关注消费者从知晓到复购的全流程体验，此过程中品牌与消费者的交互点（触点）、与触点相关的情绪感受（峰终定律）及消费需求（痛点／痒点／爽点）成为品牌的聚焦点（见图2-7）。

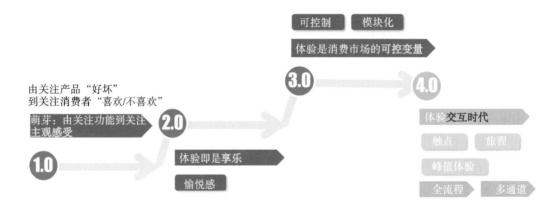

图2-7 消费体验迭代历程

四、消费体验要点总结

结合前期文献研究及案例分析，总结消费体验研究要点如下。

（一）多感官交互作用形成对事物的整体认知

研究发现，当一个刺激物产生刺激传达到人体的感受器时，人体会产生相应感觉，多种感觉整合为体验，体验进一步诱发情绪后将直接影响消费者的评价与行为决策（见图2-8）。

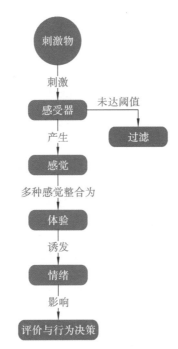

图 2-8　消费体验心理认知加工机制

所以，视觉、嗅觉、触觉、听觉、味觉之间的相互交互作用形成人脑对事物整体的认知（见图 2-9）。

图 2-9　人脑对事物的整体认知

例如：圆形或弯曲形状可以增加甜味敏感度；浅色包装的产品让人觉得口感软，深色包装的产品让人觉得口感硬；樱桃味饮料颜色越红，消费者认为饮料口味越重，甜度越高（视觉）；薯片清脆的咔咔声提升口感（听觉）；培根的咸香味会增加食欲（嗅觉）等。

【文献研究】

李沐航（2014）通过组间实验，研究了视觉、嗅觉共同作用下对产品评价产生的影响。

高飞（2014）通过组内实验，在国外已有研究的基础上，证明了中国被试倾向于将棱角形与碳酸感相匹配，将圆润形与柔和口感相匹配。

Anne（2010）通过实验证明了某些食物更容易与棱角分明的形状和高音调的无意义单词联系起来。

Agapito（2012）采用问卷法研究了五种感官对旅游体验的重要程度。

张全成等（2017）介绍了感官营销研究的现状，并在概念界定的基础上进一步介绍了消费者多感觉交互的主要表现。

Ngo（2011）通过实验研究了形状和语音对巧克力评价的影响。

基于上述文献研究得到"多感官交互作用形成对事物的整体认知"这一结论。

（二）感官线索内部一致程度越高消费体验评价越好

以往研究表明，感官刺激间匹配一致能带来好的结果，匹配不一致则会带来不好的结果。

从微观上看，刺激间匹配可以增加被试的反应速度，如察觉、分类和视觉搜索，也可增强辨别能力。

当消费者接触到 A 时会产生一个对 B 的预期，此时再接触 B 时，如果现在接触 B 的体验与之前的预期一致，就会产生正向情绪体验，带来愉悦感，增强喜欢度和满意度，从而诱发购买行为（见图2-10）。

图 2-10　感官刺激间匹配一致

例如：柠檬味的黄色液体比葡萄味的黄色液体受欢迎，说明视觉与味觉保持一致性的重要性（见图2-11）。

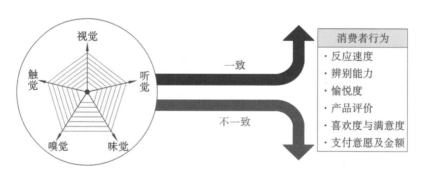

图 2-11　感官刺激间匹配对消费者行为影响

【文献研究】

马晓林（2014）就食品包装设计中的色彩、图形、文字等各种设计元素给消费者带来不同的味觉感受进行了分析。

冯诗予（2014）采用 KJ 法和语义差异法制作量表，探索利用视觉、味觉共感心理在商品包装设计中引起消费者认同。

Slocombe(2016)采用实验法证明了味觉成分的评价也会受到食物触觉质量的影响。

Anne-Sylvie（2010）通过实验证明了味觉与听觉的部分联系，即甜味和酸味与高音联系，鲜味和苦味更倾向于与低调相匹配。

基于上述文献研究得到"感官线索内部一致程度越高消费体验评价越好"这一结论。

（三）关注关键事件，寻找黄金时刻

卡尼曼的峰终定律证明，消费者能记住的事情并没有那么多。我们要做的，就是找出真正影响消费者决策的关键时刻，进行体验设计，有效影响消费者的心智与行为。

所以，找到体验的黄金时刻（最初、最高、最终的时刻）非常重要。

例如：消费者在逛宜家时，就算只买一件家具也需要走完整个商场、店员很少、得不到帮助、要自己从货架上搬货物、要排长队结账等问题带给消费者的体验均处于低谷时刻，但是在最后环节可以参与1元换购冰激凌的活动，这个极佳的"终"体验，大幅提升了消费者满意度，让顾客将之前的低谷情绪抛之脑后，当顾客再次回忆起宜家的购物之旅时，会觉得整体行程非常棒。

因此，关于黄金时刻的挖掘方法，下文定性座谈会中，采用了"关键事件访谈法"。

【文献研究】

徐虹和李秋云（2016）采集携程网评价数据，以旅游者的在线评论中反复提及的事件为关键事件，通过分词及主题提取等文本大数据挖掘法提取顾客体验中的关键事件，建立顾客体验质量评价体系。

《峰值体验 影响用户决策的关键时刻》一书围绕消费者类型、品牌接触点、品牌五感体验及峰终定律等，从理论基础到实践案例探究影响消费体验的关键时刻。

基于上述文献及书籍研究得到"关注关键事件，寻找黄金时刻"这一结论。

（四）好的体验提升满意度

研究表明消费体验影响顾客满意度，好的消费体验有助于提升消费者购买意愿。

【文献研究】

董京京（2019）展开了消费者与商家在线体验式互动对消费者购买意愿影响的研究。

韩硕（2020）对基于在线评论的自助餐厅顾客满意度进行了分析研究。

李超、陈彤、李远盟（2020）采用问卷法，应用峰终定律优化了入出院流程。

李淑燕（2016）采用扎根理论法结合问卷法探索了移动购物全面消费体验对消费者再购买意愿的影响机制。

王瑛迪（2019）通过实验法考察了字体粗细的变化对消费者感知和购买意愿的影响。

周璇（2019）采用实验法探索了产品材质的触觉特征对消费者购买意愿的影响。

金研秀（2020）采用问卷法得出在电影院的感官营销中，视觉和触觉要素对品牌态度、消费者满意与再访问意向的影响较为显著。

基于上述文献研究得到"好的消费体验有助于提升消费者购买意愿"。

第三节 定性调研执行及研究

一、研究思路

对五感指标穿插于卷烟消费旅程进行访谈，从"知晓—接触到条盒—接触到单包—烟支（从盒装拿出烟支准备抽吸）—抽烟过程（点燃开始抽吸）—存储过程"挖掘收集影响消费者体验感的指标。

不同类型消费者的消费旅程路线不同、影响购买决策的黄金时刻不同、发生作用的关键五感触点不同。因此，定性研究的对象为重度消费者、流失消费者、竞品消费者及潜在消费者（尝新消费者）四类消费群体；研究的要点为从消费旅程出发进行引导，挖掘受访者五感接触点及情绪线，并对品牌进行综合评价。

定性调研的研究方法有关键事件访谈法、多感官投射技术及新品场景模拟，本文具体使用的分析方法为 NVivo 软件编码、扎根理论（见图 2-12）。

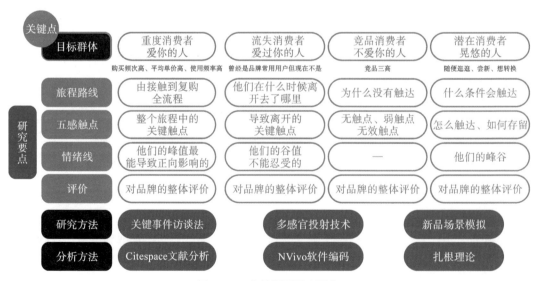

图 2-12 定性调研研究要点

指标获取方面，采用卷烟消费旅程五感指标与访谈整理相结合的方式。结合多年烟草研究经验，本文先初步形成了一套卷烟消费旅程五感（视觉、听觉、嗅觉、触觉、味觉）指标体系，通过定性座谈会，结合被访者的峰值及正向、负向评价情况，对消费体验指标进行梳理和归纳，进一步对指标进行完善及补充，输出该阶段相应的指标体系。

二、研究方法

（一）关键事件访谈法

关键事件法也称为关键事件技术，1954 年由 Flanagan 提出，是指通过搜集关键事件或者相关故事，并根据内容分析法进行分类的一种方法。关键事件法能提供丰富的原始用户体验数据，有传统实证方法难以起到的深层作用，它所提供的信息是用户亲身的经历、主观的意见和内心感受等，这些信息不是直接清晰的数字，但能有效发掘被调查者的情感与动机，并根据事实个案来深入地分析及探讨消费旅程中的问题。它的优势还在于研究人员的偏见被最小化，因为用户提供的信息包括具体的时间、地点、场景、情节等，决定了事件是在特定的背景下适用的。

（二）质性研究法

1. 扎根理论

扎根理论的正式提出来自美国社会学者 Glaser 和 Strauss 在 1967 年出版的经典著作《扎根理论的发现：质化研究策略》。扎根理论虽然被称作"理论"，但它其实是一种研究方法，与其他定性研究方法不同的是，它将应用研究与理论研究相结合，其研究的基本思想、研究设计以及资料搜集的方式都采用定性研究的方式，通过实际访谈获得第一手定性研究数据资料，但是在对数据资料的分析过程中吸收了量化研究的方法，形成了系统与灵活的准则、规范与严谨的流程，克服了传统定性研究缺乏规范研究方法的弊端。

经过不断发展，目前扎根理论分为三大流派：经典扎根理论、程序化扎根理论及建构主义扎根理论。本次定性研究采用程序化扎根理论，通过对访谈获取的文本资料进行抽象化与概念化的三级编码（开放式编码、主轴式编码和选择性编码），从原始资料中归纳、提炼概念与范畴，并在资料分析过程中遵循持续比较分析原则，不断对资料和理论进行比较、归纳、分类，建立联系直至构建出新的能够反映现象本质和意义的理论。

具体运用示例如下。

（1）开放式编码——寻找可能性。

通过使用 NVivo 软件，对消费者座谈会提到的 543 个原始语段，使用 280 个初级编码，通过重新整理总结，形成了 132 个类属（见图 2-13）。

<文件\\（天津）卷烟消费体验座谈会> - § 已编码 1个参考点 [0.18% 覆盖率]

参考点 1 - 0.18% 覆盖率

tj2：没有，也是卖烟的说的，他说价格都差不多，你来你这个尝尝，我一看这个烟嘴里面还有眼，我就挺新奇的。

<文件\\（重庆）卷烟消费体验座谈会> - § 已编码 1个参考点 [0.35% 覆盖率]

参考点 1 - 0.35% 覆盖率

cq2：白色的包装，品牌是红色的，烟嘴中间是空心的，有一点个性那种，感觉抽起来比较顺滑，后面一直抽的这种。

○ 中空滤嘴	2	2
○ 滤嘴镂空，觉得新奇	1	1
○ 白色包装红色 logo 过滤嘴空心	1	1

图 2-13　开放式编码示例

（2）主轴式编码——分析构成因素。

在开放式编码中凝练和归档的范畴之间仍然存在互相交叉包容的关系，且逻辑体系并不清晰成熟，因此利用主轴式编码将各范畴重新整理分类、合并分析，将消费体验划分为 4 个旅程阶段：吸引注意（知晓，在柜子里看到包装等）、购买（购买场景，购买动机，购买能力等）、体验（买完，看到，摸到，拆包，抽到）、记忆（记忆留存，综合评价），如图 2-14 所示。

○ 消费者旅程（重点）	0	0
○ 3.体验（买完，看到，摸到，拆包，抽到）	12	273
○ 2.购买（购买场景，购买动机，购买能力，买不到怎	11	191
○ 1.吸引注意（知晓，在柜子里看到包装，注意到这款	12	47
○ 4.记忆（记忆留存，综合评价）	8	31

图 2-14　主轴式编码示例

（3）选择性编码——挖掘内在联系。

在提取出主范畴后，选择性编码需要更进一步系统地、科学地挖掘和分析各个主范畴之间更深的逻辑关系，并梳理和归纳总结出核心范畴。最后通过描述现象的"线索"，联结核心范畴、主范畴以及其他对应范畴，最终构建出完整的理论框架（见图 2-15）。

2. 内容分析法

量化编码表，分析不同主题下的语素频次与关联。

图 2-15　选择性编码示例

3. 多感官投射技术

使用联合分析、频次分析等综合评价挖掘品牌形象、品牌个性。多感官投射技术研究步骤如下。

（1）准备多感官材料包。

触觉：触摸柔软的棉花、蜡、毛皮、橡皮泥、沙子、粉末、丝绸、坚硬的石头、金属、玻璃、粗砂纸、石头。味觉：品尝辣芥末、坚果、辣椒、甜甜的糖、巧克力、软糖/不同的糖果、热/冷不同的饮料和食物。嗅觉：闻水果香味（如草莓、香草）、自然香味（如森林、花朵、海洋）和材料芳香辛辣气味香料（如木材）。听觉：试听不同音乐流派的音乐（如摇滚、流行音乐、古典音乐等）、自然声与不同的自然人声（如打哈欠、说话）。视觉：使用视觉多彩不同的材料（如炫目的水晶、玻璃等）。

（2）请消费者搭建品牌雕塑。

研究人员向受访者提供了一个简单的任务描述："请利用这个房间中可用的材料，建造一个代表品牌对你意味着什么的雕塑"。受访者有足够的时间选择材料，并将这些材料组合成一个或多个多感官品牌雕塑。回答者可以在他们的雕塑和材料之间徘徊，直到他们对自己的杰作感到满意。由此产生的品牌雕塑由多感官材料组成，这些材料是多感官品牌形象的非语言、隐喻表达。

（3）语义描述。

请受访者回忆对常抽卷烟品牌的印象，并依次写出其选择的符合品牌形象的材料所联想到的两个形容词。请受访者分享记录在 A4 纸上的选项和词语，他认为哪些词是一类，如果用一句话总结，受访者对品牌的综合印象是什么。请受访者回想刚刚对常抽卷烟品牌的一句话描述，有哪些具体的产品特征能让他联想到这句话。

（4）新品场景模拟。

新品场景模拟板块的设置是为了更加真实地还原消费旅程，最大限度呈现消费者在接触—尝试—购买不同过程中的关注与体验。

本环节选取的新品主要考虑到上市时间（近 2 年）、品牌广度（区域性与全国性均有）、销售区域（非全国性）、市场销量（较少）、包装特点（风格突出）、产品价类（覆盖中高端）、产品品类（粗、中、细）、产品颜色 [色彩鲜明、覆盖卷烟产品主要颜色

（白／绿／黄／蓝／红／黑）］等多个维度。

（5）定性阶段指标集输出及验证。

通过定性调研及多方（营销／研发／质检／生产）指标的整理完善后，输出一套卷烟消费旅程五感指标集。为了验证指标集的合理性，并为后期定量指标调研做准备，特基于该指标体系进行了验证调研。

三、调研设计

（一）访谈设计

本次访谈设计，主要按照卷烟消费旅程进行，即"知晓—接触到条盒—接触到单包—烟支（从盒装拿出烟支准备抽吸）—抽烟过程（点燃开始抽吸）—存储过程"流程，以及探寻五感交互情况。主要分为以下三个板块。

1. 主抽卷烟产品关键事件挖掘

通过搜集消费者从知晓常抽烟开始，到形成习惯反复购买这一过程中的关键事件或者相关故事，挖掘消费旅程各环节触点，并根据内容分析法进行分类。这样做的目的是挖掘主要驱动因素。从主抽产品关键事件挖掘、消费旅程各环节触点挖掘（情绪点）、情感需求关联挖掘进行访谈研究。

2. 多感官投射技术

该部分通过多感官刺激（视觉、触觉、嗅觉、味觉、听觉）提取丰富的品牌印象，并挖掘对品牌的综合印象与哪些五感触点有关。

主要目的：挖掘基于五感的品牌综合形象，形成品牌知识图谱。

主要原理：对品牌的印象通过多感官通道存储于消费者脑海中，多感官投射技术通过多通道刺激源提取消费者对品牌的综合印象。

3. 新品场景模拟

选取几款具有代表性的新上市产品进行现场模拟消费场景，探索什么样的新品最能引发消费者的兴趣，是否存在多感官交互现象。使用特殊材质（触觉／视觉交互）的包装是否更受消费者欢迎。

（二）提纲设计

1. 访谈对象基本要求及配额

（1）参会人员基本要求。

①在调研所在地居住 1 年以上；

②近半年常抽卷烟符合调研要求且自己购买为主；

③烟龄 2 年及以上；

④日均吸烟量 5 支及以上；

⑤年龄分布于 18 ～ 55 岁；

⑥男性为主，最多一位女性（可无）；

⑦本人及家人不从事下列行业工作：宣传行业，企业的宣传部门，卷烟生产、销售、研究行业，市场研究公司或公司的市场研究部门；

⑧思维敏捷，对于访谈中主持人的问题能准确迅速回答，表达能力强，有自己的观点和意识。

（2）群体配额。

①近半年常抽本品 3 人（需包含至少一名重度用户，即日均吸烟量 15 支及以上）；

②近半年常抽竞品 2 ～ 3 人（其中一位曾经连续抽过本品超过三个月以上，但现在换成任一竞品为主抽）；

③尝新 1 人（最近半年换过 3 款烟以上，未来也有换烟意愿）。

2. 调研提纲

消费体验调研提纲的第一部分以消费旅程为线索挖掘直接体验及对产品的情绪感受；第二部分以多感官投射技术挖掘消费者对品牌的综合印象；第三部分进一步以消费体验视角探讨哪些新品的产品设计点对消费者有吸引力，为后续新品研发提供建议。

四、调研执行

（一）执行说明

执行说明如表 2-1 所示。

表 2-1　执行说明

序号	类别	主要包含内容
1	样本要求	抽烟来源、年龄分布、当地居住时长、烟龄、日均吸烟量、常抽产品、性别配额等
2	执行方式	线下、线上焦点座谈会议，一对一访谈（据项目需求而定）
3	调研城市及样本配额	调研城市、参会人员数量及参会人员要求（常抽烟、曾经常抽烟等）
4	质量控制要求	座谈会录音、录像、笔录要求等
5	执行时间计划	开始时间、结束时间（包含邀约、复核等）

续表

序号	类别	主要包含内容
6	座谈会现场用品说明	矿泉水、纸笔、水果零食、烟灰缸、参会人员须知、签到表、与会者水牌等
7	其他要求	每天的执行进度跟踪等

（二）参会人员邀约及甄别

参会人员甄别问卷如下。

参会人员甄别问卷

S1. 记录姓名 / 手机号 / 性别

姓名 _____ 手机号 _____ 性别 _____

S2. 请问您是否吸烟？

是	01	否	02 ➔【结束访问】

S3. 请问您消费卷烟的主要来源是：【注意：要求所有人都是自己购买】

自己购买	1	➔【继续访问】
家人购买	2	➔【结束访问】
单位配给	3	
别人赠送	4	

S4. 请问您在本地居住、工作、生活了 _____ 年？【填写具体年限和城镇名称】

不到 1 年	01	➔【终止访问】
1 年及以上	02	➔【继续访问】

S5. 请问您的周岁年龄是 _____ 岁【选择题项后面跟填空】

19 岁以下		1	➔【终止访问】
19 ～ 25 岁	具体为 _____ 岁	2	
26 ～ 30 岁	具体为 _____ 岁	3	
31 ～ 35 岁	具体为 _____ 岁	4	
36 ～ 40 岁	具体为 _____ 岁	5	➔【继续访问】
41 ～ 45 岁	具体为 _____ 岁	6	
46 ～ 55 岁	具体为 _____ 岁	7	
55 岁以上	具体为 _____ 岁	8	➔【终止访问】

S6. 请问最近半年内，不包括发给别人的，您的平均吸烟量为？

5 支以下		1	→【终止访问】
5～10 支（半盒）	具体为 _____ 支	2	→【继续访问】
11～20 支（1 盒）	具体为 _____ 支	3	
21～30 支（1 盒半）	具体为 _____ 支	4	
31～40 支（2 盒）	具体为 _____ 支	5	
40 支（2 盒）以上	具体为 _____ 支	6	

S7. 请问您的烟龄（抽烟的时间）有多少年了？

2 年以下	1	→【终止访问】
2～5 年	2	→【继续访问】
6～10 年	3	
11～15 年	4	
16～20 年	5	
20 年以上	6	

S8. 请问近半年，您最常抽的烟为哪一款 _____？【尽量填写品牌 + 规格，如云烟（软珍品）】这款烟的价格是 _____ 元 / 包？【横线上填写价格】

S9. 在抽这包烟之前，有没有曾经主抽过（3 个月）云烟、红河、玉溪或红塔山品牌的任意产品，具体为哪一款 _____？【尽量填写品牌 + 规格，如云烟（软珍品），没有就写无】这款烟的价格是 _____ 元 / 包？【横线上填写价格】

S10. 近半年是否换过烟，换过哪几款烟 _____【尽量填写品牌 + 规格，如云烟（软珍），未换过不填写】

S11. 请介绍一下你的工作 _____【总结记录，沉默寡言、思维混乱者排除】

S12. 请问您个人的月收入在什么范围呢？

3500 元以下	1	→【结束访问】
3500～5000 元	2	→【继续访问】
5001～7000 元	3	
7001～10000 元	4	
10000 元以上	5	

（三）座谈会现场用品及开场准备

1. 现场用品

（1）矿泉水、水果、烟灰缸、参会人员须知、签到表、甄别问卷。

（2）笔 10 支（碳素笔或圆珠笔）。

（3）A4 纸 12 张。

（4）与会者水牌。

（5）会议相关资料（会前发送）。

①音频文件（听）；

②图像集图片（视）；

③五感指标评价表。

注：图片及评价表提前发于场助进行打印，一式 6～8 份。

（6）相关物料需提前准备放置会议室外，根据主持人要求再拿进会议室，相关物料如下。

①卷烟样品；

②触觉环节样品（触）。

（7）眼罩 7～8 份。

（8）嗅／味样品。

柠檬（青柠檬或黄柠檬）、苹果（红苹果或青苹果）、辣椒（小米椒）、巧克力（德芙小块散装不少于 3 块）、茶叶（绿茶，用密封袋分装后再放到保鲜盒）、茉莉花（新鲜茉莉花或干花）。一个样品用一个保鲜盒盛放，要求保鲜盒大小相同。

2. 开场准备

在访谈开始前，摆放好矿泉水、水果、烟灰缸、纸笔等现场用品，并打印与会者水牌，按照本品、竞品、尝新群体进行分类，依次摆放水牌。

会议开始前，主持人提前熟悉甄别问卷的详细与会者资料。

（四）开场热身

邀请与会者进入会议室，并按照水牌依次入座，会议助理提醒参会人员将手机调成静音模式、会议过程中不要随意走动、如遇到必要情况要接电话等可以举手示意等。随后进入开场热身环节：①主持人自我介绍，对到达城市进行赞许，表示大家能够在这相聚很难得；②介绍座谈会的目的，会议时间，鼓励被访者轻松、自由地发言；③请被访者介绍自己：姓名、来这个城市时间、自己的工作情况，最常抽的烟是什么，多久会换一次烟（识别消费者背景）。

（五）各环节具体访谈及操作

1.多感官投射技术

在多感官投射技术部分，需要至少一名场助协助，具体访问及操作流程、注意事项如下。

（1）视觉。

指导语：请大家闭上眼10秒钟回忆一下对现在常抽烟品牌的印象，现在我开始倒计时，10、9……1时间到，接下来会请场助呈现一些样品请大家进行观察和接触。首先请大家观察一些图片。

［主持人提醒：请场助准备一下图像集（见图2-16）材料后，场助将提前粘贴好图片的白板推进会议室或用玻璃板揭开遮挡布。按照标记的顺序横向张贴，若白板或玻璃板上15张A4纸放不下，就2张图片放一张A4纸；色轮图片（见图2-17）放1张A4纸，另起一行贴最后］

图2-16 图像集

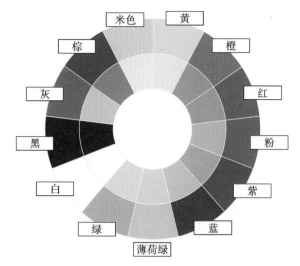

图 2-17　颜色集

操作 1：呈现所有图片，请受访者观察 2 分钟，保证所有受访者均看到每一张图片。

操作 2：呈现色轮，保证所有受访者均看到。

（2）触觉。

（主持人提醒：请场助发一下眼罩，等参会人员全部都戴好眼罩后，主持人请场助将触觉样品拿入会议室）

注：收到样品后找一个硬纸板或书壳将四个样品张贴起来，顺序随机。

操作：场助发放眼罩，请受访者戴上（排除视觉影响），逐一请每个受访者触摸 4 个样品（见图 2-18）。

图 2-18　受访者触摸的 4 个样品

（3）嗅觉、味觉。

（主持人提醒：请场助将保鲜盒盛放的物料拿进会议室）

操作：一个样品用一个保鲜盒盛放，要求保鲜盒大小相同且透明。让受访者依次闻每份样品的气味，可自行进行试吃尝试（见图 2-19）。

图 2-19　保鲜盒盛放的物料示例

注意：保鲜盒有盖的可不用密封袋，放入样品后盖上盖子，拿进会议室再打开；若保鲜盒无盖，则将茉莉花、巧克力、茶叶、切碎的小米椒用密封袋密封，拿进会议室再打开封口；柠檬和苹果在触觉阶段的样品送入后再切开，以免变色；茉莉花统一用干花。

（4）听觉。

操作：播放准备好的音频（已按要求剪辑，场助一键播放）。

主持人提醒放音乐，场助播放音乐（场助可在会议室内），可准备一个蓝牙音响连接，播放音乐。

（5）总结。

主持人提醒场助发一下五感评价表（一人一份）；再次请受访者闭上眼 10 秒钟回忆对常抽卷烟品牌的印象，场助发放 A4 纸，请消费者在 A4 纸上圈选出 3 ～ 7 个自认为符合品牌形象的样品。并依次写出针对每个样品分别联想到的两个形容词。

请受访者分享记录在 A4 纸上的选项和词语，请受访者对选项和词语进行分类，如果用一句话总结，受访者对品牌的综合印象是什么？

请受访者回想刚刚对常抽品牌的一句话描述，有哪些具体的产品特征能让他联想到这句话。

2. 新品模拟场景

操作：主持人提醒场助请拿一下卷烟样品，请场助按此顺序排列，使烟包面向参会人员。

主持人依次按照受访者对新品"看到—摸到—拆包后看外观及烟支—抽到—购买决策"进行引导访谈（见图 2-20）。

图 2-20　新品模拟场景示例

最后，主持人提醒场助分发消费旅程问卷（一人一份），参会人员进行填写。消费旅程问卷如表 2-2 所示。

表 2-2　消费旅程问卷

消费旅程	指标	常抽烟的体验			你的在意程度打分		
		1 差	2 一般	3 好	1 不在意	2 一般	3 在意
知晓	产品名称易读易记						
接触到条盒	条盒透明纸破损						
	条盒缺包						
	条盒图案						
	条盒色彩						
	条盒材质						
	条盒开启						
接触到单包	外包装的图案 / 花纹						
	外包装的 logo，品牌名，色彩						
	包装纹理和材质质感						
	封签纸						
	框架纸						
	盒装内衬纸的样子						
	盒装内衬纸的易拉性						
	开合顺畅度						
	盒装拉线的顺畅性						
	撕开透明保护膜的感受						

续表

消费旅程	指标	常抽烟的体验			你的在意程度打分		
		1 差	2 一般	3 好	1 不在意	2 一般	3 在意
烟支 （从盒装拿出烟 支准备抽吸）	过滤嘴的图案及颜色						
	过滤嘴的软硬度						
	过滤嘴是否黏嘴						
	烟支的颜色						
	烟支水松纸的花纹／纹路						
	烟支的质感						
	烟丝颜色						
	烟支的湿润度						
抽烟过程 （点燃开始抽吸）	开盒后的味道						
	嗅香						
	过滤嘴的纸味						
	过滤嘴与嘴唇接触的感觉						
	捏破爆珠的感受						
	捏破爆珠后过滤嘴的味道						
	烟草本香，如浓烈、清淡						
	除了烟草本香额外的香气， 如茶香、橙香						
	劲头						
	刺激性，口鼻喉						
	烟气浓度，烟气量						
	杂气						
	余味						
	有口臭异味						
	吸阻						
	烟灰不容易掉						
	烟灰颜色						
	周围人闻起来评价相对较 好，例如有特殊香味，不 那么呛						
	口腔抽完的干涩感						
	整支烟味道的一致性						

续表

消费旅程	指标	常抽烟的体验			你的在意程度打分		
		1 差	2 一般	3 好	1 不在意	2 一般	3 在意
存储过程	包装大小方便持握及携带						
	不易损坏 / 包装耐磨不易破损						
	开封后味道一致						
你对常抽烟的整体满意度		非常不满意	比较不满意	一般	比较满意	非常满意	

（六）执行进度管理

（1）根据项目实施确定的开始日期、执行总周期和完成日期确定执行进度目标，明确计划开始日期、计划总周期和计划完成日期，并确定项目分期、分城市等的开始、完成日期。

（2）编制执行进度计划。执行进度计划应根据各城市的座谈会议场次数、定量配额数量、人员数量及其他保证性计划等因素综合确定。

（3）向甲方项目负责人提出执行开始申请，并按照甲方项目负责人下达的指定日期开始执行。

（4）实施执行进度计划。当出现进度偏差时，应基于已完成的情况进行分析测算，及时进行调整，并应不断预测执行未来进度状况，保证项目执行按时按质地完成。

项目前期准备（执行培训）：包含参会人员要求、开会时间、场地要求、会议所需物料准备。

项目实施：参会人员邀约及复核、最终入会人员名单、会议开展。

项目完成：座谈会议录音、录像、笔录、现场参会人员记录的关键词或语句等资料。

（七）完成度评价

在规定的执行时间内开展并完成座谈会，提交执行过程中的相应资料。

在座谈会完成度评价方面，会前需要提交受访者邀约问卷（包含背景资料、甄别结果等）。焦点座谈会结束后，提交会议录音、录像、笔录文件及参会人员现场填写的表格（若有）、记录的关键词或语句等资料。一场座谈会对应一套资料。

五、执行情况

综合考虑云产卷烟销售情况，本次调研最终选取的城市为昆明、重庆、沈阳、大连、北京、天津、上海、杭州、深圳、海口、西安、郑州。

（一）区域及样本分布

本次座谈会在各城市选择了本品消费者、流失消费者、竞品消费者及尝新消费者四类目标群体，深入挖掘影响消费体验感的指标，多方面了解消费者的购买习惯与偏好等，调研城市常抽烟配额明细如表 2-3 所示。

表 2-3　调研城市常抽烟配额明细

序号	城市	群体分类	近半年常抽卷烟	曾经主抽过（3个月）云烟、红河、玉溪或红塔山品牌的产品（流失）	近半年换过的产品（尝新）
1	昆明	本品	云烟（软大重九）	玉溪（中支和谐）	
2		本品	红河（软99）		
3			云烟（黑金刚印象）	玉溪（硬和谐）	
4			云烟（软珍品）	云烟（印象烟庄）	
5		流失	利群（软长嘴）	云烟（印象烟庄）	
6		竞品	贵烟（跨越）	玉溪（初心）	
7		尝新	利群（新版）		芙蓉王（硬）、利群（软阳光）、玉溪（硬和谐）
8	重庆	本品	云烟（软大重九）		
9			云烟（细支云龙）		
10			云烟（中支金腰带）	玉溪（软）	
11			玉溪（鑫中支）	云烟（软珍品）	
12		竞品	天子（千里江山细支）		
13		流失	天子（中支）	云烟（细支云龙）、云烟（软珍品）	
14		尝新	真龙（凌云）	玉溪（鑫中支）、云烟（软珍品）	天子（千里江山细支）、天子（中支）
15	杭州	本品	玉溪（软）		
16			玉溪（创客）		
17			云烟（硬云龙）		
18		尝新	黄山（新制皖烟）		黄金叶（乐途）、泰山（望岳）、利群（软红长嘴）
19		竞品	利群（软长嘴）		
20		流失	利群（软红长嘴）	玉溪（软）	

序号	城市	群体分类	近半年常抽卷烟	曾经主抽过（3个月）云烟、红河、玉溪或红塔山品牌的产品（流失）	近半年换过的产品（尝新）
21	上海	本品	云烟（软珍品）		
22			云烟（细支云龙）		
23			玉溪（鑫中支）		
24		竞品	中华（双中支）		
25		尝新	牡丹（软）		红双喜（金上海）、利群（新版）、牡丹（飞马）
26		流失	牡丹（软）	玉溪（软）	
27	北京	本品	云烟（小熊猫家园）	玉溪（软）	
28			玉溪（软）		
29			云烟（细支云龙）		
30		流失	中南海（软精品）	玉溪（软）	
31		竞品	南京（雨花石）		
32		尝新	七匹狼（纯境）		南京（炫赫门）、南京（梦都）、玉溪（细支初心）、黄山（红方印细支）
33	天津	本品	云烟（小熊猫家园）		
34			云烟（细支云龙）		
35			玉溪（硬）		
36		竞品	黄鹤楼（软蓝）		
37		尝新	钻石（荷花）		南京（炫赫门）、玉溪（软）、希尔顿
38		流失	长白山（777）		
39	沈阳	本品	玉溪（鑫中支）		
40			云烟（细支云龙）		
41			玉溪（软人民大会堂）		
42		竞品	七匹狼（纯境中支）		
43			钻石（荷花）	玉溪（软）	
44		流失	贵烟（跨越）	玉溪（鑫中支）、玉溪（软红人民大会堂）、玉溪（软）	
45		尝新	南京（十二钗烤烟）		南京（炫赫门）、利群、玉溪

序号	城市	群体分类	近半年常抽卷烟	曾经主抽过（3个月）云烟、红河、玉溪或红塔山品牌的产品（流失）	近半年换过的产品（尝新）
46	大连	本品	玉溪（软）		
47			云烟（软珍品）		
48			云烟（细支云龙）		
49		流失	中华（硬）	云烟、玉溪	
50			南京（十二钗烤烟）	云烟、玉溪	
51		竞品	黄鹤楼（天下名楼）	玉溪、云烟、红河	
52	深圳	本品	玉溪（软）		
53			云烟（小熊猫家园）		
54			云烟（细支云龙）		
55		流失	双喜（软珍品好日子）	玉溪（软）	
56		竞品	双喜（硬金樽好日子）		
57		尝新	芙蓉王（硬中支）		苏烟（软）、利群、黄鹤楼
58	海口	本品	红塔山（硬恭贺新禧）		
59			云烟（软珍品）		
60			玉溪（软）	红塔山	
61		流失	三沙（椰王绿）	云烟（软珍品）、玉溪（软）	
62		尝新	宝岛（三沙）		黄山（小红方印中支）、黄金叶（乐途）
63		竞品	中华（硬）		
64	郑州	本品	云烟（小熊猫家园）	玉溪（软）	
65			云烟（细支云龙）	玉溪（软）	
66			云烟（软珍品）	玉溪（软）	
67		流失	黄金叶（乐途）	云烟（软珍品）	
68			黄金叶（商鼎）	玉溪（软）	
69		尝新	黄金叶（浓香细支）		云烟（细支云龙）、玉溪（软）、红塔山
70		竞品	黄金叶（爱尚）		
71	西安	本品	云烟（小熊猫家园）		
72			云烟（细支云龙）	云烟（紫）	
73			玉溪（软）		

序号	城市	群体分类	近半年常抽卷烟	曾经主抽过（3个月）云烟、红河、玉溪或红塔山品牌的产品（流失）	近半年换过的产品（尝新）
74	西安	竞品	芙蓉王（硬中支）		
75		流失	好猫（长乐）	红塔山（硬经典）	
76		尝新	好猫（吉祥）		利群（国色天香）、芙蓉王（硬）、利群（楼外楼）

（二）场次情况

本次焦点小组座谈会每个调研城市1场，共计完成12场。

（三）背景资料

本次焦点小组座谈会完成样本 N=76，各城市参会人员6～7人。

1. 四类目标群体样本分布

调研目标群体分为四类：本品消费者、流失消费者、竞品消费者及尝新消费者。四类目标群体样本分布情况如图2-21所示。

图2-21　四类目标群体样本分布情况

本品消费者：近半年常抽云烟、玉溪、红河、红塔山四大品牌卷烟的消费者。

竞品消费者：近半年常抽中南海、七匹狼、南京、黄金叶、黄鹤楼、利群、中华、三沙、黄山、贵烟、牡丹、双喜、钻石、好猫等品牌的卷烟。

流失消费者：以前常抽四大品牌的产品，近半年常抽其他竞品。

尝新消费者：喜欢尝试新产品，近半年换过3款烟以上，未来也有换烟意愿。

2. 烟龄

本次参会人员中，超过10年烟龄的消费者占参会人员近五分之三（见图2-22）。

3. 日均吸烟量

本次参会人员日均吸烟量11～20支的消费者占比63.2%（见图2-23）。

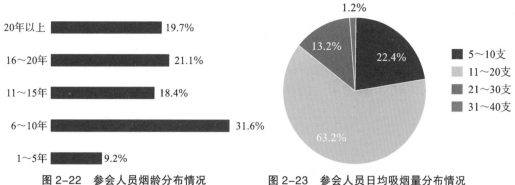

图 2-22 参会人员烟龄分布情况　　图 2-23 参会人员日均吸烟量分布情况

4. 常抽烟价类

参会人员常抽价类中，高端一类占比 21.2%、普一类占比 47.7%、二类占比 31.6%（见图 2-24）。

5. 性别分布

本次参会人员以男性为主，占比 97%（见图 2-25）。

图 2-24 参会人员常抽烟价类分布情况　　图 2-25 参会人员性别分布情况

注：图中存在百分比相加不为 100% 的情况，出现该情况是计算误差引起，下文图同。

6. 年龄分布

本次参会人员中，年龄在 26 ~ 40 岁的消费者占比近 60%，41 ~ 55 岁的消费者占比 30.3%，整体结构偏年轻化（见图 2-26）。

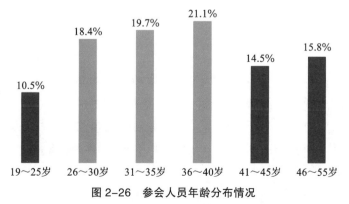

图 2-26 参会人员年龄分布情况

7. 个人月收入

本次参会人员个人月收入以 7001～10000 元为主（见图 2-27）。

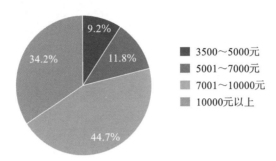

图 2-27　参会人员个人月收入分布情况

六、研究结果

本次研究结论整体框架由四部分组成，分别是吸引注意、决策形成、消费体验及综合评价（见图 2-28）。

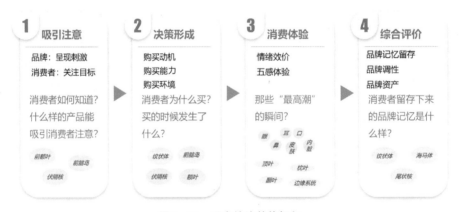

图 2-28　研究结论整体框架

（一）吸引注意方面

1. 视觉吸引力

本次研究发现，46.5% 的受访者提及通过视觉信息注意到常抽产品，具备独特性与亲切性的视觉信息更容易被消费者注意。

独特是吸引注意的第一要素。例如，颜色方面：黑色烟支、棕色烟支、红底金字更能吸引消费者注意；图案方面：独特的"星空"元素也让消费者记忆犹新；烟支方面：中空滤嘴等。

有亲切感更能引起消费者兴趣。"与我有关、是我熟悉的"能明显提升消费者的好感度，如包装具有地域特色、复古的传统云产烟包装很亲切等。

2. 推荐助力

零售终端推荐与重要他人助力品牌打破消费者认知屏障。

具有传播性的视觉、嗅觉及味觉信息，以消费者"关键场景（零售终端）"及消费者"重要他人"为媒介，快速打破消费者认知屏障。

其中，关键场景占比 38.3%，重要他人（朋友、同事、家人）推荐占比 29.8%（见表 2-4）。

表 2-4　推荐助力统计

主范畴	情感体验	频次	次范畴	频次	类属	频次	初级编码	频次
47	峰值	10	独特	8	颜色	5	包装颜色吸引	2
							纯黑色烟支	1
							和谐棕色烟支	1
							红底金字	1
					中空滤嘴	2	白色包装，红色 logo，过滤嘴空心	1
							滤嘴镂空，觉得新奇	1
					图案	1	被包装吸引，有个性	1
			亲切熟悉	2	地域特色	1	包装贴合当地风情	1
					熟悉亲切	1	看到复古的传统云产烟包装有亲切感	1
	正向	37	关键场景	18	包装	1	被包装吸引	1
					陈列	2	烟酒一起	2
					海报	1	黑金刚海报	1
					在店里看到	4	看到就抽了	4
					零售户推荐	10	价格与之前常抽烟（断货）差不多	1
							新烟	1
							有杏味，回甘好	1
							自己也抽，好抽	1
							老板推荐	6

主范畴	情感体验	频次	次范畴	频次	类属	频次	初级编码	频次
47	正向	37	重要的人	14	家人	4	过年在家里看见就试抽了一下	2
							长辈抽	2
					朋友	8	经济实惠，比较好抽	1
							朋友常抽，推荐	6
							柔和、细腻	1
					同事	1	同事发的	1
					周围人	1	江浙都抽利群	1
			产品属性	5	爆珠	1	主动尝试爆珠	1
					地域性	1	本地品牌	1
					高价	1	高价烟	1
					设计感	1	黄鹤楼品牌包装有设计感	1
					新品	1	新品	1

（二）决策形成方面

本次研究参考福格行为模型将购买决策阶段划分为购买动机、购买能力、购买环境。

购买动机：消费行为的内驱力。

购买能力：达成消费行为的能力。

购买环境：购买条件，便于买到；有提示作用，增加消费者购买率。

1. 购买动机

首先，产品口味是购买该产品的第一驱动力，包装、烟支规格是关键。其次，品牌知名度及品质具有背书作用，能明显促进消费者购买。最后，受周围人影响及生理满足也是促进购买的有利因素（见表2-5）。

表2-5 购买动机统计

主范畴	频次	次范畴	频次	类属	频次	初级编码	频次
购买动机	107	产品	48	口味	34	选择以前抽过的香烟	10
						口感好	9
						群体普适性：口味大众都能接受	1
						习惯了口味	7

续表

主范畴	频次	次范畴	频次	类属	频次	初级编码	频次
购买动机	107	产品	48	口味	34	喜欢劲大的	1
						香	1
						选择与主抽烟味道相似的	5
				包装	11	认可产品包装	7
						时尚	1
						新颖上档次	1
						烟嘴有个性	1
						有档次	1
				烟支规格	3	过渡到细支，想慢慢戒烟	1
						想少抽点，就抽细支烟	1
						不同规格间转换	1
		品牌	26	认可品牌	3	看品牌	3
				尝试同品牌的其他产品	5	常规中华换双中支（口感、焦油量合适）	1
						抽云烟看见细支	1
						玉溪软换硬	1
						同品牌换	2
				怀旧	1	年轻时常抽这个品牌	1
				品质	7	玉溪口碑好	1
						老品牌，品质稳定	1
						细节决定品质：不口干，不起痰，燃烧速度，烟丝有无杂物	5
				知名度	10	芙蓉王在同价位知名度高	1
						国内三大高档卷烟之一	1
						老品牌，口碑好，购买方便	1
						老品牌，知名度高	5
						知名度高，消费群体多	2

主范畴	频次	次范畴	频次	类属	频次	初级编码	频次
购买动机	107	受周围人影响	13	换当地认知度高、抽的人多的（换烟）	3	双喜（软珍品好日子）	1
						硬芙蓉王	2
				朋友推荐	1	朋友从老家带来的	1
				身边人认可度高	4	本地人爱抽利群	3
						他们经常抽这个烟，我就习惯了	1
				身边人在抽	4	朋友给我尝了，觉得非常合适	1
						朋友抽，相互影响	3
				听说很火，老卖断货	1	总说炫赫门很火，老卖断货	1
		生理满足	10	焦油量	4	考虑焦油量	4
				解瘾，满足	2	解瘾，满足	2
				烟支和焦油量	4	细支焦油量低但是满足烟瘾	1
						烟支短但能满足烟瘾（符合健康需求）	2
						中支烟粗细刚好，能满足烟瘾	1
		产地情怀	3	尝试本地烟	2	考虑本地烟	2
				云南	1	云南烟好	1
		考虑焦油	3	低焦油，更健康	1	焦油低	1
					1	焦油少，和熟悉的产品差异不大但焦油更少	1
					1	买不到问老板有没有细支焦油量差不多的	1
		适合常抽场景	3	工作，商务	3	经济大众，适用于工作场景	1
						上档次，适合见客户	2
		认可工业企业	1	换同企业下不同品牌的产品	1	买牡丹、红双喜、凤凰系列	1

2. 购买能力及购买环境

在购买能力方面，提取了价格及购买条件范畴的数据，其中价位合适、购买便利性是主要驱动因素。

购买环境包含海报宣传、陈列、品吸装与品鉴会、物料等（见表2-6）。

表 2-6　购买能力及购买环境统计

主范畴	频次	次范畴	频次	类属	频次	初级编码	频次
购买能力	46	价格	36	价位合适	22	价格对我来说比较适中	18
						价格跟我的收入比较贴切一点	1
						价格在自己能力范围之内	1
						对于应酬也比较合适	1
						想买细支烟，云龙的价位符合预期	1
				换同价位	11	在差不多价位段里面选	11
				档次适中	1	跟别人谈事也比较上档次	1
				更值	1	和熟悉的产品（红方印）差不多，但千里江山细支多个爆珠	1
				性价比高	1	性价比要高一点	1
		购买条件	10	购买便利性	10	看好不好买	5
						到处都能买到	3
						不会断货	2
购买环境	12	海报宣传	5	红好猫	1	店里张贴一个海报，我看到的那个是红好猫	1
				利群	1	卖烟的旁边有一个那个牌立着	1
				新势力	1	看到过新势力海报	1
				红河奔腾	1	看到过红河奔腾海报	1
				中支境界	1	他们打的广告都是各种海报叠加起来	1
		陈列	3	荷花	1	一面墙都是荷花，还在那里转	1
				玉溪庄园	1	有一些展示，环保材质这些也会介绍	1
				中华	1	中华会经常看到它有堆头	1
		品吸装与品鉴会	3	抽完复购	2	如果真的好会形成习惯	2
				颜色	1	过滤嘴吸引我，黄色的	1
		物料	1	送东西	1	会赠送打火机，有时候会给毛巾和杯子	1

（三）消费体验方面

该部分以消费者视角出发，划分为"接触条盒—接触烟包—接触烟支—抽吸—刚抽完—存储及携带"六个旅程阶段，明确各阶段的五感体验的正向、负向感知，分阶段探索消费者的最高潮时刻（见图 2-29）。

图 2-29　消费体验的六个旅程阶段

1. 接触条盒、接触烟包

接触条盒：该阶段消费者关注度低，基本被忽视，仅有负向的不便捷受到关注。

接触烟包：该阶段的峰值集中在框架纸、烟支排列设计等方面，颜色、开启方式提及率较低（见表 2-7）。

表 2-7　接触条盒、接触烟包消费体验统计

主范畴	频次	情感体验	频次	类属	频次	初级编码	频次
接触条盒	3	负	3	不便捷	3	给烟设密码	1
						条包装太紧，不好拿	2
接触烟包	49	正	36	包装外观	20	大气、精致、高端	3
						更喜欢软包	1
						包装颜色搭配合理，吸引眼球	1
						喜欢包装	8
						白色：干净	1
						红色：鲜明，容易找到	1
						黄色：宫廷气质，好看	2
						浅色：淡雅清新	1
						喜庆、经典	1
						有科技感或带动漫	1
					烟盒材质	7	包装质量，材质，硬，不易损坏	5
						摸起来不一样的质感	1
						烟盒是否紧实平顺	1
					拆包感受	3	方便拿取	1
						开启方式是否平顺方便（触）	2

续表

主范畴	频次	情感体验	频次	类属	频次	初级编码	频次
接触烟包	49	正	36	新奇	2	9+1 拉开	1
						中支境界掰开，好玩、高档	1
				烟盒尺寸	2	不能太宽	1
						烟盒小巧	1
				框架纸	1	很特别，我喜欢另类一点	1
				内衬纸	1	摸盒子里面的纸判断好坏（触）	1
		负	7	开启	4	破损，卷边	2
						人喜欢熟悉习惯的事物：开启方式	1
						硬盒拆开时内衬纸一起掉落	1
				档次低的包装	1	简单	1
				方便，行为流程极简化	1	软包要敲一下才方便取出烟支	1
				包装图案	1	外烟包装禁烟图案（恶心）	1
		峰	6	框架纸	2	打开烟盖有四个字"纯顺微甜"，与实际相符	2
				烟支排列设计	2	16 支装特别	1
						双包装，两个卡槽	1
				开启方式	1	特殊开启方式，金腰带下开	1
				颜色	1	包装白色新颖	1

2. 接触烟支

峰值集中在烟丝紧实方面（见表 2-8），在此阶段部分消费者会选择"闻一闻"烟味。正向的评价主要集中在过滤嘴、烟支规格。

表 2-8　接触烟支消费体验统计

主范畴	频次	情感体验	频次	类属	频次	初级编码	频次
接触烟支	38	正	28	闻	10	烟的味道	10
				过滤嘴	7	过滤嘴不黏唇	1
						过滤嘴抽到后面烫嘴	1
						过滤嘴软硬度	2
						五角星中空，感觉有烟气在转	1
						烟嘴饱满	1
						烟嘴设计（视）	1

主范畴	频次	情感体验	频次	类属	频次	初级编码	频次
接触烟支	38	正	28	烟丝	7	烟丝金黄	1
						烟丝紧实度	5
						烟丝质量好	1
				烟支规格	3	看烟的粗细	3
				燃烧速度	1	燃烧速度不是特别快	1
		峰	7	烟丝紧实	4	耐抽（值了）	1
						吸入阻力小	1
						烟丝饱满	1
						烟丝不散落	1
				过滤嘴	2	过滤嘴空心	1
						云龙过滤嘴个性	1
				烟支手感	1	细支手感比较好	1
		负	3	爆珠	1	爆珠捏不动	1
				烟支长度	1	粗支变短了（亏了）	1
				发烟	1	发烟时滤嘴被触碰	1

3. 抽吸

该阶段受访者峰值出现的频率较高，峰值主要集中在舒适度、口味、生理满足、独特香味等方面（表2-9）。主要的负向评价为掉烟头、烟丝松/太紧/有烟梗、燃烧不充分/过快等情况。流失的主要原因是刺激性。

表2-9　抽吸消费体验统计

主范畴	频次	情感体验	频次	类属	频次	初级编码	频次
抽吸	148	峰	86	舒适度	27	保留醇香余味但不刺喉	1
						抽着绵软不刺喉	1
						刺激感小	2
						喉咙舒适	1
						柔和，不辣嗓	1
						味道淡，抽了喉咙无不适感	1
						纯净柔顺	1
						更柔顺	7

续表

主范畴	频次	情感体验	频次	类属	频次	初级编码	频次
抽吸	148	峰	86	舒适度	27	平滑	2
						烟量大，同时抽两根还很舒服	1
						保持原有的柔和味道	2
						口感好，柔和不呛	2
						柔和香气好	1
						味道清新，比较柔和	3
						入口足	1
				口味	20	纯正：无杂味	5
						淡：口味偏淡，适合烟瘾不大的	6
						浓：口味重，烟味重，香味浓	5
						荷花清新自然	1
						清甜：纯顺微甜、硬金樽好日子果甜感	3
				生理满足	11	不冲且能满足烟瘾	2
						解瘾	1
						满足感	3
						满足感强	4
						提神	1
				独特香味	10	黄金叶（乐途）	1
						黄金叶（浓香细支）专门的香味	1
						黄山酸梅味	1
						牡丹（软）抽之前闻到的话梅味	1
						软玉独特香味	1
						雨花石独特花香	1
						云龙：淡淡的花香味，可以提神	3
						长乐独特香	1
				爆珠	4	喜欢爆珠	1
						爆珠带来两种变化	1
						爆珠的特殊香味：贝母，陈皮	2

主范畴	频次	情感体验	频次	类属	频次	初级编码	频次
抽吸	148	峰	86	过滤嘴	4	烟嘴不会软	2
						烟嘴是中空的，能感觉到烟气柔顺	1
						烟嘴微甜，回甘（多感官）	1
				焦油量	4	健康低焦	1
						焦油量低劲头小，口味、烟草香味不错	1
						口感和焦油量可以	2
				抽吸场景	2	地域普适性：不论南方北方，不受气候变化的影响	1
						适合夏天抽：口感绵柔，舒适度好	1
				人脑认知规律，人喜欢熟悉的东西	2	日常亲近的味道	1
						之前抽烟的口味	1
				燃烧快	1	因为我在线路上抽中支就燃得快一点	1
				烟气	1	烟气饱满	1
		负	50	缺了，少了，坏了	10	爆珠缺失	1
						掉烟头	8
						过滤嘴、提香线缺失	1
				烟丝	9	烟梗：有烟梗、容易熄灭、掉头	3
						烟丝松	3
						烟丝太紧：抽不动	3
				不舒适	7	刺激性大：刺喉感、很冲	3
						第一口不顺	2
						身体不适感：干呕、嗓子痛、牙龈出血	2
				燃烧	5	卷烟纸和烟丝燃烧不同步	1
						燃烧不充分	1
						燃烧过快	3
				过滤嘴	4	过滤嘴漏芯	1
						过滤嘴黏唇	2
						过滤嘴烫嘴	1

主范畴	频次	情感体验	频次	类属	频次	初级编码	频次
抽吸	148	负	50	细支烟（负面）	4	体验不好（抽常规的）	1
						细支减量但是会增加烟瘾	3
				口味	3	尝到不适合自己的口味	2
						同样的烟口味有差异（标准化质控差）	1
				烟灰	3	烟灰发黑	3
				不自然	2	怪味：调香味、香精味	2
				不纯	1	烟气不够饱满，有杂质	1
				不流畅	1	吸不动	1
				生理满足	1	不解瘾	1
		流失	12	刺激性	9	常规呛，转中支	1
						抽硬玉溪不呛嗓子	1
						红塔山焦油量大，辣嗓	1
						焦油量大，辣喉	1
						由口感爆转向口感更绵软	3
						云烟口感偏爆，现在喜欢柔和的：刺激喉咙	1
						中支烟量合适，味道柔和不呛	1
				烟气	2	烟气重	1
						烟雾量无法满足	1
				口味	1	软玉口感不好	1

4. 刚抽完、存储及携带

刚抽完：该阶段无峰值出现，容易出现负向指标导致消费者流失，主要体现在衣物残留烟味重、抽完口臭和口干。

存储及携带：峰值为烟支数量、方便携带；容易出现负向指标导致消费者流失，主要体现在不易携带、易变形，存储质量变差及烟丝洒落等（见表2-10）。

表2-10　刚抽完、存储及携带消费体验统计

主范畴	频次	情感体验	频次	类属	频次	初级编码	频次
刚抽完	6	负	3	口干	1	抽完以后口干舌燥	1
				口臭	1	黄山抽完后口太臭了	1
				衣服残留	1	衣服被熏得都是烟味	1
		流失	2	烟味重	2	衣服残留烟味	2
		正	1	香味	1	吸完后留下的香味不让旁人反感，自己也舒服	1

续表

主范畴	频次	情感体验	频次	类属	频次	初级编码	频次
存储及携带	19	负	12	不易携带、易变形	5	软包不易携带	3
						软盒包装易变形	1
						装着容易压扁	1
				存储质量变差	3	密封性不好，放在有水的地方就湿了	1
						剩下的几根烟易断	1
						烟丝变干口味变差	1
				烟丝洒落	4	软盒	2
						烟丝掉盒子里	2
		峰	4	烟支数量	1	16支，一天一包刚好	1
				方便携带	3	包装灵巧，方便携带	1
						烟盒宽窄程度携带方便（小巧）	1
						硬盒好携带	1
		流失	1	不易携带	1	软包携带不方便	1
		正	2	方便携带	2	携带也方便，体积各方面都有关系	2

接触条盒、接触烟包、接触烟支、抽吸、刚抽完、存储及携带整体峰值情况一览见表2-11。

表2-11　整体峰值情况一览

主范畴	频次	次范畴	频次	类属	频次	初级编码	频次
吸引注意	10	独特	8	颜色	5	包装颜色吸引	2
						纯黑色烟支	1
						和谐棕色烟支	1
						红底金字	1
				中空滤嘴	2	白色包装，红色logo，过滤嘴空心	1
						滤嘴镂空，觉得新奇	1
				图案	1	被包装吸引，有个性	1
		亲切熟悉	2	地域特色	1	包装贴合当地风情	1
				熟悉亲切	1	看到复古的传统云产烟包装有亲切感	1

主范畴	频次	次范畴	频次	类属	频次	初级编码	频次
体验	103	接触烟包	6	框架纸	2	打开烟盖有四个字"纯顺微甜"，与实际相符	2
				烟支排列设计	2	16支装特别	1
						双包装，两个卡槽	1
				开启方式	1	特殊开启方式，金腰带下开	1
				颜色	1	包装白色新颖	1
		接触烟支	7	烟丝紧实	4	耐抽（值了）	1
						吸入阻力小	1
						烟丝饱满	1
						烟丝不散落	1
				过滤嘴	2	过滤嘴空心	1
						云龙过滤嘴个性	1
				烟支手感	1	细支手感比较好	1
		抽吸	86	舒适度	27	保留醇香余味但不刺喉	1
						抽着绵软不刺喉	1
						刺激感小	2
						喉咙舒适	1
						柔和，不辣嗓	1
						味道淡，抽了喉咙无不适感	1
						纯净柔顺	1
						更柔顺	7
						平滑	2
						烟量大，同时抽两根还很舒服	1
						保持原有的柔和味道	2
						口感好，柔和不呛	2
						柔和香气好	1
						味道清新，比较柔和	3
						入口足	1

续表

主范畴	频次	次范畴	频次	类属	频次	初级编码	频次
体验	103	抽吸	86	口味	20	纯正：无杂味	5
						淡：口味偏淡，适合烟瘾不大的	6
						浓：口味重，烟味重，香味浓	5
						荷花清新自然	1
						清甜：纯顺微甜、硬金樽好日子果甜感	3
				生理满足	11	不冲且能满足烟瘾	2
						解瘾	1
						满足感	3
						满足感强	4
						提神	1
				独特香味	10	黄金叶（乐途）	1
						黄金叶（浓香细支）专门的香味	1
						黄山酸梅味	1
						牡丹（软）抽之前闻到的话梅味	1
						软玉独特香味	1
						雨花石独特花香	1
						云龙：淡淡的花香味，可以提神	3
						长乐独特香	1
				爆珠	4	喜欢爆珠	1
						爆珠带来两种变化	1
						爆珠的特殊香味：贝母，陈皮	2
				过滤嘴	4	烟嘴不会软	2
						烟嘴是中空的，能感觉到烟气柔顺	1
						烟嘴微甜，回甘（多感官）	1
				焦油量	4	健康低焦	1
						焦油量低劲头小，口味、烟草香味不错	1
						口感和焦油量可以	2

主范畴	频次	次范畴	频次	类属	频次	初级编码	频次
体验	103	抽吸	86	抽吸场景	2	地域普适性：不论南方北方，不受气候变化的影响	1
						适合夏天抽：口感绵柔，舒适度好	1
				人脑认知规律，人喜欢熟悉的东西	2	日常亲近的味道	1
						之前抽烟的口味	1
				燃烧快	1	因为我在线路上抽中支就燃得快一点	1
				烟气	1	烟气饱满	1
		存储及携带	4	烟支数量	1	16 支，一天一包刚好	1
				方便携带	3	包装灵巧，方便携带	1
						烟盒宽窄程度携带方便（小巧）	1
						硬盒好携带	1

消费者对常抽产品峰值点主要集中在抽吸阶段（$n=86$），其中口味浓淡、柔顺、纯正、满足感提及率较高。

（四）综合评价方面

从分析情况来看，产品体验、情绪价值、使用场景、品牌个性及品牌能力是消费者评价的五大综合维度。产品体验方面，包装设计、包装质感、功效、吸味风格是受访者主要提及指标；情绪价值方面，缓解负面情绪、温和平静、兴奋、愉悦是受访者主要提及指标；使用场景方面，主要是独处、户外、交谈、开车；品牌个性方面，集中在传统—现代、内敛—外放、独特/个性—乐群/大众、清新自然纯净、飘逸洒脱；品牌能力方面，主要是档次、历史悠久及品质。

1. 品牌图谱

（1）云烟。

消费者觉得云烟品牌是放松、惬意，清新、自然的，品牌个性偏传统、古典，吸味风格清香、纯正。

云烟品牌总体图谱和个性图谱如图 2-30 和图 2-31 所示。

（2）玉溪。

玉溪品牌带给消费者放松、惬意的感受，让消费者觉得快乐、愉悦，品牌个性是开阔/奋进与传统/古典并存，包装设计也给消费者留下较深的印象。此外，与云烟品牌不同的是，玉溪还给消费者留下了商务属性的场景使用印象，适合在讨论工作、谈事情的时候使用。

图 2-30　云烟品牌总体图谱

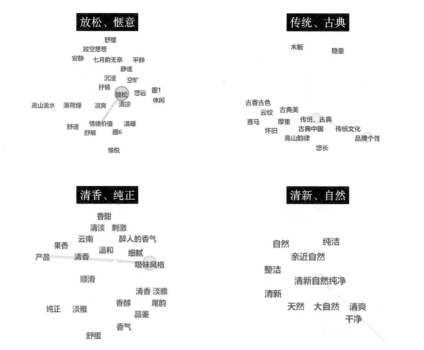

图 2-31　云烟品牌个性图谱

玉溪品牌总体图谱和个性图谱如图 2-32 和图 2-33 所示。

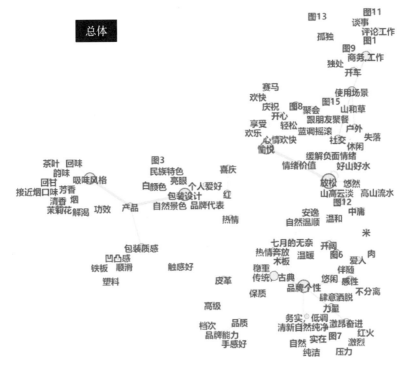

图 2-32 玉溪品牌总体图谱

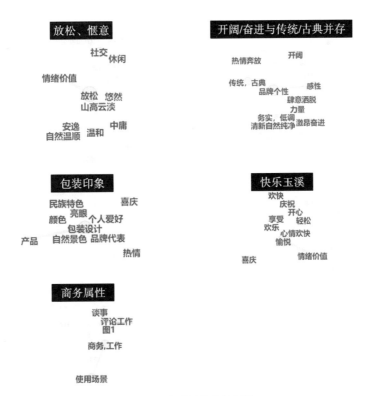

图 2-33 玉溪品牌个性图谱

（五）其他发现

1. 看到（视觉）

（1）产品外包装可直接触发消费者对口味的联想（视觉判断味觉）。

在看到产品包装时，超过三分之一的受访者提到了对产品吸味特点的联想。其中浅色系包装让受访者觉得"烟味偏淡、清凉、薄荷、女士烟……"（如都宝、合悦），深色系包装让受访者觉得"劲大、足，口味重、冲，烟草味浓郁……"（如贵烟、利群、苏烟）。

【消费者原话摘录】

整体："清新淡雅，口味不重，有助健康""感觉劲头大一些，喜欢""烟草味寡淡""清凉""简约、冰清玉洁，烟味有薄荷味""烟草味浓郁，香型冲""口味淡，不好抽"。

颜色："宝石蓝尊贵神秘，味道偏香甜""黑色包装适合烟瘾大的，味道比较冲""黑色有种厚重感，烟味相对浓烈""包装颜色联想到京剧黑脸，烟应该比较冲""蓝色少见稀有，烟的品质可能高一些""颜色不亮、深沉，烟味适中""颜色太黄，看起来贵，有中草药的感觉""白色包装感觉材质不好（视触）、档次低、烟劣质"。

风格："设计风格偏国风，感觉烟味比较浓烈""偏商务，烟草味强劲""尊贵感，烟草味比较浓郁"。

（2）保持传统包装特色的产品更能继承品牌心智，触发味觉回忆。

在看到熟悉的产品包装时，消费者会将之前对该品牌其他产品的吸味印象带入未抽过的产品身上，联想其吸味特点。

【消费者原话摘录】

印象："传统苏烟味道，醇香清淡""硬朗，口味与其他利群一致，比较生猛""含有人参成分，抽起来味道会复杂、多元化一点""感觉和记忆中其他款兰州味道差不多，辣辣的，西北的感觉""包装颜色与常抽的烟小熊猫相似，吸味会比较清爽、不呛喉、不刺激"。

2. 拆包（触觉和嗅觉）

视觉与触觉和嗅觉感知的一致性能提升消费体验。

包装外观的档次与内部烟支档次、滤嘴材质和颜色、触感等感知的匹配度情况会直接影响消费者对产品的评价，消费者看到包装的感知（视觉）与拆包后感知（触觉和嗅觉）的一致性能提升消费者体验。

【消费者原话摘录】

"里外颜色一样比较配""双仓独立包装保证香味不走味，烟嘴有散光，包装颜色及里面配色设计喜欢""里外档次都高，闻了感觉香味特别""打开后整体包装不错，符合预期""外观档次高，而烟支档次不符合预期……"

3. 抽吸（味觉和触觉）

各感官刺激间匹配的一致性越高，消费者体验评价越好。

在产品品吸阶段，36% 的受访者进行了包装（视觉）、拆包（触觉和嗅觉）与品吸感受的预期对比。当包装、拆包与品吸感受的预期一致时，消费者对产品的评价更为正向，整体体验感更好；反之，整体体验评价差。

【消费者原话摘录】

利群："包装感觉烟味重，实际烟味淡，不提神""口感粗糙不像包装一样上档次""闻的时候有茶香，抽到太浓了""与预期相符，劲大，高级"。

泰山："抽着呛、辣眼睛，吸味和清新的包装不匹配""感觉有香甜味，但是抽起来没有，烟味太淡""口味与包装相符，淡淡的，有花香味""与预期一致，包装淡雅，入口像玉溪"。

贵烟："滤嘴紧实阻力大，味道没有想象中的醇厚""有点辣，与预期有点不一样"。

兰州："预期一致，柔和，是自己喜欢的味道""入口后口味与预期有一定落差""闻着好闻，但抽起来嘴里发涩""烟支闻着有清香味，但在抽的过程中没有""包装高档但抽起来普通"。

长白山："没有以前抽的人参烟的香味，抽完感觉很普通""无人参味道，没有养生的感觉""烟味普通且淡，没有预期中的药香味，燃烧快，不解瘾""预期一致，整体较好"。

苏烟："劲不大（预期相符）""与预期不符，没劲，裹不上烟来""比想象的浓重，但能接受"。

4. 决策

消费者在多感官交互下产生购买决策。

消费者在多感官交互作用下对产品性价比进行判断，当包装、口感、价位等的匹配度高时，消费者购买意愿较强。

在决策阶段，消费者明确表示会买的卷烟中，苏烟拔得头筹，占比 47.6%（见图 2-34）。

【消费者原话摘录】

"口味，还有它的价格，刚刚大家比较关心价格是不是和这个烟盒、口味匹配，苏烟的性价比是最高的""苏烟首先我看它这个颜色我比较喜欢，红色比较喜庆，然后它的烟丝，包括整个烟的软硬，抽的口感比较柔和""我也会选择苏烟，首先价位这一块性价比高，另外它的包装看起来在这里面吸引力也是最高的，就是这种颜色，而且它还有五星红，爱国的元素会吸引更多的受众""我还是选人参烟，有特点，喜欢它的颜色，皇室的这种感觉""首先它这个包装比较上档次，比较商务，喜欢它里面中支的双开仓的样子，更能体现这款中支烟的价值""我选择兰州，我觉得兰州的颜值高，而且抽起来口感很丰富，入口比较柔和""但是它抽起来，我个人感觉跟我那个差距不是特别大，因为它这是中式混合，而且它这个烟支设计也是特别好"。

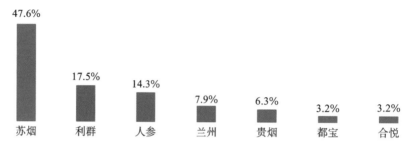

图2-34　消费者在多感官交互作用下购买决策统计

5. 交互

（1）手口触感交互。

"无论是从触摸来说，还是从抽的感觉来说，这个烟抽着比较细腻一些"。

"相对来说我觉得是比较顺滑的。那个柔软的触感让你想到口味上的顺滑"。

（2）味觉和嗅觉交互。

"这个烟有香甜的味道在里面""纯顺微甜""炫赫门甜感""硬金樽好日子果甜感"。

（3）视觉判断触觉。

"看起来这个烟的质感……，很吸睛"。

（六）消费者"在意／不在意"指标分析

本次打分采用三分制。对于各指标的在意程度：3分代表在意、2分代表在意程度一般、1分代表不在意。

1. 总体

从消费旅程视角来看，消费者比较在意的环节集中于"烟支—抽烟过程—存储过程"，对抽烟过程中的指标比较敏感，关注度强。

知晓：消费者体验感高，但是并不在意（2.36）。

条装：条盒色彩（2.57）及材质（2.51）在意程度稍高，其余指标在意程度偏低。

单包：外包装的 logo，品牌名，色彩及开合顺畅度体验好，在意程度稍高，其余指标在意程度偏低（盒装内衬纸的样子在意程度最低 2.24）。

烟支：烟支的质感、烟丝颜色、烟支的湿润度、滤嘴是否黏唇体验好，在意程度稍高，其余指标在意程度偏低（烟支颜色 2.34、水松纸花纹 / 纹路 2.30 最低）。

抽烟过程：烟草本香、劲头、烟气浓度、吸阻（2.75）及味道的一致性在意程度最高，均在 2.70 及以上；其次刺激性、口臭异味为 2.68；爆珠类指标在意程度最低，其次是烟灰颜色（2.42）及烟草本香外的香气（2.45）。

存储过程：开封后味道一致体验好，在意程度高（2.75）。

2. 本竞品

本品和竞品消费者"在意 / 不在意"指标统计见表 2-12。

表 2-12　本品和竞品消费者"在意 / 不在意"指标统计

消费旅程（部分）	指标	本品在意程度	竞品在意程度
烟支（从盒装拿出烟支准备抽吸）	过滤嘴的图案及颜色	2.55	2.42
	过滤嘴的软硬度	2.55	2.61
	过滤嘴是否黏嘴	2.50	2.79
	烟支的颜色	2.34	2.34
	烟支水松纸的花纹 / 纹路	2.26	2.34
	烟支的质感	2.61	2.76
	烟丝颜色	2.53	2.63
	烟支的湿润度	2.55	2.68
抽烟过程（点燃开始抽吸）	开盒后的味道	2.61	2.68
	嗅香	2.50	2.68
	过滤嘴的纸味	2.55	2.47
	过滤嘴与嘴唇接触的感觉	2.53	2.63
	捏破爆珠的感受	2.41	2.32
	捏破爆珠后过滤嘴的味道	2.50	2.24
	烟草本香，如浓烈、清淡	2.74	2.74
	除了烟草本香额外的香气，如茶香、橙香	2.35	2.55
	劲头	2.79	2.63
	刺激性，口鼻喉	2.74	2.63

续表

消费旅程 （部分）	指标	本品 在意程度	竞品 在意程度
抽烟过程 （点燃开始抽吸）	烟气浓度，烟气量	2.74	2.66
	杂气	2.61	2.61
	余味	2.74	2.50
	有口臭异味	2.76	2.61
	吸阻	2.76	2.74
	烟灰不容易掉	2.53	2.66
	烟灰颜色	2.61	2.24
	周围人闻起来评价相对较好，例如有特殊香味， 不那么呛	2.58	2.50
	口腔抽完的干涩感	2.55	2.66
	整支烟味道的一致性	2.76	2.68
存储过程	包装大小方便持握及携带	2.55	2.55
	不易损坏/包装耐磨不易破损	2.66	2.50
	开封后味道一致	2.82	2.68

知晓：本品、竞品在意程度均不高。

条装：竞品的在意程度均不高，而本品仅在"条盒色彩""条盒材质"的在意程度稍高（2.63，2.58）。

单包：本品、竞品消费者除了对"外包装的 logo，品牌名，色彩""开合顺畅度"在意程度稍高，对其余指标的在意程度均偏低；封签纸：竞品2.24、本品2.45；撕开透明保护膜的感受：竞品2.29、本品2.53。

烟支：本品、竞品消费者对"烟支的颜色""烟支水松纸的花纹/纹路"不太在意；竞品消费者在意"过滤嘴是否黏嘴"（2.79），而本品消费者对该指标的在意程度仅为2.50。

抽烟过程：竞品对于"捏破爆珠后过滤嘴的味道""烟灰颜色"不在意（2.24，2.24），而本品消费者对两个指标相对在意（2.50，2.61）；"除了烟草本香额外的香气，如茶香、橙香"竞品在意程度高于本品；本品对"余味"的在意程度（2.74）明显高于竞品（2.50）。

存储过程：本品消费者对"开封后味道一致"的在意程度较高（2.82），竞品为2.68。

3. 价类

消费者对不同价类指标"在意程度"统计见表2-13。

表 2-13　消费者对不同价类指标"在意程度"统计

消费旅程（部分）	指标	11～16元（二类）	17～28元（普一类）	29元及以上（高端一类）
		在意程度	在意程度	在意程度
烟支（从盒装拿出烟支准备抽吸）	过滤嘴的图案及颜色	2.42	2.44	2.69
	过滤嘴的软硬度	2.50	2.58	2.69
	过滤嘴是否黏嘴	2.63	2.61	2.75
	烟支的颜色	2.42	2.36	2.19
	烟支水松纸的花纹 / 纹路	2.21	2.39	2.25
	烟支的质感	2.71	2.64	2.75
	烟丝颜色	2.46	2.64	2.63
	烟支的湿润度	2.46	2.64	2.81
抽烟过程（点燃开始抽吸）	开盒后的味道	2.50	2.69	2.75
	嗅香	2.63	2.53	2.69
	过滤嘴的纸味	2.67	2.53	2.25
	过滤嘴与嘴唇接触的感觉	2.38	2.69	2.63
	捏破爆珠的感觉	2.11	2.50	2.40
	捏破爆珠后过滤嘴的味道	2.26	2.44	2.33
	烟草本香，如浓烈、清淡	2.79	2.67	2.81
	除了烟草本香额外的香气，如茶香、橙香	2.46	2.34	2.69
	劲头	2.75	2.72	2.63
	刺激性，口鼻喉	2.79	2.69	2.50
	烟气浓度、烟气量	2.63	2.72	2.75
	杂气	2.71	2.56	2.56
	余味	2.79	2.56	2.50
	有口臭异味	2.63	2.75	2.63
	吸阻	2.75	2.72	2.81
	烟灰不容易掉	2.58	2.53	2.75
	烟灰颜色	2.63	2.39	2.19
	周围人闻起来评价相对较好，例如有特殊香味，不那么呛	2.46	2.53	2.69
	口腔抽完的干涩感	2.54	2.56	2.81
	整支烟味道的一致性	2.54	2.81	2.81

消费旅程 （部分）	指标	11～16元 （二类）	17～28元 （普一类）	29元及以上 （高端一类）
		在意程度	在意程度	在意程度
存储过程	包装大小方便持握及携带	2.58	2.50	2.63
	不易损坏／包装耐磨不易破损	2.50	2.61	2.63
	开封后味道一致	2.63	2.81	2.81

知晓：高端一类在意程度稍高（2.53），其余价类均不高（2.30左右）。

条装：二类价位的消费者对各指标在意程度均不高；普一类对"条盒缺包""条盒色彩"的在意程度稍高；高端一类比较在意"条盒材质"（2.75）。

单包：各价类消费者对"外包装的logo，品牌名，色彩""开合顺畅度"在意程度相对偏高，对其余指标的在意程度均不太高。

烟支：各价类消费者对"过滤嘴是否黏嘴""烟支的质感"在意程度相对偏高，对"烟支水松纸的花纹／纹路"均不在意；而高端一类的消费者对"烟支的湿润度"很在意（2.81）。

抽烟过程：各价类对爆珠类指标均不在意，对"吸阻""烟草本香，如浓烈、清淡""烟气浓度，烟气量"相对在意。高端一类、普一类对"烟灰颜色"不在意（2.19，2.39），对"整支烟味道的一致性"在意程度较高（2.81，2.81）；二类对"刺激性，口鼻喉""余味""劲头"的在意程度偏高；高端一类对"口腔抽完的干涩感"在意程度高（2.81）、对"过滤嘴的纸味"不在意（2.25）。

存储过程：普一类及高端一类的消费者对"开封后味道一致"的在意程度较高（2.81，2.81）。

4. 其他

（1）分年龄。

年轻消费者（19～25岁）对知晓及条装环节的在意程度低，41～55岁的消费者对知晓及条装环节的在意程度相对偏高。

46～55岁的消费者在盒装和烟支环节比较在意"烟丝颜色"（2.67），对其余指标在意程度相对不高；41～45岁消费者对"外包装的logo、品牌名、色彩"和"烟支的质感"在意程度均高达2.91；31～35岁消费者对"开合顺畅度"很在意（2.87）。

36岁以上的消费者对"嗅香""劲头""杂气""余味""吸阻"的在意程度较高，且随年龄增大呈现递增趋势；31～35岁对"杂气""余味"的在意程度偏低（2.33，2.33）。

（2）吸烟量。

吸烟量越小的人对消费旅程中的多数指标越在意，主要表现在"条盒缺包""外包装的图案／花纹""开合顺畅度""过滤嘴的软硬度""过滤嘴是否黏嘴""过滤嘴的纸味""烟支的湿润度""杂气""余味""吸阻""整支烟味道的一致性""不易损坏／包装耐磨不易破损""开封后味道一致"等指标。

七、指标集输出

采用扎根理论三层编码方法，利用 NVivo 软件对座谈会笔录进行整理分析。将消费体验划分为 4 个旅程阶段，分别为吸引注意（知晓）、购买（场景／动机／能力等）、体验（买完／看到／摸到／拆包／抽到等）、记忆（留存／综合评价），然后对各阶段进行分析及归类，形成消费旅程 6 阶段范畴。借助消费者原话，梳理各阶段下参会人员的峰值、正向、负向评价情况，对消费体验指标进行了梳理和归纳，收集整体相应指标，将指标匹配"知晓—接触到条盒—接触到单包—烟支（从盒装拿出烟支准备抽吸）—抽烟过程（点燃开始抽吸）—存储过程"的对应阶段，并结合与会者对指标集打分的结果进行补充完善。

（一）指标集得分结果

本次打分采用三分制。对于常抽烟体验：3 分代表体验好、2 分代表体验一般、1 分代表体验差。对于各指标的在意程度：3 分代表在意、2 分代表在意程度一般、1 分代表不在意。从各指标总体得分情况来看，消费者在意的指标主要集中于抽吸及存储阶段（见表 2-14）。

表 2-14　与会者对指标集打分的结果统计

消费旅程	指标	常抽烟体验 得分均值	在意程度 得分均值
知晓	产品名称易读易记	2.84	2.36
接触到条盒	条盒透明纸破损	2.39	2.42
	条盒缺包	2.45	2.43
	条盒图案	2.67	2.45
	条盒色彩	2.75	2.57
	条盒材质	2.57	2.51
	条盒开启	2.59	2.42

续表

消费旅程	指标	常抽烟体验	在意程度
		得分均值	得分均值
接触到单包	外包装的图案/花纹	2.74	2.50
	外包装的logo，品牌名，色彩	2.75	2.62
	包装纹理和材质质感	2.58	2.47
	封签纸	2.50	2.34
	框架纸	2.55	2.34
	盒装内衬纸的样子	2.46	2.24
	盒装内衬纸的易拉性	2.63	2.45
	开合顺畅度	2.78	2.67
	盒装拉线的顺畅性	2.72	2.47
	撕开透明保护膜的感受	2.55	2.41
烟支（从盒装拿出烟支准备抽吸）	过滤嘴的图案及颜色	2.58	2.49
	过滤嘴的软硬度	2.58	2.58
	过滤嘴是否黏嘴	2.59	2.64
	烟支的颜色	2.63	2.34
	烟支水松纸的花纹/纹路	2.50	2.30
	烟支的质感	2.74	2.68
	烟丝颜色	2.72	2.58
	烟支的湿润度	2.66	2.62
抽烟过程（点燃开始抽吸）	开盒后的味道	2.74	2.64
	嗅香	2.71	2.59
	过滤嘴的纸味	2.53	2.51
	过滤嘴与嘴唇接触的感觉	2.64	2.58
	捏破爆珠的感受	2.36	2.36
	捏破爆珠后过滤嘴的味道	2.49	2.36
	烟草本香，如浓烈、清淡	2.71	2.74
	除了烟草本香额外的香气，如茶香、橙香	2.32	2.45
	劲头	2.68	2.71
	刺激性，口鼻喉	2.57	2.68
	烟气浓度，烟气量	2.63	2.70

消费旅程	指标	常抽烟体验	在意程度
		得分均值	得分均值
抽烟过程（点燃开始抽吸）	杂气	2.55	2.61
	余味	2.64	2.62
	有口臭异味	2.47	2.68
	吸阻	2.61	2.75
	烟灰不容易掉	2.54	2.59
	烟灰颜色	2.54	2.42
	周围人闻起来评价相对较好，例如有特殊香味，不那么呛	2.68	2.54
	口腔抽完的干涩感	2.53	2.61
	整支烟味道的一致性	2.71	2.72
存储过程	包装大小方便持握及携带	2.66	2.55
	不易损坏／包装耐磨不易破损	2.55	2.58
	开封后味道一致	2.78	2.75

（二）定性阶段指标集输出

根据定性座谈会消费旅程各阶段原话分类及编码结果，参照指标集的得分情况，结合峰值、正向、负向评价情况，对消费体验指标进行了梳理和归类，输出以下初步的指标体系，共计 41 个指标（见表 2-15）。

表 2-15　消费体验的 41 个指标

序号	消费旅程	指标
1	接触到条盒、单包	外包装颜色（条／包）
2		包装纹理和材质质感
3		开盒顺畅便捷（条／包）
4		独特的开启方式（如下开、侧开等）
5		独特烟支排列设计（如双仓、16 支装等）
6	烟支（从盒装拿出烟支准备抽吸）	过滤嘴的图案及颜色与烟包协调
7		过滤嘴的软硬度
8		过滤嘴是否黏嘴
9		过滤嘴设计特别（如五角星、爱心等空心设计）

序号	消费旅程	指标
10	烟支 （从盒装拿出烟支准备抽吸）	烟丝颜色
11		烟丝紧实情况
12		有明显烟梗影响燃烧
13		烟支的颜色
14		烟支的长短粗细
15		烟支的湿润度（手捏的柔软度）
16		烟支嗅香（点燃前）
17	抽烟过程 （点燃开始抽吸）	过滤嘴有独特的味道（甜／香）
18		爆珠的独特味道（如陈皮、贝母、酒）
19		烟草本香（如浓烈、清淡）
20		具有独特香味（如梅子、杏香）
21		劲头的大小或缓解烟瘾的程度
22		刺激性大小（对口鼻喉的刺激）
23		烟气浓度，烟气量
24		杂气（除烟草香气以外的令人感到不愉快／不舒服的气息）
25		余味（吐出烟气后口腔内干净无残留）
26		有口臭异味
27		吸阻
28		烟灰不容易掉
29		烟灰颜色
30		焦油量
31		烟支熄火（点燃不抽时自己灭掉）
32		掉烟头（弹烟灰时烟头容易掉）
33		燃烧速度
34		口腔抽完的干涩感
35		抽完烟后衣物残留烟味重
36		整支烟味道的一致性
37		抽下来整体的舒适度
38	存储过程	包装大小方便持握及携带
39		烟盒反复开启后不易破损

序号	消费旅程	指标
40	存储过程	开封后味道保持一致（如2天内）
41		携带时烟丝洒落

结合了营销售后反馈、在售产品消费者测试反馈、卷烟质量控制重点关注方向等，进一步梳理消费者关注指标，基于定性研究指标结果，进行归并整理后，得到如下64个指标集（见表2-16）。

表2-16　消费体验的64个指标

维度	具体指标	增加指标
产品名称	产品名称通俗易懂	√
	产品名称好记便于传播	√
	产品名称好听有寓意	√
条盒感受	条盒特殊设计（包括开启方式，特殊内部立体结构设计等）	
	条盒外观设计（外包装的图案/花纹/logo/色彩等）	
	小包好取出	√
	条装开启难度	
	条盒开合的声音	√
	条盒褪色（在阳光照射一段时间后不发生褪色的程度）	√
小盒外观档次	外包装的图案/花纹/logo/色彩等	
	小盒纹理和材质质感	√
	小盒形状/大小（方便持握及携带）	
小盒开启	开盒顺畅便捷	
	盒装拉线的顺畅性	√
	塑封膜撕拉的声音	√
	烟盒开合声音	√
	独特的开启方式（如下开、侧开等）	
小盒内部设计	开盒后散发的味道	√
	框架纸（硬盒内支撑盒盖、盒体的框架纸）的档次感（如颜色、图案/文字）	√
	盒装内衬纸（锡箔纸）的易抽拉	√
	盒装内衬纸的外观	√
	烟支排列设计独特（如双仓、16支装等）	
	烟盒异味（打开小盒时能明显感受到的不愉悦的气味）	√

续表

维度	具体指标	增加指标
嘴棒设计	过滤嘴的图案或颜色与烟包协调	
	过滤嘴的软硬度	
	过滤嘴设计感（如五角星、爱心等空心设计）	
卷烟纸及 烟丝感知	烟丝紧实情况	
	烟丝颜色	
	烟支卷烟纸的颜色	
	烟支卷烟纸的花纹／纹路	√
烟支触感 及嗅香	烟支的质感	√
	烟支的创新品类（如细支、短支、中支、爆珠等）	
	烟支的湿润度（手捏的柔软度）	
	烟支嗅香（点燃前，闻一闻烟支的味道）	
嘴棒入口 感知	过滤嘴脱色（过滤嘴在接触嘴唇一段时间发生褪色）	√
	过滤嘴黏嘴唇的情况	
	过滤嘴与唇部接触的舒适度	√
	过滤嘴有独特的味道（甜／香）	
	过滤嘴粘连（两支烟在过滤嘴处会粘连在一起）	√
烟香感受 及爆珠	烟草本香（如浓烈、清淡）	
	烟草独特的香味（如梅子、杏香等）	
	爆珠的独特味道（如陈皮、贝母、酒等）	
	捏破爆珠的声音	√
主要抽吸 感知	劲头的大小或解瘾的程度（所产生的生理满足感）	
	烟气浓度，烟气量（烟气的大小程度，舒适性感受）	
	刺激性大小（对口鼻喉的刺激如辣感、刺感等，舒适性感受）	
	余味（吐出烟气后口腔内干净无残留）	
	杂气（除烟草香气以外的令人感到不愉快／不舒服的气息）	
	吸着不费劲的情况（吸阻）	
燃烧情况	烟头燃烧形状（火头爆裂）	√
	燃烧速度	
	烟支熄火（点燃不抽时自己灭掉）	
	有明显的烟梗影响燃烧	√
	烟灰颜色	

续表

维度	具体指标	增加指标
抽完后感知	整支烟味道的一致性	
	抽完有口臭异味（口腔内含有一些其他令人不愉快的怪味或口臭）	
	口腔抽完的干涩感	
	烟灰包裹性好，可保持一截不掉落	√
	抽完烟后衣物残留烟味重	
	掉烟头（弹烟灰时烟头容易掉）	
使用、存储及复购	基本都能买到，不断货	
	开封后味道保持一致（如2天内）	
	携带时烟盒不易损坏/压扁/变形	
	携带时烟丝洒落情况	

（三）指标集合理性验证

为了验证上述指标集的合理性，特基于该指标体系进行了验证调研。本次验证力求在区域、样本数量、调研群体特征上合理配比，为进一步为定量指标研究做准备。

1. 背景资料

本次验证性调研共计收回样本3315份，各维度下各类别的配比均比较合理。具体来看：在区域上，受访者覆盖华东、华南、华中、西北、华北、东北、西南七大区域（见图2-35）。性别分布合理，男性烟民占比87%，女性烟民占比13%（见图2-36）。

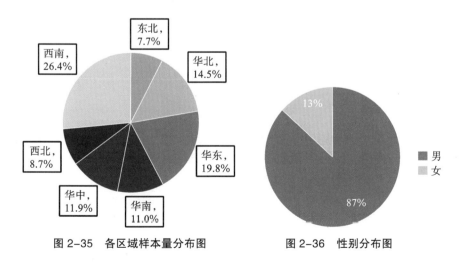

图2-35　各区域样本量分布图　　　图2-36　性别分布图

受访者中经常消费的卷烟价位为16～30元/包，占比57%；31～40元/包及41～60元/包的占比分别为9.5%和11.7%；60元以上/包的高端烟消费占比

10.6%；低价位卷烟 5 ～ 15 元 / 包的占比为 11.2%（见图 2-37）。本次调研群体以老烟民居多，其中 10 年以上烟龄的消费者占比达 67.9%，2 年及以下的烟民仅占比 1.5%（见图 2-38）。在年龄分布上，以 31 ～ 50 岁消费者为主，占比达 70.6%（见图 2-39）。

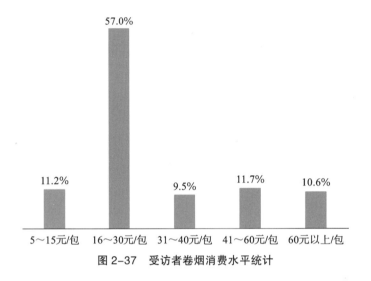

图 2-37　受访者卷烟消费水平统计

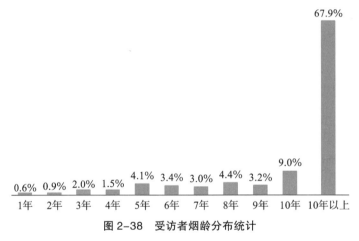

图 2-38　受访者烟龄分布统计

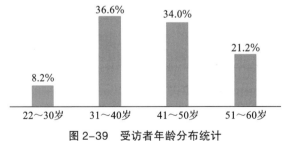

图 2-39　受访者年龄分布统计

本次调研群体中，受访者生活状态以"夫妇二人或准夫妇二人"居多，占比 25.1%，其次为"家里有 6 ～ 12 岁的孩子"，占比 13.4%，"和父母长辈一起居住"占比 13.3%（见图 2-40）。

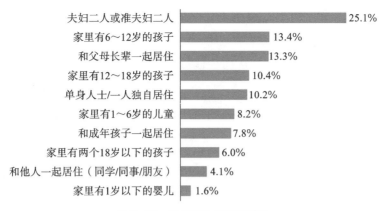

图 2-40 受访者生活状态统计

受访者学历以大学本科为主，占比 39.2%（见图 2-41）。受访者职业以个体私营业主（30.3%）及国企/事业单位（28.9%）为主（见图 2-42）。受访群体个人月均收入集中在 6001～9000 元、9001～15000 元、15001 元及以上，整体收入水平相对偏高（见图 2-43）。

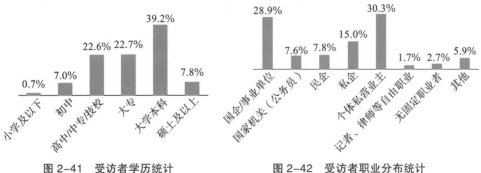

图 2-41 受访者学历统计　　　　　图 2-42 受访者职业分布统计

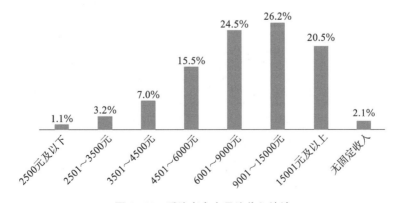

图 2-43 受访者个人月均收入统计

2. 调研结果

（1）各指标总体得分情况。

从各维度下具体指标的中选率来看，各指标在对应维度下的占比相对均匀（见表2-17），说明受访者对于各维度下的指标均具有一定的认可度，卷烟消费旅程五感指标的选择及建立具有合理性，与消费端的体验感知比较匹配。

表 2-17　不同维度下细项指标关注度统计

维度	具体指标	分维度下细项指标关注度
产品名称	产品名称通俗易懂	34.30%
	产品名称好记便于传播	32.68%
	产品名称好听有寓意	33.02%
条盒感受	条盒特殊设计（包括开启方式，特殊内部立体结构设计等）	22.11%
	条盒外观设计（外包装的图案/花纹/logo/色彩等）	21.36%
	小包好取出	18.35%
	条装开启难度	17.71%
	条盒开合的声音	9.76%
	条盒褪色（在阳光照射一段时间后不发生褪色的程度）	10.72%
小盒外观档次	外包装的图案/花纹/logo/色彩等	37.06%
	小盒纹理和材质质感	32.12%
	小盒形状/大小（方便持握及携带）	30.82%
小盒开启	开盒顺畅便捷	27.34%
	盒装拉线的顺畅性	24.11%
	塑封膜撕拉的声音	20.05%
	烟盒开合声音	11.48%
	独特的开启方式（如下开、侧开等）	17.02%
小盒内部设计	开盒后散发的味道	22.93%
	框架纸（硬盒内支撑盒盖、盒体的框架纸）的档次感（如颜色、图案/文字）	18.41%
	盒装内衬纸（锡箔纸）的易扯拉	18.36%
	盒装内衬纸的外观	14.65%
	烟支排列设计独特（如双仓、16支装等）	15.21%
	烟盒异味（打开小盒时能明显感受到的不愉悦的气味）	10.44%

维度	具体指标	分维度下细项指标关注度
嘴棒设计	过滤嘴的图案或颜色与烟包协调	37.58%
	过滤嘴的软硬度	34.15%
	过滤嘴设计感（如五角星、爱心等空心设计）	28.27%
卷烟纸及烟丝感知	烟丝紧实情况	31.88%
	烟丝颜色	26.94%
	烟支卷烟纸的颜色	22.09%
	烟支卷烟纸的花纹/纹路	19.09%
烟支触感及嗅香	烟支的质感	28.95%
	烟支的创新品类（如细支、短支、中支、爆珠等）	26.00%
	烟支的湿润度（手捏的柔软度）	21.10%
	烟支嗅香（点燃前，闻一闻烟支的味道）	23.95%
嘴棒入口感知	过滤嘴脱色（过滤嘴在接触嘴唇一段时间发生褪色）	19.65%
	过滤嘴黏嘴唇的情况	20.82%
	过滤嘴与唇部接触的舒适度	25.57%
	过滤嘴有独特的味道（甜/香）	20.95%
	过滤嘴粘连（两支烟在过滤嘴处会粘连在一起）	13.00%
烟香感受及爆珠	烟草本香（如浓烈、清淡）	33.36%
	烟草独特的香味（如梅子、杏香等）	25.96%
	爆珠的独特味道（如陈皮、贝母、酒等）	24.31%
	捏破爆珠的声音	16.37%
主要抽吸感知	劲头的大小或解瘾的程度（所产生的生理满足感）	20.01%
	烟气浓度，烟气量（烟气的大小程度，舒适性感受）	20.30%
	刺激性大小（对口鼻喉的刺激如辣感、刺感等，舒适性感受）	18.46%
	余味（吐出烟气后口腔内干净无残留）	16.31%
	杂气（除烟草香气以外的令人感到不愉快/不舒服的气息）	11.90%
	吸着不费劲的情况（吸阻）	13.02%
燃烧情况	烟头燃烧形状（火头爆裂）	21.97%
	燃烧速度	24.62%
	烟支熄火（点燃不抽时自己灭掉）	20.15%
	有明显的烟梗影响燃烧	17.17%
	烟灰颜色	16.09%

续表

维度	具体指标	分维度下细项指标关注度
抽完后感知	整支烟味道的一致性	23.98%
	抽完有口臭异味（口腔内含有一些其他令人不愉快的怪味或口臭）	16.66%
	口腔抽完的干涩感	16.78%
	烟灰包裹性好，可保持一截不掉落	16.78%
	抽完烟后衣物残留烟味重	12.51%
	掉烟头（弹烟灰时烟头容易掉）	13.29%
使用、存储及复购	基本都能买到，不断货	29.89%
	开封后味道保持一致（如2天内）	25.81%
	携带时烟盒不易损坏/压扁/变形	26.03%
	携带时烟丝洒落情况	18.27%

（2）细项指标得分情况。

在细项指标的调研上，基于各消费者对细项指标的关注程度来进行打分，分值设置为0～10分，分数越高表示关注度越高（0分代表对该指标没有任何体验或者毫不关注，1分代表对指标非常不关注、10分代表对指标非常关注）。

从各指标得分均值及各分值的占比情况来看，受访者对于各指标的关注度均较高，各指标得分集中在8～10分，且选择10分的受访者占比为最高。总体来看，指标得分均值在8.3分至8.8分，属于非常关注及比较关注。

其次，各指标中选择0分的占比范围仅在0.05%～0.39%，选择1～2分（非常不关注）及3～4分（比较不关注）的占比范围仅在0.04%～1.93%（见表2-18）。

表2-18 细项指标得分情况统计

细项指标	得分均值	具体得分占比		
		8分	9分	10分
产品名称通俗易懂	8.5	17.67%	18.14%	41.35%
产品名称好记便于传播	8.5	19.45%	19.57%	38.83%
产品名称好听有寓意	8.6	20.47%	18.97%	40.51%
条盒特殊设计（包括开启方式，特殊内部立体结构设计等）	8.5	18.67%	19.84%	39.23%
条盒外观设计（外包装的图案/花纹/logo/色彩等）	8.6	19.52%	20.13%	39.10%
小包好取出	8.6	18.36%	19.62%	40.06%
条装开启难度	8.6	18.34%	20.67%	40.25%
条盒开合的声音	8.5	13.95%	16.86%	43.51%

续表

细项指标	得分均值	具体得分占比		
		8 分	9 分	10 分
条盒褪色（在阳光照射一段时间后不发生褪色的程度）	8.4	17.77%	15.59%	41.96%
外包装的图案 / 花纹 /logo/ 色彩等	8.6	19.15%	21.26%	38.57%
小盒纹理和材质质感	8.5	21.68%	18.54%	36.67%
小盒形状 / 大小（方便持握及携带）	8.6	20.60%	19.37%	38.87%
开盒顺畅便捷	8.5	18.96%	19.38%	39.60%
盒装拉线的顺畅性	8.5	19.71%	19.44%	38.08%
塑封膜撕拉的声音	8.6	18.07%	19.84%	40.91%
烟盒开合声音	8.5	14.50%	16.50%	43.51%
独特的开启方式（如下开、侧开等）	8.5	18.88%	18.93%	39.72%
开盒后散发的味道	8.6	18.66%	20.10%	40.35%
框架纸（硬盒内支撑盒盖、盒体的框架纸）的档次感（如颜色、图案 / 文字）	8.4	20.49%	18.57%	36.65%
盒装内衬纸（锡箔纸）的易扯拉	8.5	18.99%	20.55%	38.13%
盒装内衬纸的外观	8.5	18.06%	19.67%	39.61%
烟支排列设计独特（如双仓、16 支装等）	8.6	17.84%	19.50%	41.71%
烟盒异味（打开小盒时能明显感受到的不愉悦的气味）	8.7	17.19%	18.00%	44.79%
过滤嘴的图案或颜色与烟包协调	8.5	19.82%	20.29%	38.50%
过滤嘴的软硬度	8.5	20.89%	20.49%	37.65%
过滤嘴设计感（如五角星、爱心等空心设计）	8.4	19.30%	19.44%	37.78%
烟丝紧实情况	8.6	18.99%	20.73%	40.48%
烟丝颜色	8.6	19.36%	19.97%	40.86%
烟支卷烟纸的颜色	8.6	18.14%	19.71%	41.16%
烟支卷烟纸的花纹 / 纹路	8.4	19.79%	16.94%	37.66%
烟支的质感	8.7	16.77%	20.69%	42.22%
烟支的创新品类（如细支、短支、中支、爆珠等）	8.6	19.83%	19.21%	39.78%
烟支的湿润度（手捏的柔软度）	8.6	17.17%	19.86%	42.42%
烟支嗅香（点燃前，闻一闻烟支的味道）	8.7	18.93%	20.31%	41.57%
过滤嘴脱色（过滤嘴在接触嘴唇一段时间发生褪色）	8.7	16.87%	21.18%	42.92%
过滤嘴黏嘴唇的情况	8.6	19.76%	20.47%	39.35%
过滤嘴与唇部接触的舒适度	8.6	20.02%	21.91%	38.98%

续表

细项指标	得分均值	具体得分占比		
		8分	9分	10分
过滤嘴有独特的味道（甜/香）	8.7	19.59%	20.02%	41.27%
过滤嘴粘连（两支烟在过滤嘴处会粘连在一起）	8.5	17.60%	16.08%	41.74%
烟草本香（如浓烈、清淡）	8.7	16.94%	22.18%	41.84%
烟草独特的香味（如梅子、杏香等）	8.6	20.03%	21.07%	38.09%
爆珠的独特味道（如陈皮、贝母、酒等）	8.6	18.97%	18.65%	41.15%
捏破爆珠的声音	8.3	16.12%	16.32%	39.24%
劲头的大小或解瘾的程度（所产生的生理满足感）	8.7	17.63%	20.39%	43.82%
烟气浓度，烟气量（烟气的大小程度，舒适性感受）	8.6	18.57%	22.51%	39.18%
刺激性大小（对口鼻喉的刺激如辣感、刺感等，舒适性感受）	8.7	18.16%	21.76%	42.87%
余味（吐出烟气后口腔内干净无残留）	8.7	18.64%	20.16%	44.03%
杂气（除烟草香气以外的令人感到不愉快/不舒服的气息）	8.8	15.73%	20.83%	47.71%
吸着不费劲的情况（吸阻）	8.7	19.16%	17.20%	44.77%
烟头燃烧形状（火头爆裂）	8.6	18.88%	19.98%	41.16%
燃烧速度	8.5	20.70%	20.27%	37.59%
烟支熄火（点燃不抽时自己灭掉）	8.7	18.09%	20.63%	41.50%
有明显的烟梗影响燃烧	8.7	18.19%	21.68%	43.28%
烟灰颜色	8.5	18.45%	18.21%	41.04%
整支烟味道的一致性	8.8	16.81%	22.75%	44.20%
抽完有口臭异味（口腔内含有一些其他令人不愉快的怪味或口臭）	8.7	17.67%	22.96%	40.79%
口腔抽完的干涩感	8.7	18.30%	22.04%	42.28%
烟灰包裹性好，可保持一截不掉落	8.7	19.06%	20.07%	42.01%
抽完烟后衣物残留烟味重	8.7	18.98%	18.31%	45.01%
掉烟头（弹烟灰时烟头容易掉）	8.7	17.18%	18.52%	43.41%
基本都能买到，不断货	8.6	18.85%	21.11%	40.98%
开封后味道保持一致（如2天内）	8.6	19.86%	20.55%	39.63%
携带时烟盒不易损坏/压扁/变形	8.7	19.31%	20.93%	41.77%
携带时烟丝洒落情况	8.6	18.15%	18.45%	41.32%

（3）验证结论。

从本次对指标集的验证结果来看，受访者对各指标的关注度得分均值均在8分以上，且选择 10 分（非常关注）的比例最大，说明消费者对各指标的关注度相对较高，各指标内容与消费者卷烟消费体验旅程感知相契合。因此，该指标集的选择及建立科学合理，验证的卷烟消费旅程五感指标集，对于后续卷烟消费者重点关注指标研究、改善、产品运用等具有一定的指导意义。

第四节 定量调研执行及研究

一、研究思路

消费体验指标需要市场来验证其有效性，同时也需要市场调研来补充完善。因此，需要通过定量调研对获得的基于五感体验的卷烟消费旅程指标集进行验证及研究，并对调研数据进行分析，对指标间关联性进行研究，结合专家研讨，为消费体验指标集的建立提供专业性建议，最终输出科学合理的指标集。

调研主要采用问卷调查方式进行；数据分析及关联性研究主要采用 AMOS 软件进行；专家研讨采用业内专家座谈会形式，根据专家给出的建议，进一步完善指标，提高指标可用性。

研究思路如图 2-44 所示。

二、研究方法

研究方法以识别五感接触点，挖掘基于五感的情绪情感体验，捕捉消费者体验爽点（峰值）、痛点（谷值）等需求为目的，进行指标梳理、归类分析，绘制涵盖不同品类、价类、地域分布、消费群体的卷烟消费体验旅程图及重点指标。

通过市场验证、数据分析，对五感之间的交互影响作用进行分析，建立卷烟消费体验五感指标与产品/品牌满意度关联性模型。一方面，不同类型消费者发生作用的关键五感触点不同、体验的峰值及谷值点不同。因此，定量调研的设计需涵盖不同品类、价类、地域分布、消费群体，挖掘各维度卜消费者的消费体验旅程图，在调研指标设置的时候应该考虑指标的合理性、全面性，充分保证旅程的完整性。

另一方面，在调研消费者基于消费旅程下的体验感情况时，还要明确消费者对各指标的在意程度，找到各维度下需改进的方向（见图 2-45）。

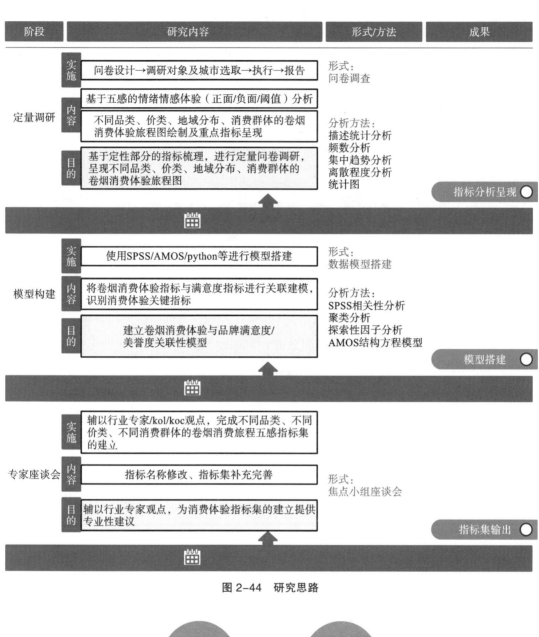

阶段	研究内容	形式/方法	成果

图 2-44　研究思路

图 2-45　基于消费旅程下体验感和在意程度关系

本节指标获取方式：在验证后的指标集基础上，与相关专家进行讨论后，输出了适用于定量调研的指标集（定量指标数量少于验证指标集数量）。

（一）分析思路

根据消费者对主抽产品的认知心理过程，可以将整个消费旅程分为四个阶段。首先是吸引注意，即消费者是如何知道该产品的，什么样的产品能吸引消费者的注意，并产生购买欲望。接下来便是决策形成，即消费者为什么选择重复购买。第三阶段则是消费者对产品本身全方位的消费体验，包括名称、外观设计、抽吸感受、携带及购买便捷性等。最后是消费体验之后，产品带给消费者的综合印象（见图 2-46）。

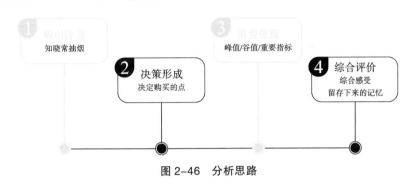

图 2-46　分析思路

（二）分析方法

1. 描述统计

在数据清洗的时候使用频数统计、交叉分析等方法来检查问卷漏填、逻辑错误等问题。

对于样本量、背景资料等进行简单分析，对变量进行频数统计。当研究两个变量之间的关系或分析不同群体的情况时，如消费者对不同价类的常抽烟的知晓渠道分别是什么，将采用交叉分析进行统计。

2. 信效度检验

（1）原理。

采用克隆巴赫系数 α 对消费者打分的指标进行信度检验，若克隆巴赫系数 α 均高于 0.7，且各指标项删除项后的克隆巴赫系数 α 值与总体的克隆巴赫系数 α 均差异不大，则可靠性较高；其次，各指标的 KMO 取值均大于 0.7（相对接近于 1），且 Sig.<0.05，说明各变量间相关性较强，问卷结构效度较高。

问卷的信度和效度比较好，证明问卷的数据可靠性比较高，问卷数据内部一致性比较高，可以支持后续的分析及建模等。

（2）示例。

以消费旅程研究为例，采用克隆巴赫系数 α 及探索性因子分析对体验感 59 个指标的消费者体验打分和重要度 59 个指标的重要度打分进行了信效度检验，结果显示体验感和重要度的克隆巴赫系数 α 均高于 0.9，且各指标项删除项后的克隆巴赫系数 α 值与总体的克隆巴赫系数 α 均差异不大，说明信度非常高。修正后的项与总计相关性除体验感中"捏破爆珠的声音"这一指标外，其余指标均高于 0.3，说明各指标与总体的相关性也较好。两者的 KMO 系数也高于 0.9，说明指标设计的结构效度较高。

体验感信度检验 SPSS 输出结果如表 2-19 和表 2-20 所示。

表 2-19 可靠性统计

克隆巴赫系数 α	项数
0.984	59

表 2-20 项总计统计

指标项	删除项后的标度平均值	删除项后的标度方差	修正后的项与总计相关性	删除项后的克隆巴赫系数 α
1. 产品名称通俗易懂	462.44	2890.496	0.629	0.984
2. 产品名称好记便于传播	462.38	2891.758	0.542	0.984
3. 产品名称好听有寓意	462.32	2896.710	0.580	0.984
4. 条盒外观色彩	462.62	2876.607	0.720	0.983
5. 条装开启难度	462.79	2876.350	0.643	0.984
6. 条盒开合的声音	462.82	2872.392	0.597	0.984
7. 小包好取出	462.47	2868.378	0.691	0.983
8. 外包装的图案 / 花纹 /logo/ 色彩等	462.26	2879.170	0.755	0.983
9. 包装形状 / 大小	462.21	2871.441	0.750	0.983
10. 包装纹理和材质质感	462.32	2852.771	0.891	0.983
11. 盒装拉线的顺畅性	462.24	2868.064	0.829	0.983
12. 塑封膜撕拉的声音	462.68	2849.801	0.804	0.983
13. 开盒顺畅便捷	462.59	2859.280	0.707	0.983
14. 独特的开启方式（如下开、侧开等）	462.41	2875.704	0.650	0.984
15. 烟盒开合的声音	462.88	2875.743	0.591	0.984
16. 烟支排列设计独特（如双仓、16 支）	462.50	2860.136	0.798	0.983
17. 盒装内衬纸的外观	462.41	2873.401	0.700	0.983
18. 盒装内衬纸的易拉性	462.44	2867.406	0.723	0.983
19. 框架纸的外观（如颜色、图案 / 文字）	462.35	2874.660	0.750	0.983

续表

指标项	删除项后的标度平均值	删除项后的标度方差	修正后的项与总计相关性	删除项后的克隆巴赫系数 α
20. 开盒后散发的味道	462.06	2883.269	0.671	0.984
21. 过滤嘴的图案或颜色与烟包协调	462.44	2845.163	0.923	0.983
22. 过滤嘴的软硬度	462.59	2849.401	0.751	0.983
23. 过滤嘴设计特别（如五角星、爱心等空心设计）	462.35	2839.629	0.761	0.983
24. 烟丝颜色	462.65	2823.266	0.882	0.983
25. 烟丝紧实情况	462.44	2846.981	0.869	0.983
26. 烟支卷烟纸的颜色	462.56	2845.163	0.847	0.983
27. 烟支卷烟纸的花纹 / 纹路	462.56	2836.860	0.832	0.983
28. 烟支的质感	462.41	2846.492	0.830	0.983
29. 烟支的长短粗细	462.35	2857.569	0.674	0.984
30. 烟支的湿润度（手捏的柔软度）	462.38	2858.607	0.815	0.983
31. 烟支嗅香	462.47	2833.469	0.786	0.983
32. 过滤嘴黏嘴唇的情况	462.56	2856.799	0.847	0.983
33. 过滤嘴与唇部接触的舒适度	462.79	2828.168	0.844	0.983
34. 过滤嘴有独特的味道（甜 / 香）	462.47	2901.590	0.434	0.984
35. 爆珠的独特味道（如陈皮、贝母、酒）	462.03	2912.272	0.486	0.984
36. 捏破爆珠的声音	462.65	2920.902	0.288	0.984
37. 烟草本香（如浓烈、清淡）	462.35	2866.296	0.763	0.983
38. 烟草独特的香味（如梅子、杏香）	462.47	2886.560	0.562	0.984
39. 劲头的大小或解瘾的程度	462.38	2865.758	0.795	0.983
40. 刺激性大小（对口鼻喉的刺激）	462.62	2862.365	0.625	0.984
41. 烟气浓度，烟气量	462.97	2847.908	0.764	0.983
42. 杂气（除烟草香气以外的令人感到不愉快 / 不舒服的气息）	462.50	2860.924	0.741	0.983
43. 余味（吐出烟气后口腔内干净无残留）	462.53	2855.711	0.807	0.983
44 吸着不费劲的情况（吸阻）	462.24	2863.458	0.784	0.983
45. 烟灰包裹性	462.56	2854.012	0.850	0.983
46. 烟灰颜色	462.56	2839.345	0.801	0.983
47. 烟支熄火（点燃不抽时自己灭掉）	462.74	2846.746	0.658	0.984

续表

指标项	删除项后的标度平均值	删除项后的标度方差	修正后的项与总计相关性	删除项后的克隆巴赫系数 α
48. 掉烟头（弹烟灰时烟头容易掉）	462.79	2853.320	0.688	0.983
49. 燃烧速度	462.41	2866.492	0.643	0.984
50. 有明显的烟梗影响燃烧	462.91	2847.598	0.653	0.984
51. 口腔抽完的干涩感	462.41	2839.583	0.758	0.983
52. 抽完有口臭异味	462.74	2864.322	0.560	0.984
53. 抽完烟后衣物残留烟味重	462.82	2859.544	0.654	0.984
54. 整支烟味道的一致性	462.79	2841.320	0.806	0.983
55. 包装大小方便持握及携带	462.47	2858.923	0.589	0.984
56. 烟盒不易损坏/压扁/变形	463.24	2850.670	0.492	0.984
57. 开封后味道保持一致（如2天内）	462.50	2830.258	0.769	0.983
58. 携带时烟丝洒落情况	462.56	2849.830	0.754	0.983
59. 基本都能买到	462.53	2845.045	0.839	0.983

体验感效度检验 SPSS 输出结果如表 2-21 所示。

表 2-21　KMO 和巴特利特检验

KMO 取样适切性量数		0.985
巴特利特球形度检验	近似卡方	34212.672
	自由度	1596
	显著性	0.000

重要度信度检验 SPSS 输出结果如表 2-22 和表 2-23 所示。

表 2-22　可靠性统计

克隆巴赫系数 α	项数
0.969	59

表 2-23　项总计统计

指标项	删除项后的标度平均值	删除项后的标度方差	修正后的项与总计相关性	删除项后的克隆巴赫系数 α
1. 产品名称通俗易懂	422.45	4782.054	0.524	0.968
2. 产品名称好记便于传播	422.54	4778.540	0.539	0.968
3. 产品名称好听有寓意	422.60	4770.776	0.538	0.968

指标项	删除项后的标度平均值	删除项后的标度方差	修正后的项与总计相关性	删除项后的克隆巴赫系数 α
4. 条盒外观色彩	423.12	4728.561	0.546	0.968
5. 条装开启难度	423.31	4721.350	0.557	0.968
6. 条盒开合的声音	423.95	4681.410	0.592	0.968
7. 小包好取出	423.22	4728.560	0.544	0.968
8. 外包装的图案 / 花纹 /logo/ 色彩等	422.63	4753.396	0.648	0.968
9. 包装形状 / 大小	422.79	4754.650	0.662	0.968
10. 包装纹理和材质质感	422.75	4745.881	0.679	0.968
11. 盒装拉线的顺畅性	422.85	4741.886	0.655	0.968
12. 塑封膜撕拉的声音	423.54	4702.477	0.611	0.968
13. 开盒顺畅便捷	422.61	4764.221	0.640	0.968
14. 独特的开启方式（如下开、侧开等）	425.21	4649.240	0.567	0.969
15. 烟盒开合的声音	424.05	4692.839	0.572	0.968
16. 烟支排列设计独特（如双仓、16 支）	425.25	4652.738	0.562	0.969
17. 盒装内衬纸的外观	423.20	4724.984	0.656	0.968
18. 盒装内衬纸的易拉性	423.03	4732.665	0.685	0.968
19. 框架纸的外观（如颜色、图案 / 文字）	422.98	4731.308	0.686	0.968
20. 开盒后散发的味道	422.59	4767.728	0.647	0.968
21. 过滤嘴的图案或颜色与烟包协调	422.69	4757.662	0.632	0.968
22. 过滤嘴的软硬度	422.70	4771.868	0.602	0.968
23. 过滤嘴设计特别（如五角星、爱心等空心设计）	425.38	4652.784	0.555	0.969
24. 烟丝颜色	423.10	4732.815	0.657	0.968
25. 烟丝紧实情况	422.59	4777.747	0.621	0.968
26. 烟支卷烟纸的颜色	422.98	4734.038	0.658	0.968
27. 烟支卷烟纸的花纹 / 纹路	423.37	4708.540	0.650	0.968
28. 烟支的质感	422.54	4771.539	0.643	0.968
29. 烟支的长短粗细	422.63	4773.448	0.646	0.968
30. 烟支的湿润度（手捏的柔软度）	422.67	4769.820	0.650	0.968
31. 烟支嗅香	422.71	4762.469	0.665	0.968
32. 过滤嘴黏嘴唇的情况	422.62	4768.196	0.603	0.968

指标项	删除项后的标度平均值	删除项后的标度方差	修正后的项与总计相关性	删除项后的克隆巴赫系数 α
33. 过滤嘴与唇部接触的舒适度	422.71	4763.059	0.643	0.968
34. 过滤嘴有独特的味道（甜／香）	424.00	4672.082	0.593	0.968
35. 爆珠的独特味道（如陈皮、贝母、酒）	426.43	4672.808	0.503	0.969
36. 捏破爆珠的声音	426.54	4674.386	0.507	0.969
37. 烟草本香（如浓烈、清淡）	422.57	4767.457	0.584	0.968
38. 烟草独特的香味（如梅子、杏香）	424.26	4686.011	0.553	0.969
39. 劲头的大小或解瘾的程度	422.57	4777.804	0.589	0.968
40. 刺激性大小（对口鼻喉的刺激）	422.71	4763.195	0.628	0.968
41. 烟气浓度，烟气量	422.62	4775.182	0.649	0.968
42. 杂气（除烟草香气以外的令人感到不愉快／不舒服的气息）	422.86	4750.996	0.553	0.968
43. 余味（吐出烟气后口腔内干净无残留）	422.79	4764.029	0.622	0.968
44. 吸着不费劲的情况（吸阻）	422.56	4776.053	0.645	0.968
45. 烟灰包裹性	422.71	4767.830	0.647	0.968
46. 烟灰颜色	423.18	4730.721	0.619	0.968
47. 烟支熄火（点燃不抽时自己灭掉）	422.70	4756.580	0.610	0.968
48. 掉烟头（弹烟灰时烟头容易掉）	422.92	4749.365	0.624	0.968
49. 燃烧速度	422.62	4772.357	0.658	0.968
50. 有明显的烟梗影响燃烧	422.96	4750.259	0.564	0.968
51. 口腔抽完的干涩感	422.69	4765.782	0.626	0.968
52. 抽完有口臭异味	422.61	4778.361	0.515	0.969
53. 抽完烟后衣物残留烟味重	422.81	4759.126	0.611	0.968
54. 整支烟味道的一致性	422.41	4780.871	0.628	0.968
55. 包装大小方便持握及携带	422.42	4778.655	0.635	0.968
56. 烟盒不易损坏／压扁／变形	422.70	4777.551	0.570	0.968
57. 开封后味道保持一致（如 2 天内）	422.57	4768.139	0.619	0.968
58. 携带时烟丝洒落情况	422.71	4767.516	0.610	0.968
59. 基本都能买到	422.30	4804.513	0.487	0.969

重要度效度检验 SPSS 输出结果如表 2-24 所示。

表 2-24 KMO 和巴特利特检验

KMO 取样适切性量数		0.976
巴特利特球形度检验	近似卡方	104459.846
	自由度	1711
	显著性	0.000

3. 四分图模型

（1）原理。

在对重要度和体验感进行分析时，以各指标的重要度作为 X 轴，体验感作为 Y 轴，建立四分图模型，将各指标归进四个象限内，以便更好地呈现二者的关系以及指导企业根据归类结果对不同的指标分别进行处理，优化资源配置（见图 2-47）。

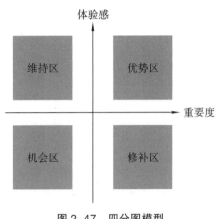

图 2-47 四分图模型

优势区：指标分布在这个区域时，表示对消费者来说，这些因素是重要的关键因素，且目前对这些因素的体验感评价高，是优势指标，需要继续保持。

修补区：指标分布在这个区域时，表示这些指标对顾客来说是重要的，但当前产品在这些方面的表现较差，消费体验感不好，需要重点修补改进。

机会区：指标分布在这个区域时，表示这一部分指标目前对顾客来说不是很重要，体验感也不是很好，不是目前需要重点关注的指标，但可能是未来可以优化，进一步提升消费体验的指标。

维持区：满意度评价较高，但对顾客来说不是很重要的因素，属于次要优势，可以继续保持。

（2）四分图分界线取值说明。

基于定量数据，计算出不同群体各指标的体验感得分均值及重要度得分均值，然后计算体验感指标最高分与最低分的均值作为体验感的分界线，再以同样的方法算出重要度的分界线。

（3）示例。

以消费旅程研究为例，总体体验感各指标得分最低的是"烟盒不易损坏/压扁/变形"6.84 分，得分最高的是"爆珠的独特味道"8.11 分，两者的均值为 7.5 分。重要度各指标得分最低的是"捏破/咬破爆珠的声音"3.86 分，得分最高的是"基本都能买到"8.11 分，两者的均值为 6.0 分，7.5 和 6.0 即为总体体验感四分图的分界线（见图 2-48）。

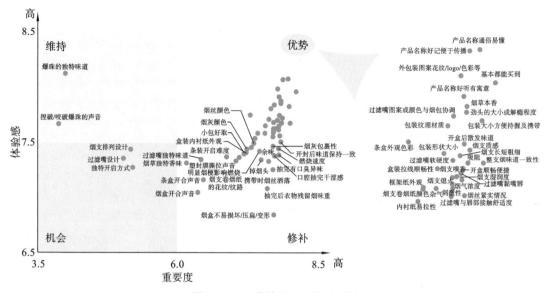

图 2-48　总体体验感四分图示例

注：因图中数据点较多，为有效展示数据趋势，图中数据标签可能存在与前文表中指标名称不一致的情况，本处标签仅为表意，下文其他四分图同。

西南地区体验感各指标得分最低的是"烟盒不易损坏 / 压扁 / 变形"6.99 分，得分最高的是"爆珠的独特味道"8.53 分，两者的均值为 7.8 分。重要度各指标得分最低的是"捏破 / 咬破爆珠的声音"4.10 分，得分最高的是"基本都能买到"8.23 分，两者的均值为 6.2 分，7.8 和 6.2 即为西南地区体验感四分图的分界线（见图 2-49）。

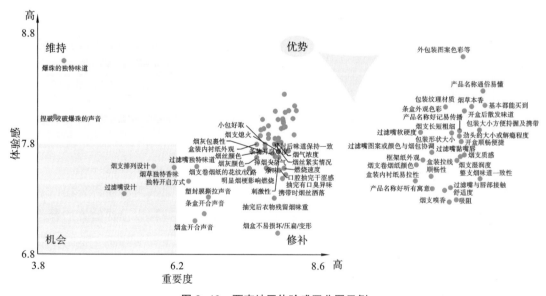

图 2-49　西南地区体验感四分图示例

4. 峰终定律（峰值 / 谷值）

诺贝尔奖得主、心理学家丹尼尔·卡内曼发现，人们对一次体验的记忆是由两个因素决定的：高峰（无论是正向的还是负向的）时与结束时的感觉。

利用峰终定律，挖掘消费者在消费体验中的峰值及谷值情况（见图 2-50）。

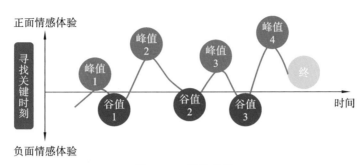

图 2-50　峰终定律

（1）峰 / 谷取值说明。

首先采用简单算术平均法分别计算不同类别消费群体对各指标的体验感评分，然后基于体验感评分从高到低排序，体验感相对较高的即为峰值，体验感相对偏低的即为谷值。体验感评分采用了百分位数法，选取 90% 的百分数范围，将排名前 10% 的指标定义为相对较高的指标，后 10% 定义为相对偏低的指标（共 59 个指标，所以该范围相当于前 6 位和后 6 位）。

但考虑到指标的实际得分情况，会存在临界值指标与相连指标得分差距较小的情况，为突显主要峰值和谷值，计算出相连两个指标之间的差距，根据指标间的差值来进一步选择。由于各指标得分差值的近 80% 都集中在 0.03 以下，差距在 0.03 以上就算差距相对明显，所以以此为标准来拉开峰谷与中间值的差距，从前 6 和后 6 位指标中，依次看第 6 位与第 7 位的差距是否大于 0.03，大于则前 6 位为最终峰值，小于则看第 5 和第 6 位的差值是否大于 0.03，大于则前 5 位为最终峰值，小于则看第 4 位，谷值则看倒数第 6 与倒数第 7 位的差值，以此类推。

将指标根据体验感得分从高到低排序，设各指标体验感得分为 X_n（$n=1$，2，3，…，59），则峰谷取值计算公式如下。

当 $n=1$，2，…，6 时，n 从大到小依次运算 $X_n - X_{n+1}$，当 $X_n - X_{n+1} \geqslant 0.03$ 时，所得值不小于 X_n 即为峰值体验。

当 $n=54$，55，…，59 时，n 从小到大依次运算 $X_{n-1} - X_n$，当 $X_{n-1} - X_n \geqslant 0.03$ 时，所得值不大于 X_n 即为谷值体验。

（2）示例。

以消费旅程研究为例，总体各指标数据如表 2-25 所示，第 6 位指标与第 7 位指标的差距以及倒数第 6 位与倒数第 7 位指标的差距均大于 0.03，所以前 6 位指标和后 6 位指标即为总体的峰值体验和谷值体验，取值范围分别为不小于 7.9 和不大于 7.26。

表 2-25　总体各指标数据

	序号	指标	体验感（从高到低）	体验感相连指标间的差值	
峰值	1	爆珠的独特味道	8.11	0.05	
	2	产品名称通俗易懂	8.06	0.00	
	3	产品名称好记便于传播	8.06	0.09	
	4	外包装的图案 / 花纹 / logo/ 色彩等	7.97	0.03	
	5	基本都能买到	7.94	0.04	
	6	产品名称好听有寓意	7.90	0.04	差值大于 0.03
中间值	7	烟草本香	7.86	0.02	
	8	劲头的大小或解瘾的程度	7.84	0.01	
	……	……	……	……	
	52	烟支卷烟纸的花纹 / 纹路	7.32	0.02	
	53	烟草独特的香味	7.30	0.04	差值大于 0.03
谷值	54	独特的开启方式	7.26	0.02	
	55	携带时烟丝洒落情况	7.24	0.09	
	56	条盒开合的声音	7.15	0.08	
	57	抽完烟后衣物残留烟味重	7.07	0.03	
	58	烟盒开合的声音	7.04	0.20	
	59	烟盒不易损坏 / 压扁 / 变形	6.84	—	

西南地区的各指标数据如下：第 6 位与第 7 位指标、第 5 位与第 6 位指标、第 4 位与第 5 位指标之间的差距均小于 0.03，直到第 3 位与第 4 位指标才拉开了差距，所以取前 3 位指标为峰值体验，取值范围为不小于 8.13。倒数第 6 位与倒数第 7 位指标的差距大于 0.03，所以直接取后 6 位指标为谷值体验，取值范围为不大于 7.34。

5. 关联模型分析方法

基于定量调研得出的影响卷烟消费体验感的指标集评价数据，构建结构方程模型，然后通过模型评估结果不断修正，最终得到符合理论认知且满足模型拟合标准的卷烟消费体验五感指标与满意度关联性模型（见图 2-51）。

（1）探索性因子分析。

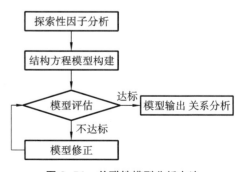

图 2-51　关联性模型分析方法

因子分析的基本目的是用少数几个随机变量（称为因子）去描述多个随机变量之间的协方差关系。因子分析可视为主成分分析的一种推广，它的基本思想是根据相关性大小把变量分组，使得组内的变量相关性较高，但不同组的相关性较低，则每组变量可以代表一个基本结构，称为因子。

探索性因子分析是在事先不知道影响因子的基础上，完全依据样本数据，利用统计软件以一定的原则进行因子分析，最后得出因子的过程。探索性因子分析主要是为了找出影响观测变量的因子个数，以及各个因子和各个观测变量之间的相关程度，以试图揭示一套相对比较大的变量的内在结构。

（2）结构方程模型。

结构方程模型（SEM）是包括结构方程和测量方程的数理方程，结构方程表达潜变量之间的关系，测量方程表达潜变量和指标之间的关系。结构方程模型能够准确分析个体指标对总体的影响以及个体指标之间的关系（见表2-25）。结构方程模型的相关概念如下。

① 显变量：通常指直接被测量的变量，因此也称为观测变量，在 AMOS 中用长方形表示。

② 潜变量：无法直接用数据测量的变量，也称为隐变量，通过多个不同指标的设计间接测量，在 AMOS 中用椭圆表示。

③ 误差变量：通常指实际上不可测量的变量。显变量永远不能完全解释隐变量，所以一定存在的误差就是结构方程模型中的误差变量，每个显变量一定有误差变量。在 AMOS 中误差变量用圆形表示。

④ 拟合度：也叫适合度、相容度，是指理论模型与实际数据的契合程度。拟合度是结构方程模型中重要的指标，模型拟合度越高，代表理论模型与实际数据的吻合度越高。模型拟合度指标见表2-26。

表 2-26　模型拟合度指标

指标名称	判定标准
CMIN（卡方）	越小越好
CMIN/DF（卡方/自由度）	越小越好，小于5模型可接受
GFI（拟合优度指数）	越接近1越好，一般要求大于0.9
AGFI（修正拟合优度指数）	越接近1越好，一般要求大于0.9
RESEA（近似误差均方根）	越接近0越好，一般要求小于0.05
NFI（规范拟合指数）	越接近1越好，一般要求大于0.9
IFI（增值拟合指数）	越接近1越好，一般要求大于0.9
CFI（比较拟合指数）	越接近1越好，一般要求大于0.9

⑤ 路径系数：用于检验显变量之间相关性的重要性。路径系数包含标准路径系数和非标准路径系数，实践中通常使用标准路径系数，其值一般不大于1。在检验过程中的路径系数 $P>0.05$，表明该路径两个变量之间影响不显著，可做删除处理，以提高模型拟合度。

⑥ 外生变量：在模型中只起解释作用的变量。外生变量只影响其他变量，而不受其他变量的影响。在路径图中，只有它的箭头指向其他变量，而没有箭头指向它。

⑦ 内生变量：在模型中的其他变量，包括被外生变量和内生变量影响的变量。在路径图中，有箭头指向它们，它们的箭头也可以指向其他变量。

结构方程模型与传统的统计分析方法相比有以下优点。

① 评价维度多，可以反映模型中因子之间的相互影响。可以分析潜变量内部之间的因果关系，还能分析潜变量和多个观测变量之间关系。并且将多个潜变量及多个观测变量放在一个模型中进行研究。

②有解释测量误差的能力。结构方程模型类似于多元回归、路径分析等联立求解。它没有严格的假设和约束，允许自变量和因变量及其误差纳入模型，提高模型对实际问题的解释。

③ 可进行路径分析。通过结合方程模型与路径图，每个变量的复杂关系都变得更加清晰。它也解决了传统路径图分析的缺陷，可以通过用最小二乘对各个方程加以计算，更精确地预测两个变量间的复杂关系。

④ 具有广泛适用性。结构与方程模块能够实现多变量验证的因子分析，以及关联分析、回归分析等各种常规的数据分析手段的完善。同时含有测量模型的统计分析方法更具有外延性，适用性更广泛。

（三）专家座谈会

对前阶段输出的各指标名称进行分析讨论，将不清晰、不易理解的指标名称更改为更易理解、更专业的名称。

通过对各体验旅程指标进行研讨梳理，各专家对指标集进行完善补充，提出消费体验指标体系运用的专业性意见。

三、调研设计

（一）问卷设计

本次定量问卷设计主要分为甄别、主体问卷及背景资料三大部分。

甄别部分包含：被访者所在城市、抽烟来源、本地居住时长、年龄、烟龄、日均吸烟量、近半年常抽烟的价格／所属品牌／具体产品名、上一个常抽烟的品牌及更换原因。

本部分设计的主要目的是筛选出符合调研要求的受访者，并收集消费者日常抽烟的基本信息，为后续分析不同维度下的消费特征提供数据支持。

主体问卷部分主要是消费体验感知研究与消费行为及习惯研究两个板块，第一板块内容包含：常抽烟知晓研究、基于五感下消费旅程五阶段的体验感及在意程度打分、常抽烟整体感知；第二板块内容包含：五感交互（视觉味觉交互、嗅觉感知）、创新技术研究、四大品牌印象、购买送礼用烟关注因素、新品知晓渠道、新品购买影响因素挖掘及饮食习惯。本部分设计的主要目的是探究常抽烟知晓渠道及消费者对常抽烟的综合感知，挖掘不同维度下的峰值及谷值点，并绘制涵盖不同品类、价类、地域分布、消费群体的卷烟消费体验旅程图及重点指标。通过消费行为及习惯研究分析消费者五感交互情况及探究消费群体的消费趋势及行为习惯的变化。

背景资料部分主要收集受访者的性别、生活状态、文化程度、职业、个人月均收入。本部分设计的主要目的是分析不同维度下消费者的消费行为特征。

1. 调研对象基本要求

（1）吸烟且平时抽烟的来源为自己购买。

（2）18～55岁普通消费者，年龄配额如表2-27所示。

表2-27　年龄配额

年龄段	占比／（%）
18～24岁	15
25～34岁	40
35～44岁	30
45～55岁	15

（3）在当地居住生活1年以上。

（4）抽烟2年以上，日均吸烟量（不包括发给别人的）不少于5支。

（5）近半年常抽烟为配额要求的产品。

（6）性别配额：有一定比例的女性烟民（占比最高20%）。

2. 定量调研问卷

定量调研问卷如下。

所在城市：＿＿＿＿省＿＿＿＿市／州＿＿＿＿区／县　　　项目代号：×××

问卷编号：＿＿＿＿＿＿＿＿＿

二审签字：＿＿＿＿＿＿＿＿＿

复核情况：1. 陪访　2. 电话　3. 实地

01	02	03

消费体验分析消费者调研问卷

【开场白】您好！我是_____的访问员，正在进行一项关于卷烟消费行为的市场研究工作，目的是更加深入地了解消费者对卷烟的购买习惯及需求，更好地为客户提供服务。访问时间大致在 30 分钟左右，您的看法对我们非常重要，希望能得到您的支持。我们会对您提供的信息保密，访问结束后我们会送一份礼品给您。谢谢！

☆访问员宣誓：

·我清楚本人的访问态度对调查结果的影响；

·我保证本份问卷的各项资料都是由我本人按照公司规定的访问程序进行访问和记录，绝对真实无欺；

·我知道若发现一份作假，本人访问的所有问卷将全部作废，并需对因此给公司造成的损失做出赔偿。

邀约员签字：_____

访问员签字：_____

被访者姓名：_____

联系电话：_____

访问时间：2022 年_____月_____日

访问时长：_____分钟

S. 甄别部分

S1. 请问您所在的城市是？【单选】

昆明	01	上海	07
重庆	02	杭州	08
沈阳	03	海口	09
大连	04	深圳	10
北京	05	郑州	11
天津	06	西安	12
		其他	终止

S2. 请问您是否抽烟？

是	01	否	02 →【终止访问】

S3. 请问您平时抽的烟主要来源是：

自己购买	01	→【继续访问】
家人购买	02	→【终止访问】
单位配给	03	
别人赠送	04	

S4. 请问您在本地居住、工作、生活了＿＿＿＿＿＿年？【单选】

不到 1 年	01	→【终止访问】
1 年及以上	02	→【继续访问】

S5. 您的实际年龄是＿＿＿＿＿＿周岁？【记录被访者实际年龄后再对应选项进行圈选，单选】

18 岁以下	01	→【终止访问】
18 ～ 24 岁	02	→【继续访问】
25 ～ 34 岁	03	
35 ～ 44 岁	04	
45 ～ 55 岁	05	
55 岁以上	07	→【终止访问】

18 ～ 24 岁占比 15%、25 ～ 34 岁占比 40%、35 ～ 44 岁占比 30%、45 ～ 55 岁占比 15%

S6. 您的烟龄（抽烟的时间）有多少年了？＿＿＿＿＿＿年【单选】

2 年以下	01	→【终止访问】
2 ～ 5 年	02	→【继续访问】
6 ～ 10 年	03	
11 ～ 15 年	04	
16 年及以上	05	

S7. 您平均每天吸烟的数量大概是多少支呢？（不包括发给别人的）【单选】

5 支以下	01	→ 【终止访问】
5 ~ 10 支	02	
11 ~ 20 支（半包到 1 包）	03	
21 ~ 30 支（1 包到 1 包半）	04	→ 【继续访问】
31 ~ 40 支（1 包半到 2 包）	05	
2 包以上	06	

S8. 请问最近半年，您最常抽的烟是多少钱一包的？_____ 元【填空】

S9. 最近半年，您最常抽的卷烟产品是什么品牌的？

S10. 最近半年，您最常抽的卷烟产品是？

S11. 您平时叫这款烟什么名字？【填空】

_____

S12. 在您抽 引用常抽产品名称 之前，你最经常抽的香烟品牌是什么呢？【单选】

S13.【出示卡片】促使您从上一个主抽的产品更换为现在主抽产品的主要原因是
_____，其次是_____，再次是_____【限选三项并排序】

原有主抽产品的品质有所下滑	1	尝试新产品，换换口味	12
现在这个产品的包装更吸引我	2	原来的产品缺货，买不到	13
现在这个产品的性价比更高	3	随着收入和地位的变化改抽更符合身份的烟（消费升级）	14
更喜欢现在这个产品的吸味	4	随着收入或生活条件的变化改抽便宜一些的烟（消费降级）	15
现在这个产品的知名度更高	5	为了健康考虑，降焦减量	16
现在这个产品的档次感更强	6	烟瘾变大，现在常抽的满足感更强	17
现在这个产品的口碑更好	7	原来的产品价格上涨了	18
朋友 / 同事 / 家人推荐	8	现在这个产品更适合用于社交	19
烟店销售人员推荐	9	现在这个产品的创新技术吸引了我	20
现在这个产品周围人抽得多	10	现在这个产品的新颖独特吸引了我	21
时间久了想换个其他产品	11	自己的口味发生变化	22
		其他【请注明】	99

主体问卷部分

A 部分 消费体验感知研究

A1.对于您现在常抽的烟，你最喜欢它 / 对它印象深刻的点或事情是什么呢？【开放题】

A2.请回忆一下，在您"接触香烟的条盒或小包→拿出烟支→点燃抽吸→香烟存放"这个过程中，遇到的比较糟糕的事情是什么？【开放题】

A3.请回忆一下，当初您是怎么知道现在这款常抽香烟的？【单选】

买烟时，被包装颜色吸引	1
买烟时，被包装图案吸引	2
买烟时，被包装款式设计吸引	3
看着这个烟的包装大小适合自己	4
看到了这个烟的宣传（如海报、陈列、公众号、朋友圈宣传等）	5
烟店里有关于这个烟的促销活动（如赠送打火机 / 满 2 条送数据线）	6
抽过品吸装	7
卖烟的老板推荐的	8
同事 / 朋友 / 家人推荐的	9
产品认知度高，周围的人都在抽	10
价格合适	11
烟支规格是自己想要的	12
其他【请注明】_____	99

A4.对于您常抽烟而言，在"知晓—接触到条盒—接触到单包—烟支（从盒装拿出烟支准备抽吸）—抽烟过程（点燃开始抽吸）—存储及复购"阶段中，以下哪些指标是你体验到的？各指标的体验情况分别是怎样的？【每项单选】

1 ～ 2 分表示体验非常差，3 ～ 4 分表示体验比较差，5 ～ 6 分表示体验一般，7 ～ 8 分表示体验比较好，9 ～ 10 分表示体验非常好。分值越高体验越好。

注：没有体验到的选 0 分

序号	消费旅程	指标	体验非常好	体验比较好	体验一般	体验比较差	体验非常差	没有体验到
1	知晓	产品名称通俗易懂【听】	9/10	7/8	5/6	3/4	1/2	0
2		产品名称好记便于传播【听】	9/10	7/8	5/6	3/4	1/2	0
3		产品名称好听有寓意【听】	9/10	7/8	5/6	3/4	1/2	0

序号	消费旅程	指标	体验非常好	体验比较好	体验一般	体验比较差	体验非常差	没有体验到
4	接触到条盒	条盒外观色彩【视】	9/10	7/8	5/6	3/4	1/2	0
5		条装开启难度【触】	9/10	7/8	5/6	3/4	1/2	0
6		条盒开合的声音【听】	9/10	7/8	5/6	3/4	1/2	0
7		小包好取出【触】	9/10	7/8	5/6	3/4	1/2	0
8		对常抽烟的"条装"总体体验感	9/10	7/8	5/6	3/4	1/2	
9	接触到单包	外包装的图案/花纹/logo/色彩等【视】	9/10	7/8	5/6	3/4	1/2	0
10		包装形状/大小【视】	9/10	7/8	5/6	3/4	1/2	0
11		包装纹理和材质质感【视/触】	9/10	7/8	5/6	3/4	1/2	0
12		盒装拉线的顺畅性【触】	9/10	7/8	5/6	3/4	1/2	0
13		塑封膜撕拉的声音【听】	9/10	7/8	5/6	3/4	1/2	0
14		开盒顺畅便捷【触】	9/10	7/8	5/6	3/4	1/2	0
15		独特的开启方式（如下开、侧开等）【视/触】	9/10	7/8	5/6	3/4	1/2	0
16		烟盒开合的声音【听】	9/10	7/8	5/6	3/4	1/2	0
17		烟支排列设计独特（如双仓、16支）【视/触】	9/10	7/8	5/6	3/4	1/2	0
18		盒装内衬纸的外观【视】	9/10	7/8	5/6	3/4	1/2	0
19		盒装内衬纸的易拉性【触】	9/10	7/8	5/6	3/4	1/2	0
20		框架纸的外观（如颜色、图案/文字）【视】	9/10	7/8	5/6	3/4	1/2	0
21		开盒后散发的味道【嗅】	9/10	7/8	5/6	3/4	1/2	0
22		对常抽烟的"盒装"总体体验感	9/10	7/8	5/6	3/4	1/2	
23	烟支（从盒装拿出烟支准备抽吸）	过滤嘴的图案或颜色与烟包协调【视】	9/10	7/8	5/6	3/4	1/2	0
24		过滤嘴的软硬度【触】	9/10	7/8	5/6	3/4	1/2	0
25		过滤嘴设计特别（如五角星、爱心等空心设计）【视】	9/10	7/8	5/6	3/4	1/2	0
26		烟丝颜色【视】	9/10	7/8	5/6	3/4	1/2	0
27		烟丝紧实情况【触】	9/10	7/8	5/6	3/4	1/2	0
28		烟支卷烟纸的颜色【视】	9/10	7/8	5/6	3/4	1/2	0
29		烟支卷烟纸的花纹/纹路【视】	9/10	7/8	5/6	3/4	1/2	0

序号	消费旅程	指标	体验非常好	体验比较好	体验一般	体验比较差	体验非常差	没有体验到
30	烟支（从盒装拿出烟支准备抽吸）	烟支的质感【视/触】	9/10	7/8	5/6	3/4	1/2	0
31		烟支的长短粗细【视/触】	9/10	7/8	5/6	3/4	1/2	0
32		烟支的湿润度(手捏的柔软度)【触】	9/10	7/8	5/6	3/4	1/2	0
33		烟支嗅香【嗅】	9/10	7/8	5/6	3/4	1/2	0
34		对常抽烟的烟支总体体验感	9/10	7/8	5/6	3/4	1/2	
35	抽烟过程（点燃开始抽吸）	过滤嘴黏嘴唇的情况【触】	9/10	7/8	5/6	3/4	1/2	0
36		过滤嘴与唇部接触的舒适度【触】	9/10	7/8	5/6	3/4	1/2	0
37		过滤嘴有独特的味道(甜/香)【味】	9/10	7/8	5/6	3/4	1/2	0
38		爆珠的独特味道(如陈皮、贝母、酒)【味】	9/10	7/8	5/6	3/4	1/2	0
39		捏破爆珠的声音【听】	9/10	7/8	5/6	3/4	1/2	0
40		烟草本香（如浓烈、清淡）【嗅】	9/10	7/8	5/6	3/4	1/2	0
41		烟草独特的香味（如梅子、杏香）【味】	9/10	7/8	5/6	3/4	1/2	0
42		劲头的大小或解瘾的程度【味】	9/10	7/8	5/6	3/4	1/2	0
43		刺激性大小(对口鼻喉的刺激)【味】	9/10	7/8	5/6	3/4	1/2	0
44		烟气浓度，烟气量【味】	9/10	7/8	5/6	3/4	1/2	0
45		杂气（除烟草香气以外的令人感到不愉快/不舒服的气息）【味】	9/10	7/8	5/6	3/4	1/2	0
46		余味（吐出烟气后口腔内干净无残留）【味】	9/10	7/8	5/6	3/4	1/2	0
47		吸着不费劲的情况（吸阻）【触】	9/10	7/8	5/6	3/4	1/2	0
48		烟灰包裹性【视】	9/10	7/8	5/6	3/4	1/2	0
49		烟灰颜色【视】	9/10	7/8	5/6	3/4	1/2	0
50		烟支熄火（点燃不抽时自己灭掉）	9/10	7/8	5/6	3/4	1/2	0
51		掉烟头（弹烟灰时烟头容易掉）	9/10	7/8	5/6	3/4	1/2	
52		燃烧速度	9/10	7/8	5/6	3/4	1/2	0
53		有明显的烟梗影响燃烧【视】	9/10	7/8	5/6	3/4	1/2	0

序号	消费旅程	指标	体验非常好	体验比较好	体验一般	体验比较差	体验非常差	没有体验到
54	抽烟过程（点燃开始抽吸）	口腔抽完的干涩感【味】	9/10	7/8	5/6	3/4	1/2	0
55		抽完有口臭异味【嗅】	9/10	7/8	5/6	3/4	1/2	0
56		抽完烟后衣物残留烟味重【嗅】	9/10	7/8	5/6	3/4	1/2	0
57		整支烟味道的一致性【味】	9/10	7/8	5/6	3/4	1/2	0
58		对常抽烟的抽吸过程总体体验感	9/10	7/8	5/6	3/4	1/2	
59	存储及复购	包装大小方便持握及携带	9/10	7/8	5/6	3/4	1/2	0
60		烟盒不易损坏 / 压扁 / 变形	9/10	7/8	5/6	3/4	1/2	0
61		开封后味道保持一致（如 2 天内）	9/10	7/8	5/6	3/4	1/2	0
62		携带时烟丝洒落情况	9/10	7/8	5/6	3/4	1/2	0
63		基本都能买到	9/10	7/8	5/6	3/4	1/2	0
64		对常抽烟存储及复购方面总体体验感	9/10	7/8	5/6	3/4	1/2	
65		对常抽烟的整体体验	9/10	7/8	5/6	3/4	1/2	

A5. 请根据您平时的抽烟感受，对以下指标的在意程度进行打分，1 ～ 2 分表示非常不在意，3 ～ 4 分表示比较不在意，5 ～ 6 分表示一般，7 ～ 8 分表示比较在意，9 ～ 10 分表示非常在意。分值越高在意程度越高。

序号	消费旅程	指标	非常在意	比较在意	一般	比较不在意	非常不在意
1	知晓	产品名称通俗易懂【听】	9/10	7/8	5/6	3/4	1/2
2		产品名称好记便于传播【听】	9/10	7/8	5/6	3/4	1/2
3		产品名称好听有寓意【听】	9/10	7/8	5/6	3/4	1/2
4	接触到条盒	条盒外观色彩【视】	9/10	7/8	5/6	3/4	1/2
5		条装开启难度【触】	9/10	7/8	5/6	3/4	1/2
6		条盒开合的声音【听】	9/10	7/8	5/6	3/4	1/2
7		小包好取出【触】	9/10	7/8	5/6	3/4	1/2

序号	消费旅程	指标	非常在意	比较在意	一般	比较不在意	非常不在意
8	接触到单包	外包装的图案/花纹/logo/色彩等【视】	9/10	7/8	5/6	3/4	1/2
9		包装形状/大小【视】	9/10	7/8	5/6	3/4	1/2
10		包装纹理和材质质感【视/触】	9/10	7/8	5/6	3/4	1/2
11		盒装拉线的顺畅性【触】	9/10	7/8	5/6	3/4	1/2
12		塑封膜撕拉的声音【听】	9/10	7/8	5/6	3/4	1/2
13		开盒顺畅便捷【触】	9/10	7/8	5/6	3/4	1/2
14		独特的开启方式(如下开、侧开等)【视/触】	9/10	7/8	5/6	3/4	1/2
15		烟盒开合的声音【听】	9/10	7/8	5/6	3/4	1/2
16		烟支排列设计独特(如双仓、16支)【视/触】	9/10	7/8	5/6	3/4	1/2
17		盒装内衬纸的外观【视】	9/10	7/8	5/6	3/4	1/2
18		盒装内衬纸的易拉性【触】	9/10	7/8	5/6	3/4	1/2
19		框架纸的外观(如颜色、图案/文字)【视】	9/10	7/8	5/6	3/4	1/2
20		开盒后散发的味道【嗅】	9/10	7/8	5/6	3/4	1/2
21	烟支(从盒装拿出烟支准备抽吸)	过滤嘴的图案或颜色与烟包协调【视】	9/10	7/8	5/6	3/4	1/2
22		过滤嘴的软硬度【触】	9/10	7/8	5/6	3/4	1/2
23		过滤嘴设计特别(如五角星、爱心等空心设计)【视】	9/10	7/8	5/6	3/4	1/2
24		烟丝颜色【视】	9/10	7/8	5/6	3/4	1/2
25		烟丝紧实情况【触】	9/10	7/8	5/6	3/4	1/2
26		烟支卷烟纸的颜色【视】	9/10	7/8	5/6	3/4	1/2
27		烟支卷烟纸的花纹/纹路【视】	9/10	7/8	5/6	3/4	1/2
28		烟支的质感【视/触】	9/10	7/8	5/6	3/4	1/2
29		烟支的长短粗细【视/触】	9/10	7/8	5/6	3/4	1/2
30		烟支的湿润度(手捏的柔软度)【触】	9/10	7/8	5/6	3/4	1/2
31		烟支嗅香【嗅】	9/10	7/8	5/6	3/4	1/2
32	抽烟过程(点燃开始抽吸)	过滤嘴黏嘴唇的情况【触】	9/10	7/8	5/6	3/4	1/2
33		过滤嘴与唇部接触的舒适度【触】	9/10	7/8	5/6	3/4	1/2
34		过滤嘴有独特的味道(甜/香)【味】	9/10	7/8	5/6	3/4	1/2
35		爆珠的独特味道(如陈皮、贝母、酒)【味】	9/10	7/8	5/6	3/4	1/2
36		捏破爆珠的声音【听】	9/10	7/8	5/6	3/4	1/2

序号	消费旅程	指标	非常在意	比较在意	一般	比较不在意	非常不在意
37	抽烟过程（点燃开始抽吸）	烟草本香（如浓烈、清淡）【嗅】	9/10	7/8	5/6	3/4	1/2
38		烟草独特的香味（如梅子、杏香）【味】	9/10	7/8	5/6	3/4	1/2
39		劲头的大小或解瘾的程度【味】	9/10	7/8	5/6	3/4	1/2
40		刺激性大小（对口鼻喉的刺激）【味】	9/10	7/8	5/6	3/4	1/2
41		烟气浓度，烟气量【味】	9/10	7/8	5/6	3/4	1/2
42		杂气（除烟草香气以外的令人感到不愉快/不舒服的气息）【味】	9/10	7/8	5/6	3/4	1/2
43		余味（吐出烟气后口腔内干净无残留）【味】	9/10	7/8	5/6	3/4	1/2
44		吸着不费劲的情况（吸阻）【触】	9/10	7/8	5/6	3/4	1/2
45		烟灰包裹性【视】	9/10	7/8	5/6	3/4	1/2
46		烟灰颜色【视】	9/10	7/8	5/6	3/4	1/2
47		烟支熄火（点燃不抽时自己灭掉）	9/10	7/8	5/6	3/4	1/2
48		掉烟头（弹烟灰时烟头容易掉）	9/10	7/8	5/6	3/4	1/2
49		燃烧速度	9/10	7/8	5/6	3/4	1/2
50		有明显的烟梗影响燃烧【视】	9/10	7/8	5/6	3/4	1/2
51		口腔抽完的干涩感【味】	9/10	7/8	5/6	3/4	1/2
52		抽完有口臭异味【嗅】	9/10	7/8	5/6	3/4	1/2
55		抽完烟后衣物残留烟味重【嗅】	9/10	7/8	5/6	3/4	1/2
54		整支烟味道的一致性【味】	9/10	7/8	5/6	3/4	1/2
55	存储及复购	包装大小方便持握及携带	9/10	7/8	5/6	3/4	1/2
56		烟盒不易损坏/压扁/变形	9/10	7/8	5/6	3/4	1/2
57		开封后味道保持一致（如2天内）	9/10	7/8	5/6	3/4	1/2
58		携带时烟丝洒落情况	9/10	7/8	5/6	3/4	1/2
59		基本都能买到	9/10	7/8	5/6	3/4	1/2

A6. 以下哪些形容比较符合您最近常抽香烟给您带来的感受？【限选 5 项】

让我解乏、提神	1	陪伴我，是日常生活中的一部分	4
帮助我释放压力，身心舒畅	2	帮助我专注，理清思绪	5
帮助我缓解负面情绪	3	让我获得灵感，拓宽思路	6

让我感到轻松休闲、感受生活中的乐趣	7	关键场景下的助推剂，增加兴奋点（游戏/娱乐等）	15
是生活片刻中的自我的慰藉与奖励	8	身份象征，获得尊重	16
年轻，充满活力	9	体现我独特、低调的品位	17
受众小，稀有特别	10	体现我成熟、稳重的气质	18
流行度高，受众较多，是国民都在抽的烟	11	体现我精致、优雅的气质	19
传承经典，有底蕴	12	适合在日常工作场合分享	20
长期稳定的质量品控	13	适合在正式商务场合分享	21
帮助我拉近与他人关系，融入其中	14	适合与熟识的亲朋好友分享	22
		其他：＿＿＿＿＿＿＿	

B 部分　消费行为及习惯研究

B1. 当看见一包您没有抽过的香烟时，您会第一时间根据它的包装颜色或烟支规格联想吸味特点吗？

会	1	不会 – 跳到 B2	2

B1.1 什么样的颜色/烟支规格会让您联想到吸味重/劲头大？【选 1～3 项】

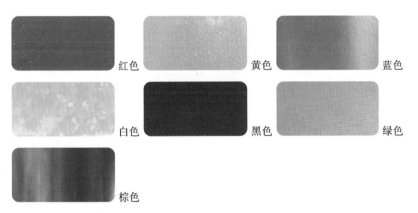

红色	5	粗支	1
黄色	6	中支	2
蓝色	7	细支	3
棕色	8	短支	4

白色	9		
黑色	10		
绿色	11	其他【请注明】	99

B1.2 什么样的颜色 / 烟支规格会让您联想到味道淡 / 劲头小？【选 1 ～ 3 项】

红色	5	粗支	1
黄色	6	中支	2
蓝色	7	细支	3
棕色	8	短支	4
白色	9		
黑色	10		
绿色	11	其他【请注明】	99

B2.（点燃前闻）当接触到一包您没有抽过的香烟，在您拆开后或拿出烟支时会先闻一下味道吗？

会	1	不会 – 跳到 B3	2

B2.1（点燃前闻）闻到什么样的味道会让您更想尝试这包烟呢？【单选】

常规的外加香气（如梅子、杏子、陈皮、薄荷香气等）	1
烟草本香	2
中草药的香气（如人参、石斛香气等）	3
闻不到什么味道	4
其他【请注明】	99

B3. 在您最近常抽的香烟产品上增加以下哪些新技术可能会进一步提升您对其的好感？【限选 3 项】

条装从中间打开，条包可折叠，方便存储	1	烟支数量：一盒 16 支装 /10 支装	6
条装的撕拉线更明显，小包方便取出	2	特殊场下 5 支装，更显方便	7
在条装的双侧设置撕拉线，两边都可以取出	3	配置额外的可重复使用的烟盒，提升档次	8
软包取烟位置设置缺口，方便取出	4	烟盒有保润保湿贴	9
烟盒内的烟支使用双仓独立包装（各 10 支分开装）	5	抽屉式取出烟支	10

小盒盒盖提拉式打开	11	过滤嘴可以旋转调节烟味	16
烟支燃烧到尾部有熄火保护机制，不容易烫手，还能改善尾部燃烧的异味	12	过滤嘴添加活性炭等颗粒物	17
烟支可弹出，方便自己或他人拿取	13	过滤嘴内使用香线加香	18
加入中草药提取物，增加润喉等功能	14	过滤嘴内加不同口味的爆珠	19
外香减弱或加入友好香气，改善周边人群接受度，减弱身体和衣物上的烟味附着	15	没想过也不需要 – 跳到 B5	20
		其他【请注明】	99

B3.1 您愿意为所增加的新技术支付更多的费用吗？【单选】

不愿意	1	6～10 元愿意	4
2 元以内愿意	2	11～15 元愿意	5
3～5 元愿意	3	15 元以上愿意	6

B4. 请问您知道以下哪些卷烟品牌？【多选】

云烟	1	红河	4
玉溪	2	都不知道 – 跳到 B5	5
红塔山	3		

B4.1 请用一句话描述您对云烟品牌的印象？（关联"云烟"和"全部都知道"）

B4.2 请用一句话描述您对玉溪品牌的印象？（关联"玉溪"和"全部都知道"）

B4.3 请用一句话描述您对红塔山品牌的印象？（关联"红塔山"和"全部都知道"）

B4.4 请用一句话描述您对红河品牌的印象？（关联"红河"和"全部都知道"）

B5. 请问您最近半年有过买烟送礼的经历吗？【单选】

有过	1
没有【跳到 C1】	2

B5.1 请问您购买送礼用烟时，最关注＿＿＿＿，其次是＿＿＿＿，再次是＿＿＿＿，【选三项并排序】

档次符合对方身份	1	购买方便	7
是对方的常抽产品	2	当地稀有难买到	8
周围朋友同事都在抽，社会流行度高	3	口感好，口味纯正	9
价格高	4	包装好看	10
质量稳定	5	产品设计有独特亮点	11
低焦、低危害，相对比较健康	6	刚上市不久的新品	12

| 宣传促销活动力度大 | 13 | 品牌知名度高 | 15 |
| 卷烟产地 | 14 | 其他【请注明】 | 99 |

B6. 请问您平时会从哪些地方了解到刚上市不久的卷烟新产品？【多选】

微信朋友圈	1	烟店内张贴的宣传海报	6
微信公众号	2	烟店陈列柜内	7
微博/抖音/B站等公共社交平台	3	烟店老板推荐	8
烟草相关网站	4	朋友/同事推荐	9
店内搞促销活动推广	5	没注意/不清楚	10
		其他【请注明】	99

B7. 哪些点更容易让您对新品产生购买的欲望？【限选三项】

包装颜色好看	1	烟支规格是我想要的	9
包装图案好看	2	外加吸味是我喜欢的（比如：陈皮、薄荷等）	10
包装设计新颖独特	3	喜欢产品背后的故事	11
包装简约清新	4	喜欢产品名字	12
包装成熟稳重	5	基于老品创新升级后的新品	13
从包装联想到口味应该会适合我	6	通过品吸烟进行推广	14
是我喜欢的品牌	7	有促销活动（如：送小礼品、打火机等）	15
价格适合我	8	其他【请注明】	99

B8. 您平时最喜欢喝以下哪种类型的饮品？【单选】

咖啡	1	奶茶	8
绿茶	2	果茶	9
红茶	3	酸奶	10
白酒	4	牛奶	11
啤酒	5	碳酸饮料	12
洋酒	6	都不爱喝	13
苏打水	7	其他【请注明】	99

B9. 您平时最喜欢吃以下哪种类型的休闲食品？【单选】

| 膨化食品（如爆米花、炸洋芋、薯片、锅巴等） | 1 | 麻辣食品（如辣条、卤味、麻辣小鱼仔等） | 2 |

坚果类（如瓜子、碧根果、核桃等）	3	肉干类（如牛肉干、猪肉粒、鱼片、鱿鱼丝等）	8
糖果类（如软糖、硬糖、酥糖、口香糖等）	4	果冻	9
饼干类	5	新鲜水果	10
面包糕点类	6	水果罐头	11
蜜饯类（如葡萄干、芒果干、话梅等）	7	都不爱吃	12
		其他【请注明】	99

背景资料部分

C 部分 背景资料

C1. 您的性别是：

男	1	女	2

C2.【出示卡片】请问下列哪种说法最适合描述您目前的生活状态？【单选】

单身人士 / 一人独自居住	1	家里有 1 ~ 6 岁的儿童	6
和父母长辈一起居住	2	家里有 6 ~ 12 岁的孩子	7
和他人一起居住（同学 / 同事 / 朋友）	3	家里有 12 ~ 18 岁的孩子	8
夫妇二人或准夫妇二人	4	家里有两个 18 岁以下的孩子	9
家里有 1 岁以下的婴儿	5	和成年孩子一起居住	10
		其他【请注明】	99

C3.【出示卡片】您的文化程度是？【单选】

小学及以下	1	大学本科	5
初中	2	硕士及以上	6
高中 / 中专 / 技校	3	其他【请注明】＿＿＿＿＿＿	99
大专	4		

C4.【出示卡片】请问您从事的工作是：【单选】

企业或公司拥有者、合伙人	1	三资、民营企业普通职员	6
三资企业中层管理人士	2	国有企业及事业单位中层管理人士	7
三资企业高层管理人士	3	国有企业及事业单位高层管理人士	8
民营企业中层管理人士	4	国有企业或集体企业及事业单位普通职员	9
民营企业高层管理人士	5	国家机关中层干部	10

国家机关高层干部	11	工人或服务行业的服务员	18
国家机关普通公务员	12	农民／农民工	19
技术开发、科研教育、卫生医疗人员	13	家庭主妇	20
体育、文艺等专业人员	14	记者、律师等自由职业	21
个体业主	15	无固定职业	22
离退休人员	16	其他【请注明】_____	99
学生	17		

C5.【出示卡片】请问您的个人月均收入水平相当于下面哪一个档次？（这里的收入包括工资、奖金、红利、股票收入或其他兼职收入总和）【单选】

2500 元及以下	1
2501～3500 元	2
3501～4500 元	3
4501～6000 元	4
6001～9000 元	5
9001～15000 元	6
15001 元及以上	7
无固定收入	8

问卷填报人姓名：_____【填空】 问卷填报人手机号：_____【填空】

我们的访问到此结束，非常感谢您的支持！

（二）调研城市选取

由于卷烟消费具有区域性差异，调研城市的选取综合考虑了云产卷烟销售情况及所选调研城市在各大区域的分布情况，以求得到更加真实立体，具有区域代表性的调研数据。

在选取具体的调研城市时，综合云产卷烟销售情况，选择各区域下具有代表性的城市，选取云产卷烟销量相对较好的城市及销量相对较差的城市各 1 个，调研数据会更具有合理性及代表性。

在满足研究需求的样本下，调研城市综合选取七大区域共 12 个城市，每个城市 200 份问卷，合计样本 2400 份。

云产卷烟 2022 年 1—5 月销售情况如表 2-28 所示。

表 2-28　云产卷烟 2022 年 1—5 月销售情况（截至 2022 年 5 月 24 日）

区域	省、直辖市、自治区	地市	销量 / 万箱	增幅 /（%）
合计			383.36	0.38
西南	云南省	昆明	14.18	− 0.40
	重庆市	重庆	9.43	10.20
	云南省	曲靖	8.69	1.23
	云南省	昭通	7.09	− 0.70
	云南省	红河	6.55	− 0.52
	四川省	成都	5.84	0.43
东北	辽宁省	沈阳	2.80	8.13
	辽宁省	大连	2.72	− 2.13
	黑龙江省	哈尔滨	2.66	6.72
	吉林省	长春	1.90	0.24
	黑龙江省	齐齐哈尔	1.44	14.83
华北	北京市	北京	9.91	3.45
	天津市	天津	6.54	2.15
	河北省	保定	4.41	6.14
	河北省	唐山	3.06	− 7.88
	河北省	廊坊	2.99	28.92
华东	上海市	上海	2.68	− 24.34
	浙江省	杭州	2.55	8.85
	江苏省	苏州	2.43	1.55
	江苏省	南京	2.41	1.58
	浙江省	宁波	2.33	4.36

续表

区域	省、直辖市、自治区	地市	销量/万箱	增幅/（%）
华南	海南省	海口	2.42	1.89
	深圳市	深圳	2.20	4.21
	广东省	广州	2.20	8.66
	广西壮族自治区	南宁	1.84	1.23
	广东省	东莞	1.52	2.29
华中	河南省	郑州	1.23	− 3.12
	湖北省	武汉	1.23	− 5.21
	河南省	新乡	0.90	− 1.03
	湖南省	长沙	0.88	6.12
	河南省	南阳	0.85	1.56
西北	新疆维吾尔自治区	喀什	2.12	− 0.23
	新疆维吾尔自治区	阿克苏	2.10	− 2.65
	新疆维吾尔自治区	乌鲁木齐	2.02	− 0.80
	陕西省	西安	1.92	− 1.39
	新疆维吾尔自治区	伊犁	1.43	− 4.61

综合考虑销量及执行情况（见表 2-29），共选择以下 12 个城市。

表 2-29　调研城市云产卷烟 2022 年 1—5 月销售情况（截至 2022 年 5 月 24 日）

区域	省、直辖市	地市	销量/万箱	增幅/（%）
西南	云南省	昆明	14.18	− 0.40
	重庆市	重庆	9.43	10.20
东北	辽宁省	沈阳	2.80	8.13
	辽宁省	大连	2.72	− 2.13
华北	北京市	北京	9.91	3.45
	天津市	天津	6.54	2.15

续表

区域	省、直辖市	地市	销量/万箱	增幅/（%）
华东	上海市	上海	2.68	－ 24.34
	浙江省	杭州	2.55	8.85
华南	海南省	海口	2.42	1.89
	深圳市	深圳	2.20	4.21
华中	河南省	郑州	1.23	－ 3.12
西北	陕西省	西安	1.92	－ 1.39

（三）调研样本配额

在样本选取的时候，需覆盖云产卷烟四大品牌下不同表现类型的规格产品、消费者关注的新兴产品、市场表现较好的竞品、当地销量较好的产品，且零售价区、品类（中、细、爆珠、常规、异型）等分布合理。

对于价类情况，由于云南中烟顺应行业政策进行结构提升，因此在价类选择时排除零售价小于130元/条的产品，可能存在部分高三类在实际零售价中大于等于130元/条，则归为二类样本量进行调研。

1. 样本配额分配

首先对各调研城市分价类下的主销产品进行分析，分析维度包含各价类下本竞品的销量、同比增幅、零售价、上市时间、品类归属及产品主要特点，并计算该城市各价类云产卷烟销量占城市卷烟总销量的比例及各价类云产卷烟销量占云产卷烟总销量的比例，依次来配比各调研城市下各价类样本量及云产烟的侧重价类。

2. 应用举例

昆明各价类主销卷烟基本情况如表2-30所示。

表 2-30　昆明各价类主销卷烟基本情况

城市	批发价类		规格	销量/箱	增幅/（%）	零售价	上市时间	品类	特点
昆明	高端一类（263元以上）	超一类（600元以上）	云烟（软大重九）	2308.8	11.9	980.0	2011-12-14	常规	
			云烟（细支大重九）	1093.8	37.7	1000.0	2016-01-29	细支	
			云烟（中支大重九）	479.7	28.6	1000.0	2018-01-30	中支	侧开
			云烟（中支云端）	400.4	808.0	800.0	2021-01-03	中支	侧开

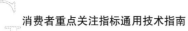

续表

城市	批发价类		规格	销量/箱	增幅/(%)	零售价	上市时间	品类	特点
昆明	高端一类（263元以上）	超一类（600元以上）	玉溪（双中支翡翠）	217.5	−29.5	1000.0	2019-01-18	中支	双仓下开
			白沙（和天下）	211.9	60.8	1000.0	2011-01-02	常规	
			中华（金中支）	104.7	9.8	800.0	2016-12-23	中支	侧开
		高一类（400～599元）	云烟（黑金刚印象）	959.5	14.9	700.0	2019-01-03	中支爆珠	下开16支
			云烟（印象）	706.2	−10.4	650.0	2011-01-02	常规	
			中华（软）	394.5	12.1	700.0	2011-01-02	常规	
			中华（双中支）	369.9	−7.2	500.0	2017-04-19	中支	双仓
		中一类（263～399元）	玉溪（硬和谐）	4207.2	−4.4	420.0	2011-01-02	常规	
			云烟（软印象烟庄）	2887.2	69.4	370.0	2014-08-27	常规	
			云烟（中支金腰带）	2060.6	42.4	300.0	2018-01-30	中支	
			玉溪（中支和谐）	1573.5	−14.2	400.0	2018-03-01	中支爆珠	
			中华（硬）	1296.3	−11.3	450.0	2011-01-02	常规	
			利群（软长嘴）	1020.5	105.6	360.0	2011-01-02	常规	
			云烟（印象烟庄）	948.7	0.7	450.0	2014-06-10	常规	侧开
			玉溪（108）	634.2	−49.0	300.0	2017-08-01	短支	
			玉溪（细支108）	483.3	−56.6	300.0	2019-01-11	细支爆珠	
	普一类（150～262元）		云烟（软珍品）	39910.2	8.0	230.0	2011-01-02	常规	
			玉溪（软）	6935.6	12.9	230.0	2011-01-02	常规	
			玉溪（软初心）	2632.5	8.4	200.0	2017-09-13	常规	
			贵烟（跨越）	2273.0	1.6	230.0	2016-07-13	细支爆珠	
			云烟（小熊猫家园）	2136.0	16.3	225.0	2017-12-29	中支	

续表

城市	批发价类	规格	销量/箱	增幅/（%）	零售价	上市时间	品类	特点
昆明	普一类（150～262元）	玉溪（软尚善）	1857.2	－7.2	280.0	2011-01-02	常规	
		云烟（细支珍品）	1680.8	－9.9	260.0	2017-07-25	细支	
		玉溪（硬）	1666.1	6.1	230.0	2011-01-03	常规	
		芙蓉王（硬）	1588.2	14.5	250.0	2011-01-02	常规	
		玉溪（初心）	1483.0	－43.3	200.0	2017-02-21	常规	
		玉溪（鑫中支）	893.9	46.6	260.0	2020-08-11	中支	双仓
		利群（楼外楼）	806.2	17.5	200.0	2019-01-08	中支	
		黄鹤楼（软蓝）	681.9	16.2	190.0	2011-01-02	常规	
		玉溪（软阿诗玛）	575.2	－45.2	200.0	2017-05-27	常规	
		玉溪（细支清香世家）	481.2	－27.3	260.0	2016-01-27	细支	
		玉溪（细支初心）	376.1	－47.8	260.0	2017-08-03	细支	
	二类（108～149元）	红河（软99）	6430.8	－3.8	130.0	2011-07-11	常规	
		云烟（硬云龙）	4862.3	－2.9	150.0	2017-08-02	常规	
		云烟（细支云龙）	4411.4	－8.1	150.0	2017-07-29	细支	
		红河（硬99）	4153.2	4.2	140.0	2011-01-06	常规	
		红塔山（硬恭贺新禧）	1868.0	－6.6	140.0	2017-05-02	常规	
		利群（新版）	1382.4	－16.1	140.0	2011-01-02	常规	
		红塔山（硬传奇）	1372.5	－33.7	150.0	2018-07-03	常规	
		红塔山（细支传奇）	1307.6	－34.4	150.0	2019-06-26	细支	下开
		南京（炫赫门）	1105.9	26.5	160.0	2011-01-02	细支	

注：销量数据统计时间为2022年1月1日至7月21日。

从表2-31可以看出，昆明市主销价区为普一类及高三类。综合目前结构提升的趋势，样本量分配侧重在普一类，其次为二类及高三类，高端一类差距不大，样本量配额一致。

表2-31 昆明市销量占比情况及配额

价类		产品									配额	价类占比（总体）	价类占比（云产烟）
高端一类	本品高价	云烟（软大重九）	云烟（细支大重九）	云烟（软礼印象）	云烟（中支大重九）	云烟（9+1大重九）	云烟（中支云端）	玉溪（双中支翡翠）	红河（道）			3.0%	75.9%
	配额						10						
	竞品高价	白沙（软和天下）	白沙（和天下）	黄金叶（天叶）	中华（金中支）								
	配额					5							
	本品高一	云烟（印象）	云烟（黑金刚印象）	玉溪（细支庄园）								2.0%	53.2%
	配额						10						
	竞品高一	中华（双中支）	中华（软）	冬虫夏草（和润）	南京（雨花石）								
	配额					5							
	本品中一	玉溪（硬和谐）	云烟（软印象烟庄）	云烟（中支金腰带）	玉溪（中支和谐）	云烟（印象烟庄）	玉溪（108）	玉溪（细支108）	玉溪（中支阿诗玛）	云烟（盛世小熊猫）		9.0%	70.0%
	配额						10						
	竞品中一	中华（硬）	利群（软长嘴）	钻石（荷花）	钻石（软荷花）	冬虫夏草（双中支）							
	配额					5							

续表

价类		产品	价类占比（总体）	价类占比（云产烟）
普一类	本品	云烟（软珍品）、玉溪（软）、玉溪（软初心）、云烟（小熊猫家园）、云烟（细支珍品）、玉溪（软尚善）、玉溪（初心）、玉溪（硬）、玉溪（软阿诗玛）、玉溪（鑫中支）	31.6%	82.2%
	配额	40		
	竞品	贵烟（跨越）、芙蓉王（硬）、利群（楼外楼）		
	配额	30		
二类	本品	红河（软99）、云烟（硬云龙）、红河（硬99）、云烟（细支云龙）、红塔山（硬恭贺新禧）、红塔山（细支传奇）、红塔山（硬传奇）	16.0%	74.5%
	配额	30		
	竞品	利群（新版）、南京（炫赫门）、双喜（硬经典1906）、黄金叶（乐途）		
	配额	20		
高三类（11~16元）	本品	云烟（紫）、红河（硬88）、红河（硬100）、红塔山（大经典1956）、红塔山（硬经典100）	37.1%	98.2%
	配额	20		
	竞品	娇子（X）、中南海（典8）		
	配额	15		
样本合计		200		

另外，在本竞品的配比上，由于是关于卷烟消费体验感研究，因此在本竞品配比上无须过多侧重于本品，本次调研本品占比 60%、竞品占比 40%。

四、调研执行

（一）目标群体选择

根据受访者基本要求进行邀约，然后一对一访问填报调研问卷。

（二）调研指标集及分值设置

本次调研采用 10 分制，具体分为体验感及在意程度两部分。

体验感打分项下设置"没有体验到"选项，因为会存在有些指标消费者在产品上没有注意 / 未体验到的情况。打分表的指标较多，设计电子问卷时可进行适当拆分，每页面显示 5～6 个指标；若受访者自填，可适当插入验真题，避免打分时出现视觉疲劳，从而惯性打分。

（三）执行要求

1. 执行说明内容

执行说明内容如表 2-32 所示。

表 2-32　执行说明内容

序号	类别	主要包含内容
1	样本要求	抽烟来源、年龄分布、当地居住时长、烟龄、日均吸烟量、常抽产品、性别配额等
2	执行方式	街头随机拦截访问、定点街访、邀约面访、网络 / 线上调研（据项目需求而定）
3	调研城市及样本配额	调研城市、各价类 / 常抽烟具体配额
4	质量控制要求	访问员基本要求（要经过基础培训并具有一定的工作经验，熟悉市场调查操作流程等）、督导陪访、质量控制奖惩措施、访问录音、访问照片
5	执行时间计划	开始时间、结束时间（包含复核、查错、补做）
6	调研问卷说明	问卷填写需注意事项、访问时需注意事项等
7	其他要求	访问员试访录音审核、每天的执行进度跟踪等

2.问卷甄别部分注意事项

对于目标群体的选择，除满足受访者基本要求外，还应符合下列要求。

（1）若采用电子问卷的方式，甄别部分不符合要求会自动跳到最后结束作答，注意提醒消费者认真读题，如实作答。

（2）年龄：需填写具体年龄后，再勾选范围。

（3）常抽烟价位：需记录最近常抽烟的单包价格，注意是小包零售价。

3.问卷相关指标访问流程及注意事项

（1）开放题原话记录即可。

（2）体验感是以常抽烟为基础来进行打分，没有在常抽烟上体验到的指标描述选择"没有体验到"，有体验到的就按实际体验程度打分（1分代表"体验非常差"，10分代表"体验非常好"）；在意程度是以受访者平时抽烟的感受为基础进行在意程度的打分（1分代表"非常不在意"，10分代表"非常在意"）。

（四）执行进度管理

（1）根据项目实施确定的开始日期、执行总周期和完成日期确定执行进度目标，明确计划开始日期、计划总周期和计划完成日期，并确定项目分期、分城市等的开始、完成日期。

（2）编制执行进度计划。执行进度计划应根据各城市的座谈会议场次数、定量配额数量、人员数量及其他保证性计划等因素综合确定。

（3）向甲方项目负责人提出执行开始申请，并按照甲方项目负责人下达的指定日期开始执行。

（4）实施执行进度计划。当出现进度偏差时，应基于已完成的情况进行分析测算，及时进行调整，并应不断预测执行未来进度状况，保证项目执行按时按质的完成。

项目前期准备（执行培训）：包含受访者要求、执行时间计划、执行方式、访问场地、问卷访问／填报／提交注意事项。

项目实施：问卷访问、样本复核、问卷查漏、查错及补做等。

项目完成：访问录音、访问照片、问卷数据等资料。

（五）完成度评价

在规定的执行时间内开展并完成定量调研样本数量，提交执行过程中的相应资料。

在定量执行完成度评价方面，需提交培训访问员的录音、访问员试访录音，访问结束后提交按照统一要求命名的访问录音、访问照片等资料，若为纸质问卷访问，需要提交被访者填写的纸质问卷。一份有效问卷对应的录音及问卷数据。

五、执行情况

（一）区域及样本量

本次定量调研要求覆盖华东、华南、华中、西北、华北、东北、西南七大区域，12个重点城市，每城市不少于 200 份样本，合计样本 2400 份。

经过研究人员对数据的层层审查及电话复核，剔除废卷后，最终完成消费者有效样本 2521 份，零售户 150 份，商业公司 69 份，市场营销人员 27 份（见表 2-33）。

表 2-33　各区域的样本量分配额

区域		样本量			
		消费者	零售户	商业公司	市场营销人员
西南	昆明	204	35	69	27
	重庆	206	15		
东北	沈阳	210	13		
	大连	204	5		
华北	北京	209	3		
	天津	217	3		
华东	上海	219	50		
	杭州	212	8		
华南	海口	211	4		
	深圳	200	1		
华中	郑州	213	6		
西北	西安	216	7		
总计		2521	150		

被访者在调研所在地居住 1 年以上、烟龄 2 年以上、日均吸烟量 5 支及以上、近半年常抽卷烟符合调研要求且自己购买为主。消费者样本配额具体分布情况如表 2-34 所示。

表 2-34 消费者样本配额具体分布情况

区域	城市	分类	高端一类	普一类	二类	高三类	总计		
							总样本量	备份 5%	完成样本量
西南	昆明	本品	30	40	30	20	120	—	—
		竞品	15	30	20	15	80	—	—
		合计	45	70	50	35	200	10	210
	重庆	本品	20	40	30	20	110	—	—
		竞品	20	30	20	20	90	—	—
		合计	40	70	50	40	200	10	210
东北	沈阳	本品	15	40	30	25	110	—	—
		竞品	25	30	20	15	90	—	—
		合计	40	70	50	40	200	10	210
	大连	本品		50	30	35	115	—	—
		竞品		40	20	25	85	—	—
		合计		90	50	60	200	10	210
华北	北京	本品	20	40	25	25	110	—	—
		竞品	20	30	25	15	90	—	—
		合计	40	70	50	40	200	10	210
	天津	本品	20	40	25	25	110	—	—
		竞品	20	30	25	15	90	—	—
		合计	40	70	50	40	200	10	210
华东	上海	本品	20	40	25	20	105	—	—
		竞品	20	30	25	20	95	—	—
		合计	40	70	50	40	200	10	210
	杭州	本品	20	40	30	20	110	—	—
		竞品	15	40	20	15	90	—	—
		合计	35	80	50	35	200	10	210
华南	海口	本品	15	40	25	25	105	—	—
		竞品	25	30	25	15	95	—	—
		合计	40	70	50	40	200	10	210

区域	城市	分类	高端一类	普一类	二类	高三类	总计		
							总样本量	备份5%	完成样本量
华南	深圳	本品	10	40	30	25	105	—	—
		竞品	30	30	20	15	95	—	—
		合计	40	70	50	40	200	10	210
华中	郑州	本品	20	35	25	25	105	—	—
		竞品	20	35	25	15	95	—	—
		合计	40	70	50	40	200	10	210
西北	西安	本品	20	35	25	25	105	—	—
		竞品	20	35	25	15	95	—	—
		合计	40	70	50	40	200	10	210
样本总计			440	870	600	490	2400	120	2520

（二）背景资料

1.调研样品

调研产品覆盖云产卷烟四大品牌不同表现类型的产品，分别是消费者关注的新兴产品、市场表现较好的竞品、各调研城市销量较好的产品。调研产品及样本量如表2-35所示。

表2-35 调研产品及样本量

品牌	产品	样本量
云烟	软大重九、细支大重九、中支大重九、黑金刚印象、小云端、中支云端、中支金腰带、福、软如意、软印象烟庄、软珍品、软紫、紫、神秘花园、盛世小熊猫、细支云龙、细支珍品、小熊猫家园、印象、印象烟庄、硬芙蓉、硬云龙、中支乌镇之恋	611
玉溪	双中支翡翠、108、初心、软初心、细支初心、创客、玉溪（软）、玉溪（硬）、硬和谐、中支和谐、中支境界、中支阿诗玛、软红人民大会堂、软尚善、细支清香世家、细支庄园、鑫中支	424
红塔山	大经典1956、软经典、细支传奇、新时代、硬传奇、硬恭贺新禧、硬经典、硬经典100	255
红河	A7、软99、小熊猫世纪风、硬88、硬99	40
钓鱼台	钓鱼台（84mm细支）、钓鱼台（中支）	15
利群	老版、新版、楼外楼、软红长嘴、软蓝、软长嘴、长嘴、西子阳光、阳光尊中支、利群（硬）	151

品牌	产品	样本量
芙蓉王	硬细支、硬中支、芙蓉王（蓝）、芙蓉王（硬）、硬蓝新版	142
中华	中华（软）、中华（硬）、中华（双中支）、中华（细支）	139
南京	雨花石、炫赫门、十二钗烤烟、十二钗薄荷、红、佳品	134
黄鹤楼	软1916、软蓝、天下名楼、硬金砂、硬峡谷情细支、硬峡谷柔情	112
黄金叶	爱尚、黄金眼、金满堂、乐途、浓香细支、天香细支、天叶、小目标、硬帝豪、硬红旗渠	84
钻石	钻石（荷花）	53
白沙	精品、精品二代、硬精品三代、硬新精品二代	43
长白山	777、蓝尚、软红、迎春中支	41
龙凤呈祥	龙凤呈祥（硬）、遇见、软魅力朝天门	28
贵烟	贵烟（跨越）	27
黄山	红方印细支、新制皖烟	27
中南海	中南海（金8mg）、软精品、特高	24
红双喜	红双喜（硬）、硬江山精品、硬上海	20
双喜	软经典、软珍品好日子、细支金樽好日子、硬经典1906	19
天子	天子（金）、千里江山细支、天子（中支）	19
娇子	娇子（X）	16
三沙	三沙（细支）、三沙（椰王绿）	16
七匹狼	七匹狼（1575）、七匹狼（白）、纯境	14
好猫	猴王磨砂、细支长乐、长乐	13
泰山	红将军、平安、望岳、心悦	11
苏烟	苏烟（五星红杉树）	9
牡丹	牡丹（飞马）、蓝中支、牡丹（软）	9
兰州	兰州（黑中支）、兰州（硬珍品）	8
人民大会堂	人民大会堂（硬红）、人民大会堂（硬红细支）	7
冬虫夏草	冬虫夏草（双中支）	4
红金龙	硬蓝爱你	3
真龙	真龙（凌云）	2
大前门	大前门（短支）	1
总计		2521

调研产品涉及高端一类、普一类、二类、高三类四大价类以及常规、中支、细支、爆珠、异型五大品类，各价位段和各品类根据市场销量情况合理分布。

2.调研对象

调研对象常抽烟价格及品类如图 2-52 所示。

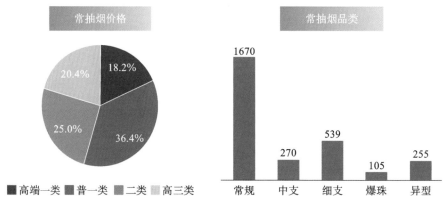

图 2-52　调研对象常抽烟价格及品类

调研对象年龄以 25 ～ 34 岁、35 ～ 44 岁居多，占比均超过 30%。男性烟民为主，占比 84.8%，女性烟民占比 15.2%（见图 2-53）。

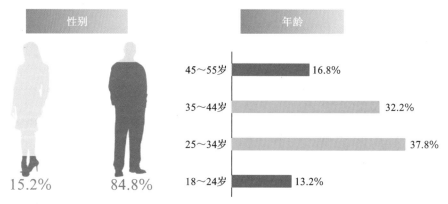

图 2-53　调研对象的性别及年龄统计

调研对象烟龄均在 2 年以上，以 6 ～ 10 年烟龄的烟民居多。67.1% 的调研对象日均吸烟量在半包以上。调研对象月均收入以 4501 ～ 15000 元居多（见图 2-54）。

六、调研结果

调研结果如图 2-55 所示。

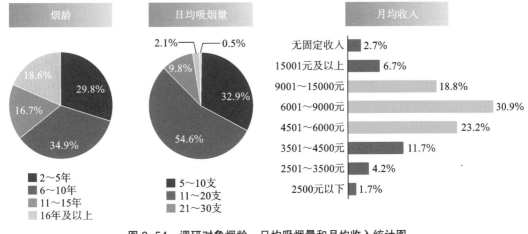

图 2-54　调研对象烟龄、日均吸烟量和月均收入统计图

图 2-55　调研结果

（一）吸引注意

对于常抽烟，30.5% 的消费者是通过同事/朋友/家人推荐知道的，其次是零售户推荐和产品认知度高，周围人抽得多，占比均在 10% 以上。除此之外便是买烟时被产品本身的包装设计所吸引（见表 2-36）。

另外可以发现，高价位消费者更看重"产品知名度"，而常抽烟价位越低，对"价格合适"越敏感。

表 2-36　常抽烟知晓来源统计

常抽烟知晓来源	高端一类	普一类	二类	高三类	总体
同事/朋友/家人推荐的	26.5%	30.0%	34.8%	30.0%	30.5%
卖烟的老板推荐的	14.0%	14.2%	14.6%	14.2%	14.3%

常抽烟知晓来源	高端一类		普一类		二类		高三类		总体	
产品认知度高，周围的人都在抽	●	16.8%	●	14.8%	●	7.6%	●	9.3%	●	12.3%
买烟时，被包装颜色吸引	●	9.4%	●	6.9%	●	9.2%	●	8.9%	●	8.4%
买烟时，被包装款式设计吸引	●	5.9%	●	6.9%	●	7.2%	●	6.8%	●	6.8%
买烟时，被包装图案吸引	●	7.7%	●	6.7%	●	6.2%	●	6.0%	●	6.6%
价格合适	●	3.3%	●	5.4%	●	5.6%	●	11.5%	●	6.3%
看到了这个烟的宣传	●	5.9%	●	3.9%	●	5.1%	●	4.5%	●	4.7%
看着这个烟的包装大小适合自己	●	2.0%	●	4.0%	●	4.3%	●	4.9%	●	3.9%
抽过品吸装	●	3.3%	●	4.7%	●	1.0%	·	1.4%	●	2.8%
烟店里有关于这个烟的促销活动	●	3.3%	·	1.8%	●	2.7%	·	1.2%	●	2.1%
烟支规格是自己想要的	·	1.8%	·	0.8%	·	1.4%		0.4%	·	1.0%

注：表列和存在不为 100% 的情况是计算误差引起的，下文表同。

（二）决策形成

虽然一开始消费者主要是因为他人推荐、产品知名度高、被包装吸引等外在因素选择某个产品，但最终能促使消费者做出重复购买决策的原因主要还是抽吸感受，其中包括吸味、口感、刺激性、劲头、爆珠口感等。其次才是包装设计/手感。在其他方面，比如知名度高、周围人抽得多、烟丝好、价格等对购买决策也会有一定影响（见图 2-56）。

图 2-56　决策形成过程

（三）消费旅程（旅程图及四分图模型）

本次研究将分别从品类、价类、地域、年龄、四大品牌等几个维度对卷烟消费旅程中的消费体验感和重要度进行分析。采用简单算术平均数分别计算不同类别消费群体对各指标的体验感和重要度评分（1～10分，分值越高，体验感和重要度越高），然后分别取各类别体验感评分相对较高的为该类别消费群体的峰值体验，体验感评分相对较低的为该类别消费群体的谷值体验。急需改进体验的为四分图模型中分布于修补区且体验感小于重要度的指标。多维度各指标的体验感和重要度评分最终取值如表2-37所示。

表2-37　多维度各指标的体验感和重要度评分最终取值

类别		峰值	谷值	急需改进
总体		体验感≥7.90	体验感≤7.26	体验感<7.5，重要度≥6.0，且体验感<重要度
品类	常规	体验感≥8.00	体验感≤7.29	体验感<7.4，重要度≥6.5，且体验感<重要度
	中支	体验感≥7.98	体验感≤7.28	体验感<7.7，重要度≥6.4，且体验感<重要度
	细支	体验感≥7.76	体验感≤7.06	体验感<7.4，重要度≥6.3，且体验感<重要度
	爆珠	体验感≥8.15	体验感≤7.42	体验感<7.7，重要度≥7.0，且体验感<重要度
	异型	体验感≥7.96	体验感≤7.31	体验感<7.7，重要度≥6.8，且体验感<重要度
价类	高端一类	体验感≥8.19	体验感≤7.52	体验感<7.8，重要度≥6.6，且体验感<重要度
	普一类	体验感≥7.94	体验感≤7.31	体验感<7.3，重要度≥6.3，且体验感<重要度
	二类	体验感≥7.79	体验感≤7.11	体验感<7.4，重要度≥6.4，且体验感<重要度
	高三类	体验感≥7.85	体验感≤6.95	体验感<7.2，重要度≥6.2，且体验感<重要度
地域	西南（昆明、重庆）	体验感≥8.13	体验感≤7.34	体验感<7.8，重要度≥6.2，且体验感<重要度
	东北（沈阳、大连）	体验感≥7.55	体验感≤6.69	体验感<7.3，重要度≥6.6，且体验感<重要度
	华北（北京、天津）	体验感≥7.77	体验感≤6.81	体验感<7.2，重要度≥6.2，且体验感<重要度
	华东（上海、杭州）	体验感≥8.2	体验感≤7.58	体验感<8.0，重要度≥7.0，且体验感<重要度
	华南（海口、深圳）	体验感≥8.22	体验感≤7.42	体验感<7.6，重要度≥6.4，且体验感<重要度
	华中（郑州）	体验感≥7.77	体验感≤7.03	体验感<7.4，重要度≥6.2，且体验感<重要度
	西北（西安）	体验感≥7.69	体验感≤7.09	体验感<7.1，重要度≥6.4，且体验感<重要度

类别		峰值	谷值	急需改进
年龄	18～24 岁	体验感≥7.8	体验感≤7.13	体验感<7.3，重要度≥6.5，且体验感<重要度
	25～34 岁	体验感≥7.86	体验感≤7.11	体验感<7.4，重要度≥5.8，且体验感<重要度
	35～44 岁	体验感≥8.07	体验感≤7.13	体验感<7.4，重要度≥6.1，且体验感<重要度
	45～55 岁	体验感≥8.01	体验感≤7.39	体验感<7.6，重要度≥6.7，且体验感<重要度
四大品牌	云烟	体验感≥7.94	体验感≤7.15	体验感<7.6，重要度≥6.7，且体验感<重要度
	玉溪	体验感≥8.09	体验感≤7.40	体验感<7.4，重要度≥6.9，且体验感<重要度
	红河	体验感≥7.8	体验感≤6.92	体验感<7.1，重要度≥6.7，且体验感<重要度
	红塔山	体验感≥8.03	体验感≤6.82	体验感<7.3，重要度≥5.9，且体验感<重要度
重点竞品品牌	中华	体验感≥8.09	体验感≤7.34	体验感<7.8，重要度≥6.3，且体验感<重要度
	南京	体验感≥7.69	体验感≤6.85	体验感<7.2，重要度≥6.7，且体验感<重要度
	利群	体验感≥7.94	体验感≤7.16	体验感<7.5，重要度≥6.7，且体验感<重要度
	芙蓉王	体验感≥8.04	体验感≤7.1	体验感<7.5，重要度≥6.1，且体验感<重要度
	黄鹤楼	体验感≥7.69	体验感≤6.92	体验感<7.0，重要度≥6.6，且体验感<重要度

1. 不同维度下的重点体验指标及表现

（1）消费旅程（分品类）。

分品类消费旅程如表 2-38 所示。

（2）消费旅程（分价类）。

分价类消费旅程如表 2-39 所示。

（3）消费旅程（分地域）。

分地域消费旅程如表 2-40 所示。

（4）消费旅程（分年龄）。

分年龄消费旅程如表 2-41 所示。

（5）消费旅程（四大品牌）。

四大品牌消费旅程如表 2-42 所示。

（6）消费旅程（重点竞品品牌）。

重点竞品品牌消费旅程如表 2-43 所示。

表2-38 分品类消费旅程

情绪体验	共性	常规	中支	细支	爆珠	异型
峰值	·产品名称通俗易懂 ·产品名称好记便于传播 ·外包装的图案/花纹/logo/色彩等	·基本都能买到	·产品名称好听有寓意 ·爆珠的独特味道 ·捏破爆珠的声音	·产品名称好听有味道 ·爆珠的独特味道 ·包装大小方便持握及携带	·包装纹理和材质感 ·过滤嘴设计特别 ·包装大小方便持握及携带	·产品名称好听有寓意 ·包装的纹理和材质感 ·过滤嘴设计特别
选取依据		体验感≥8.0	体验感≥7.98	体验感≥7.76	体验感≥8.15	体验感≥7.96
谷值	·烟盒不易损坏/压扁/变形 ·烟盒开合的声音 ·抽完烟后衣物残留烟味宣 ·条盒开合的声音	·携带时烟丝洒落情况 ·过滤嘴设计特别	·过滤嘴有独特的味道 ·条装开启难度	·独特的开启方式 ·烟支排列设计独特	·携带时烟丝洒落情况 ·条装开启难度	·烟草独特的香味
选取依据		体验感≤7.29	体验感≤7.28	体验感≤7.06	体验感≤7.42	体验感≤7.31
急需改进	·抽完烟后衣物残留烟味重 ·余味 ·烟盒不易损坏/压扁/变形	·抽完有口臭异味 ·口腔抽完的干湿感 ·携带时烟丝洒落情况	·抽完有口臭异味 ·口腔抽完的干湿感 ·烟灰颜色 ·烟灰包裹性 ·条装开启难度 ·小包好取出 ·盒装内衬纸的易拉性 ·茶气 ·燃烧速度 ·开封后味道保持一致	·口腔抽完的干湿感 ·携带时烟丝洒落情况 ·燃烧速度 ·开封后味道保持一致 ·盒装拉线的顺畅性 ·开盒顺畅便捷	·抽完有口臭异味 ·携带时烟丝洒落情况 ·烟灰包裹性 ·燃烧速度 ·烟丝紧实情况 ·烟气浓度，烟气量	·抽完有口臭异味 ·抽完口腔的干湿感 ·携带时烟丝包裹度 ·烟灰包裹性 ·燃烧速度 ·开封后味道保持一致 ·烟丝紧实情况 ·过滤嘴与嘴唇接触的舒适度 ·刺激性大小 ·烟支熄火
选取依据		体验感<7.4, 重要度≥6.5, 且体验感<重要度	体验感<7.7, 重要度≥6.4, 且体验感<重要度	体验感<7.4, 重要度≥6.3, 且体验感<重要度	体验感<7.7, 重要度≥7.0, 且体验感<重要度	体验感<7.7, 重要度≥6.8, 且体验感<重要度

表 2-39　分价类消费旅程

情绪体验		共性	高端一类	普一类	二类	高三类
情绪体验	峰值	·产品名称通俗易懂 ·产品名称好记便于传播 ·外包装的图案/花纹/logo/色彩等	·产品名称好听有寓意	·基本都能买到 ·爆珠独特的味道 ·烟草本香	·产品名称好听有寓意 ·劲头的大小或解瘾的程度 ·包装大小方便持握及携带	·基本都能买到 ·劲头的大小或解瘾的程度
	选取依据		体验感 ≤ 8.19	体验感 ≥ 7.94	体验感 ≥ 7.79	体验感 ≥ 7.85
	谷值	·抽完烟后衣物残留烟味重 ·烟盒不易损坏/压扁/变形 ·烟盒开合的声音 ·条盒开合的声音 ·独特的开启方式	·余味	·掉烟头 ·携带时烟丝洒落情况	·烟草独特的香味	·过滤嘴设计特别 ·烟支排列设计独特
	选取依据		体验感 ≤ 7.52	体验感 ≤ 7.31	体验感 ≤ 7.11	体验感 ≤ 6.95
	急需改进	·抽完烟后衣物残留烟味重 ·携带时烟丝洒落酒洒情况 ·烟盒不易损坏/压扁/变形	·烟支的湿润度 ·抽完有口臭异味 ·烟气浓度、烟气量 ·余味 ·口腔抽完的干湿感 ·燃烧速度		·抽完有口臭异味 ·余味 ·口腔抽完的干湿感 ·燃烧速度 ·烟灰包裹性 ·掉烟头	·余味
	选取依据		体验感 <7.8, 重要度 ≥ 6.6, 且体验感<重要度	体验感 <7.3, 重要度 ≥ 6.3, 且体验感<重要度	体验感 <7.4, 重要度 ≥ 6.4, 且体验感<重要度	体验感 <7.2, 且体验感 ≥ 6.2, 且体验感<重要度

表2-40 分地域消费旅程

情绪体验		共性	西南（昆明、重庆）	东北（沈阳、大连）	华北（北京、天津）	华东（上海、杭州）	华南（海口、深圳）	华中（郑州）	西北（西安）
情绪体验	峰值	·产品名称通俗易懂/好记便于传播/外包装/logo/色彩等花纹/色彩·基本都能买到	·爆珠的独特味道	·产品名称好听有寓意·烟草本香·劲头的大小或能解瘾的程度	·产品名称好听有寓意	·独特的开启方式·烟支排列设计独特·过滤嘴设计特别	·烟草本香·劲头	·产品名称好听有寓意·包装大小方便携带及携带·过滤嘴的图案或颜色与烟包协调	·烟支排列设计独特·独特的开启方式·烟草独特的香味·余味、掉烟头
	选取依据		体验感≥8.13	体验感≥7.55	体验感≥7.77	体验感≥8.2	体验感≥8.22	体验感≥7.77	体验感≥7.69
	谷值	·烟盒不易损坏/压瘪/变形·烟盒开合的声音	·条盒开合的声音·过滤嘴设计特别·抽完烟后衣物残留烟味重·塑封膜撕拉的声音	·独特的开启方式·过滤嘴设计特别·抽完烟后衣物残留烟味重	·抽完烟后衣物残留烟味重·携带时烟丝洒落情况·余味·掉烟头	·抽完烟后衣物残留烟味重·过滤嘴有独特的味道	·条盒开合的声音·携带时烟丝洒落情况·烟支卷烟纸的花纹/纹路·烟丝颜色	·过滤嘴设计特别·过滤嘴有独特的味道·烟草独特的香味·盒装内衬纸的易拉性	
	选取依据		体验感≤7.34	体验感≤6.69	体验感≤6.81	体验感≤7.58	体验感≤7.42	体验感≤7.03	体验感≤7.09

续表

	共性	西南（昆明、重庆）	东北（沈阳、大连）	华北（北京、天津）	华东（上海、杭州）	华南（海口、深圳）	华中（郑州）	西北（西安）
情绪体验								
急需改进	·抽完有口臭异味 ·抽完烟后衣物残留烟味重 ·余味 ·口腔抽完的干湿感 ·烟盒不易损坏/压扁/变形 ·携带时烟丝洒落情况	·烟灰包裹性 ·有明显影响燃烧梗影响燃烧情况 ·烟丝紧实情况 ·刺激性大小，烟气浓度，烟气量 ·杂气	·杂气 ·过滤嘴黏嘴唇的情况 ·烟支熄火 ·燃烧速度 ·整支烟烟道的一致性 ·开封后味道保持一致	·烟灰包裹性 ·有明显影响燃烧梗的燃烧 ·掉烟头 ·燃烧速度 ·小包好取出烟味道 ·过滤嘴接触与唇部的舒适度	·烟灰包裹性 ·有明显影响烟梗燃烧 ·烟丝紧实情况 ·刺激性大小 ·杂气 ·过滤嘴黏嘴唇的情况 ·掉烟头 ·燃烧速度 ·开封后味道保持一致 ·小包好取出 ·烟支的质感	·烟丝紧实情况	·烟灰包裹性 ·有明显影响燃烧影响燃烧的烟梗 ·杂气 ·烟支熄火 ·掉烟头 ·燃烧速度 ·开封后味道保持一致 ·盒装内衬纸的易拉性 ·烟丝颜色 ·烟支卷烟纸的颜色	·掉烟头
选取依据		体验感<7.8，重要度≥6.2，且体验感<重要度	体验感<7.3，重要度≥6.6，且体验感<重要度	体验感<7.2，重要度≥6.2，且体验感<重要度	体验感<8.0，重要度≥7.0，且体验感<重要度	体验感<7.6，重要度≥6.4，且体验感<重要度	体验感<7.4，重要度≥6.2，且体验感<重要度	体验感<7.1，重要度≥6.4，且体验感<重要度

表2-41 分年龄消费旅程

情绪体验	共性	18~24岁	25~34岁	35~44岁	45~55岁
峰值	· 产品名称通俗易懂 · 产品名称好记便于传播	· 烟草本香 · 外包装的图案/花纹/logo/色彩等 · 基本都能买到	· 爆珠的独特味道 · 外包装的图案/花纹/logo/色彩等 · 基本都能买到 · 产品名称好听有寓意	· 爆珠的独特味道	· 产品名称好听有寓意 · 外包装的图案/花纹/logo/色彩等 · 基本都能买到
选取依据		体验感≥7.8	体验感≥7.86	体验感≥8.07	体验感≥8.01
谷值	· 烟盒开合的声音 · 抽完烟后衣物残留烟味重 · 烟盒不易损坏/压扁/变形 · 条盒开合的声音	· 独特的开启方式 · 携带时烟丝洒落情况	· 独特的开启方式 · 携带时烟丝洒落情况		· 携带时烟丝洒落情况 · 过滤嘴设计特别
选取依据		体验感≤7.13	体验感≤7.11	体验感≤7.13	体验感≤7.39
急需改进	· **抽完烟后衣物残留烟味重** · 口腔抽完的干湿感 · 烟盒不易损坏/压扁/变形 · 携带时烟丝洒落情况		· 烟灰包裹性 · 抽完有口臭异味 · 掉烟头 · 燃烧速度	· 掉烟头	· 有明显的烟梗影响燃烧 · 过滤嘴与唇部接触的舒适度 · 抽完有口臭异味 · 掉烟头 · 燃烧速度
选取依据		体验感<7.3，重要度≥6.5，且体验感<重要度	体验感<7.4，重要度≥5.8，且体验感<重要度	体验感<7.4，重要度≥6.1，且体验感<重要度	体验感<7.6，重要度≥6.7，且体验感<重要度

表2-42 四大品牌消费旅程

情绪体验	共性	云烟	玉溪	红河	红塔山
峰值	·产品名称好记便于传播	·产品名称通俗易懂 ·产品名称好听有寓意 ·烟草本香 ·基本都能买到 ·外包装的图案/花纹/logo/色彩等	·产品名称通俗易懂 ·基本都能买到 ·烟支排列设计独特	·包装纹理和材质质感 ·条盒外观色彩 ·过滤嘴黏唇的情况 ·劲头 ·外包装的图案/花纹/logo/色彩等	·产品名称通俗易懂 ·劲头的大小或解瘾的程度 ·基本能买到
选取依据		体验感≥7.94	体验感≥8.09	体验感≥7.8	体验感≥8.03
谷值	·烟盒不易损坏/压扁/变形 ·余味 ·烟盒不易损坏/压扁/变形 ·携带时烟丝洒落情况	·抽完烟后衣物残留烟味重 ·条盒开合的声音 ·烟盒开合的声音	·抽完烟后衣物残留烟味重 ·烟盒开合的声音 ·携带时烟丝洒落情况 ·条装开启难度	·条盒开合的声音大小 ·刺激性大小 ·掉烟头	·抽完衣物残留烟味重 ·独特烟的开启方式 ·烟盒开合的声音 ·过滤嘴设计特别 ·烟支排列设计独特
选取依据		体验感≤7.15	体验感≤7.40	体验感≤6.92	体验感≤6.82
急需改进	·抽完烟后衣物残留烟味重 ·余味 ·烟盒不易损坏/压扁/变形 ·携带时烟丝洒落情况	·有明显的烟梗影响燃烧 ·抽完有口臭异味 ·余味 ·口腔抽完的干湿感 ·燃烧速度 ·开封后味道保持一致		·烟灰包裹性 ·过滤嘴与唇部接触的舒适度 ·烟支嗅香 ·刺激性大小 ·掉烟头	·烟丝紧实情况 ·余味 ·口腔抽完的干湿感 ·掉烟头
选取依据		体验感<7.6,重要度≥6.7,且体验感<重要度	体验感<7.4,重要度≥6.9,且体验感<重要度	体验感<7.1,重要度≥6.7,且体验感<重要度	体验感<7.3,重要度≥5.9,且体验感<重要度

表2-43 重点竞品品牌消费旅程

情绪体验		共性	中华	南京	利群	芙蓉王	黄鹤楼
峰值		·产品名称通俗易懂 ·产品名称好记便于传播	·外包装图案/花纹/logo/色彩等 ·产品名称好听有寓意 ·基本都能买到 ·开盒后散发的味道	·过滤嘴的图案或颜色与烟包协调 ·烟草本香 ·包装大小方便携带及携带 ·烟支的长短粗细	·过滤嘴的图案或颜色与烟包协调 ·烟草本香	·基本都能买到	·烟草本香 ·劲头
选取依据			体验感≥8.09	体验感≥7.69	体验感≥7.94	体验感≥8.04	体验感≥7.69
谷值			·烟/条盒开合的声音 ·抽完烟后衣物残留烟味重 ·独特的开启方式 ·携带时烟丝洒落情况	·独特的开启方式 ·条盒开合的声音	·烟/条盒开合的声音 ·烟盒不易损坏/压扁/变形 ·抽完烟后衣物残留烟味重 ·小包好取 ·塑封膜撕拉的声音	·烟盒不易损坏/压扁/变形 ·过滤嘴有独特的味道 ·捏破爆珠的声音 ·携带时烟丝洒落情况 ·烟支排列设计独特	·烟盒开合的声音 ·烟盒不易损坏/压扁/变形 ·独特的开启方式 ·过滤嘴设计特别 ·烟草独特的香味
选取依据			体验感≤7.34	体验感≤6.85	体验感≤7.16	体验感≤7.1	体验感≤6.92
急需改进		·抽完烟后衣物残留烟味重 ·携带时烟丝洒落情况 ·烟盒不易损坏/压扁/变形	·烟丝紧实情况 ·烟灰包裹性 ·燃烧速度 ·口腔抽完的干湿感 ·抽完有口臭异味 ·烟支的湿润度 ·烟气浓度、烟气量 ·余味	·掉烟头 ·余味 ·小包好取出 ·框架烟纸的外观 ·烟丝颜色 ·烟支卷烟纸的颜色	·抽完有口臭异味 ·小包好取出 ·条装开启难度 ·盒装内衬纸的易拉性	·烟丝紧实情况 ·烟灰包裹性 ·掉烟头 ·燃烧速度 ·口腔抽完的干湿感 ·抽完有口臭异味 ·开封后味道保持一致 ·余味 ·烟支的湿润度	
选取依据			体验感<7.8,重要度≥6.3,且体验感<重要度	体验感<7.2,重要度≥6.7,且体验感<重要度	体验感<7.5,重要度≥6.7,且体验感<重要度	体验感<7.5,重要度≥6.1,且体验感<重要度	体验<7.0,且体验感<6.6,重要度<重要度

143

2.不同维度下的旅程图及四分图

（1）总体。

总体五感体验的旅程图见图2-57、四分图见图2-58。

分品类。

（2）各品类五感体验的旅程图见图2-59。

①常规。

常规烟五感体验的旅程图见图2-60、四分图见图2-61。

②中支。

中支烟五感体验的旅程图见图2-62、四分图见图2-63。

③细支。

细支烟五感体验的旅程图见图2-64、四分图见图2-65。

④爆珠。

爆珠烟五感体验的旅程图见图2-66、四分图见图2-67。

⑤异型。

异型烟五感体验的旅程图见图2-68、四分图见图2-69。

（3）分价类。

各价类五感体验的旅程图见图2-70。

①高端一类。

高端一类烟五感体验的旅程图见图2-71。

高端一类烟五感体验的四分图见图2-72。

②普一类。

普一类烟五感体验的旅程图见图2-73。

普一类烟五感体验的四分图见图2-74。

③二类。

二类烟五感体验的旅程图见图2-75。

二类烟五感体验的四分图见图2-76。

④高三类。

高三类烟五感体验的旅程图见图2-77。

高三类烟五感体验的四分图见图2-78。

（4）分地域。

各地域五感体验的旅程图见图2-79。

①西南（昆明、重庆）。

西南（昆明、重庆）五感体验的旅程图见图2-80。

西南（昆明、重庆）五感体验的四分图见图2-81。

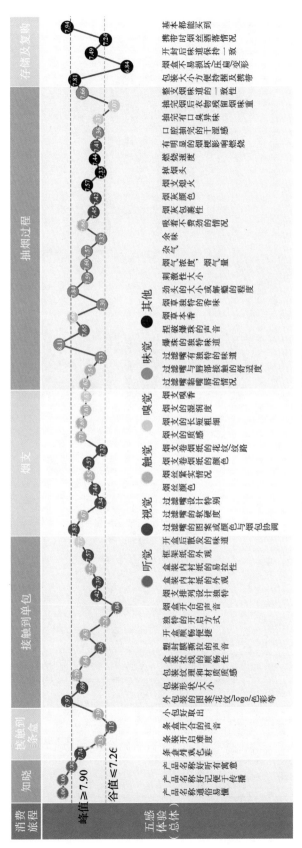

图 2-57 总体五感体验的旅程图

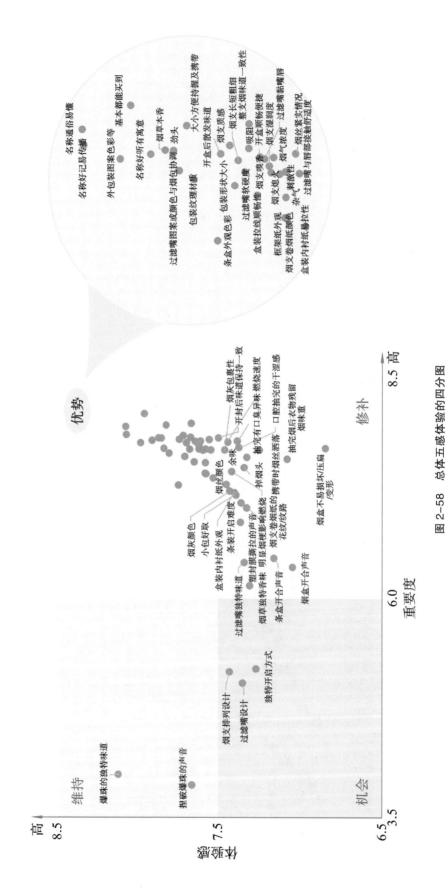

图2-58 总体五感体验的四分图

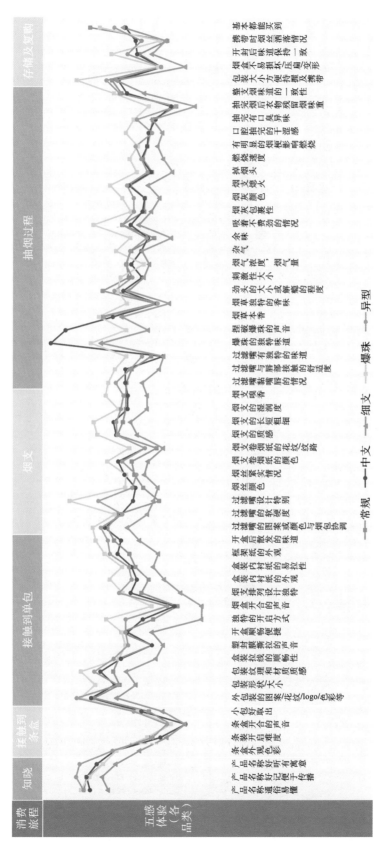

图 2-59 各品类五感体验的旅程图

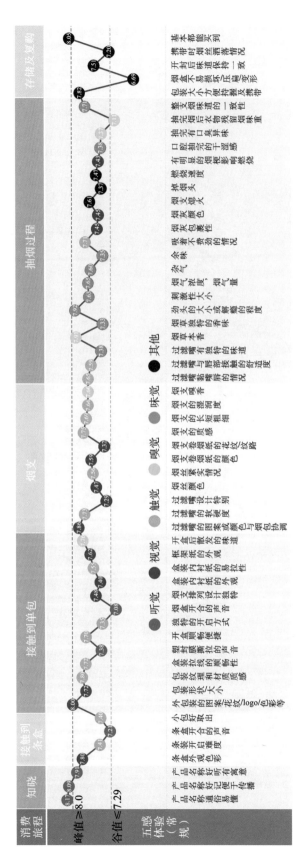

图 2-60　常规烟五感体验的旅程图

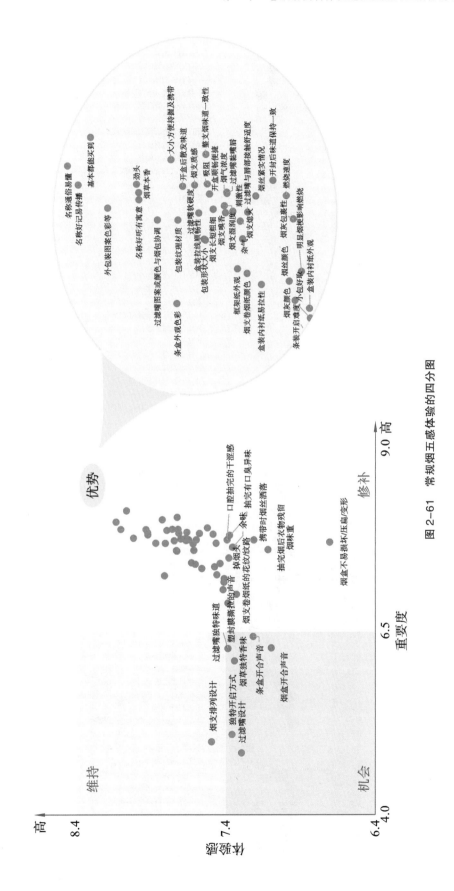

图 2-61　常规烟五感体验的四分图

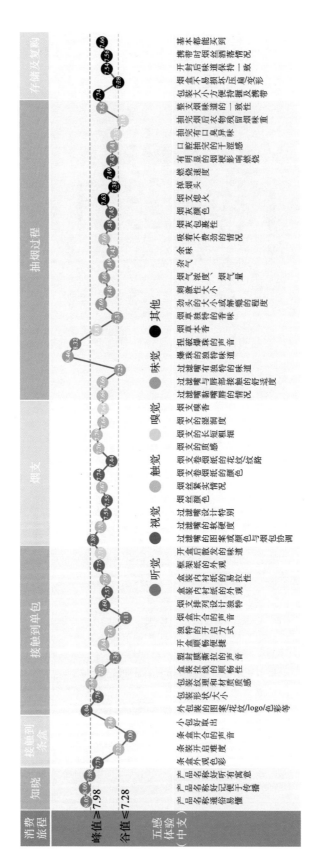

图2-62　中支烟五感体验的旅程图

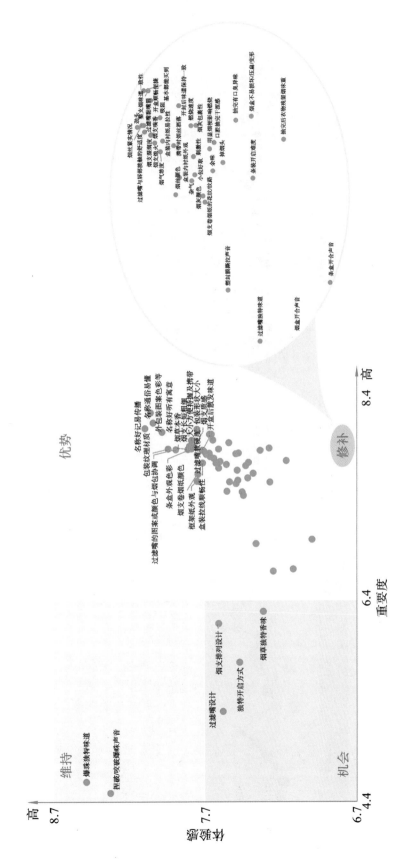

图 2-63　中支烟五感体验的四分图

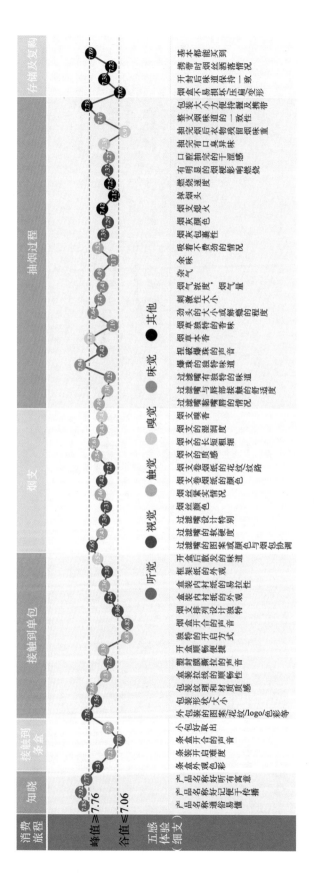

图 2-64　细支烟五感体验的旅程图

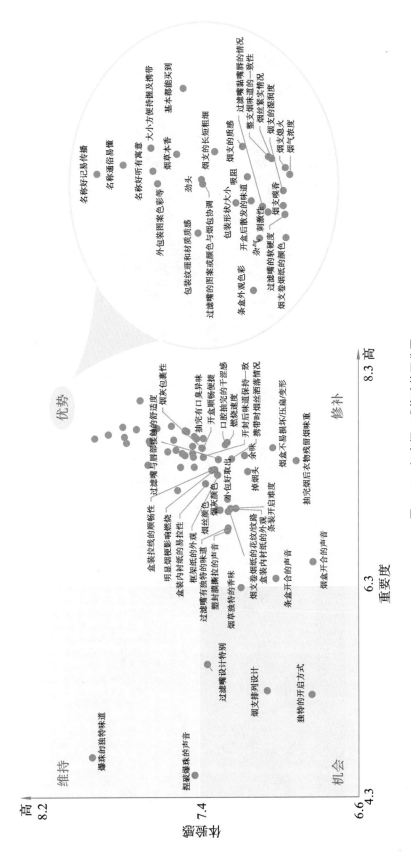

图 2-65 细支烟五感体验的四分图

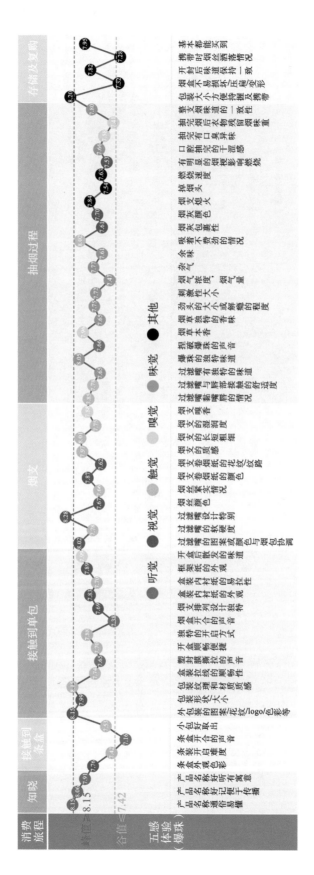

图 2-66　爆珠烟五感体验的旅程图

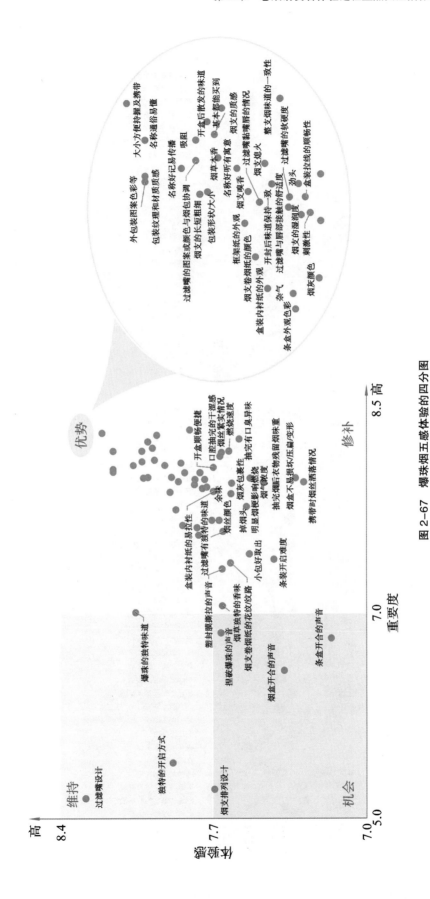

图 2-67 爆珠烟五感体验的四分图

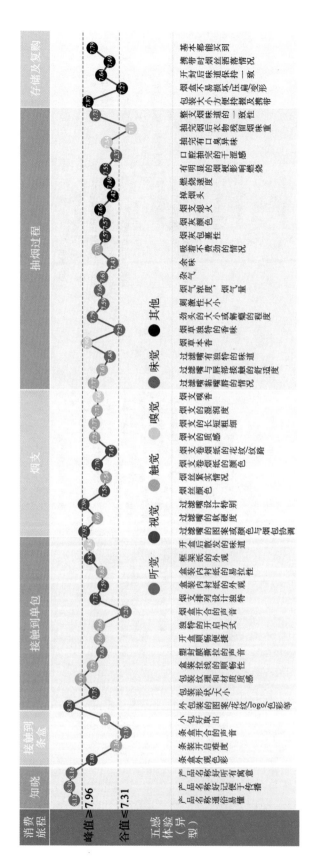

图 2-68　异型烟五感体验的旅程图

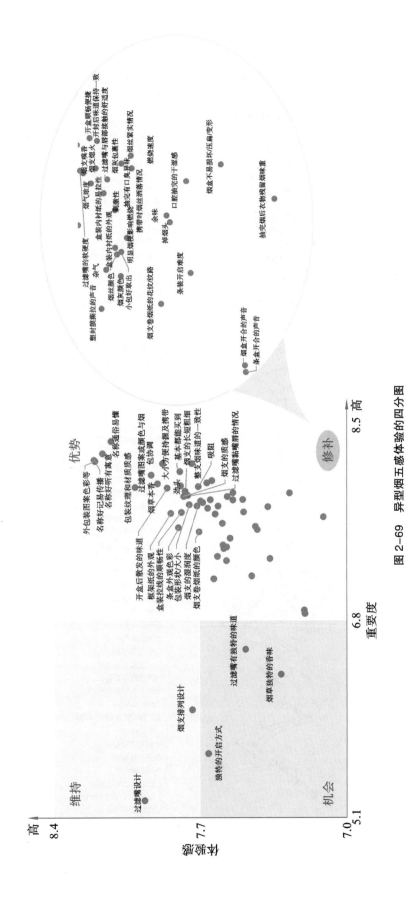

图 2-69　异型烟五感体验的四分图

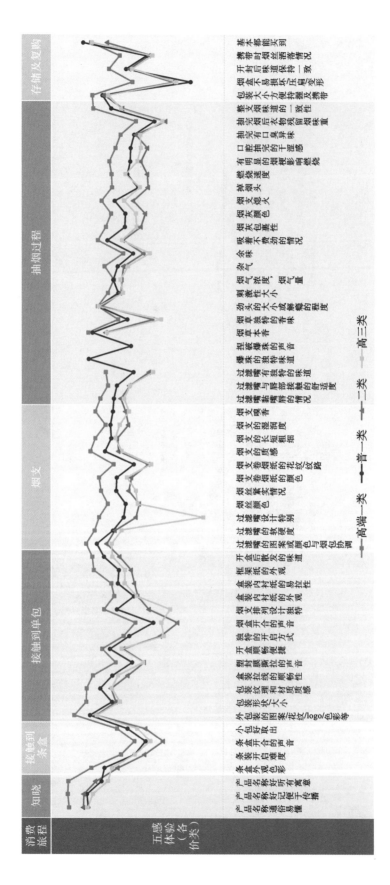

图 2-70　各价类五感体验的旅程图

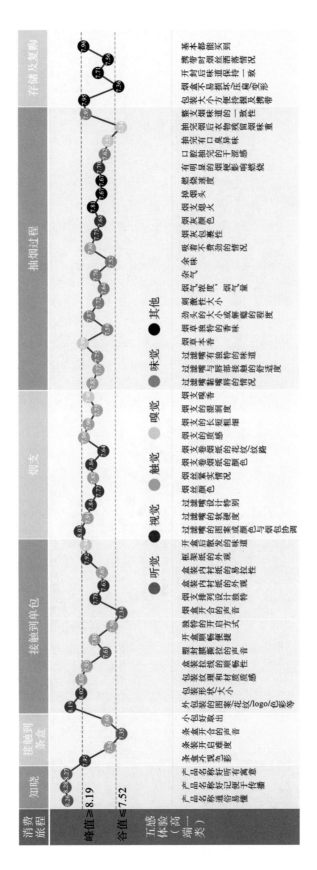

图 2-71　高端一类烟五感体验的旅程图

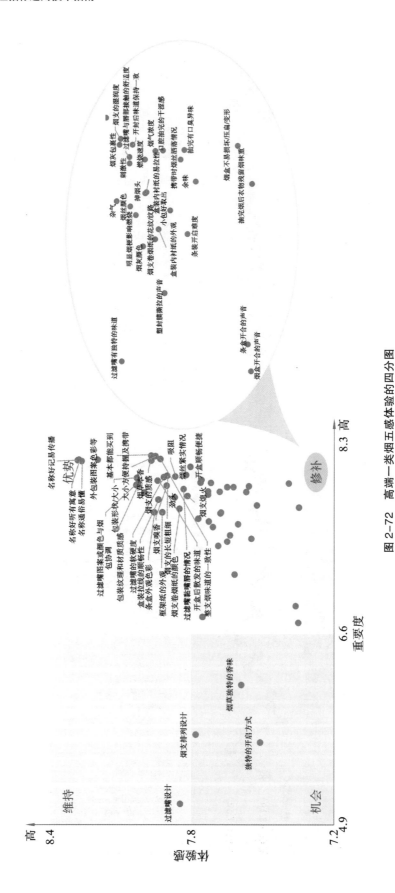

图 2-72 高端一类烟玉感体验的四分图

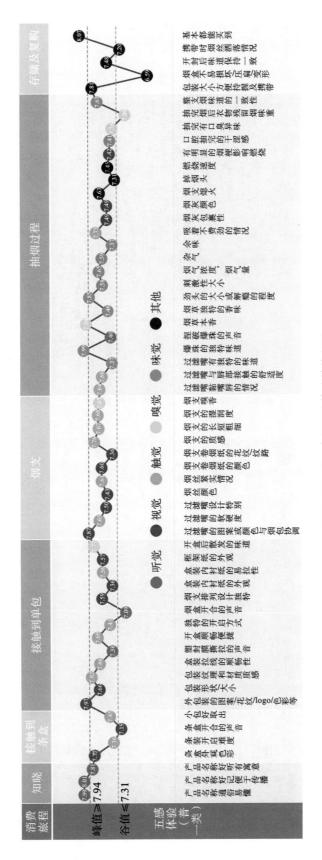

图 2-73　普一类烟五感体验的旅程图

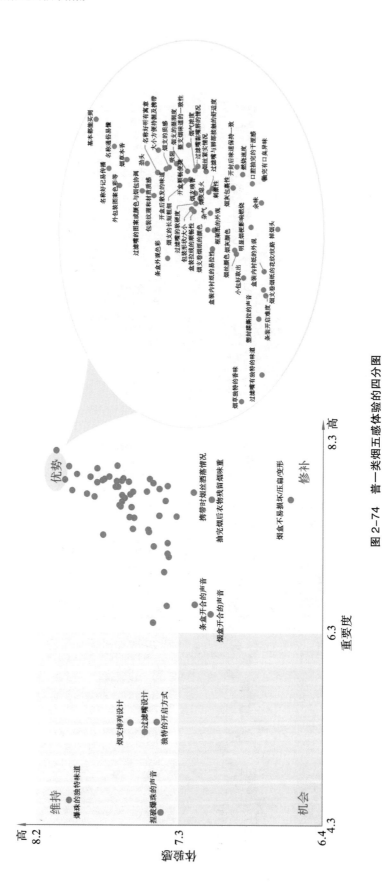

图 2-74　普一类烟五感体验的四分图

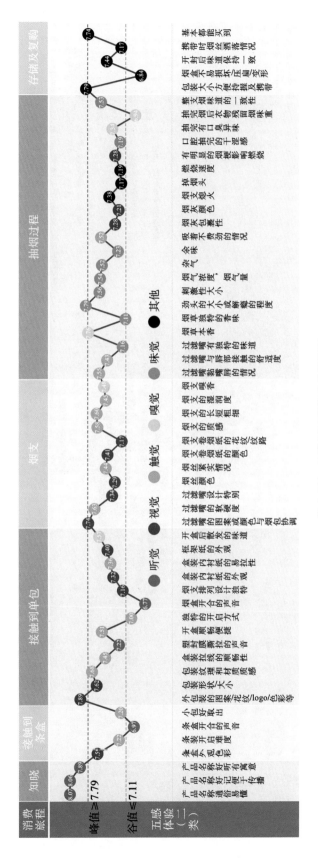

图 2-75 二类烟五感体验的旅程图

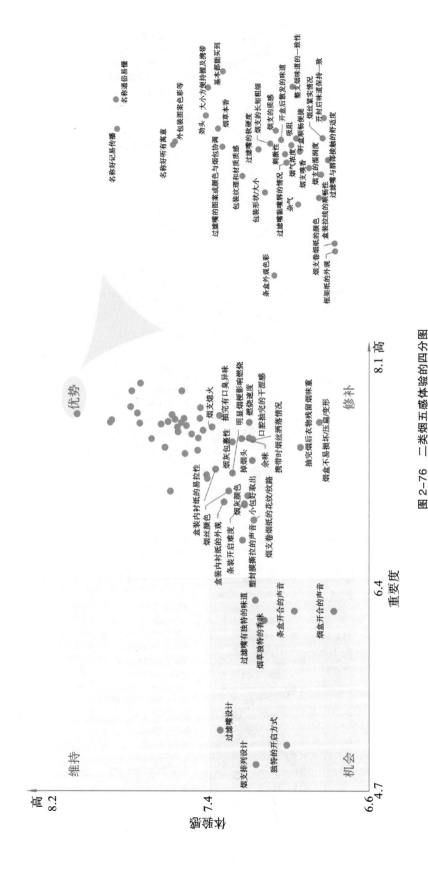

图 2-76 二类烟五感体验的四分图

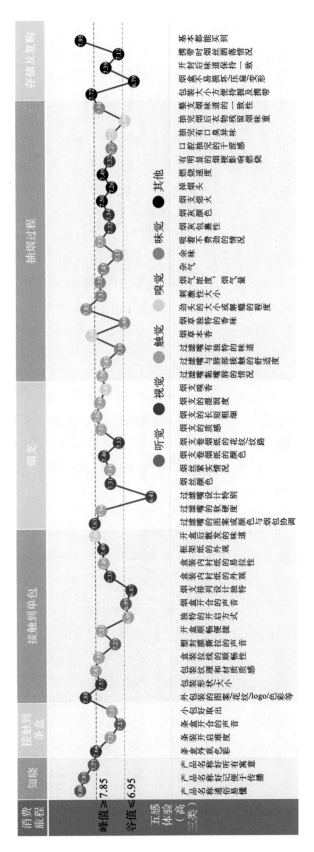

图 2-77　高三类烟五感体验的旅程图

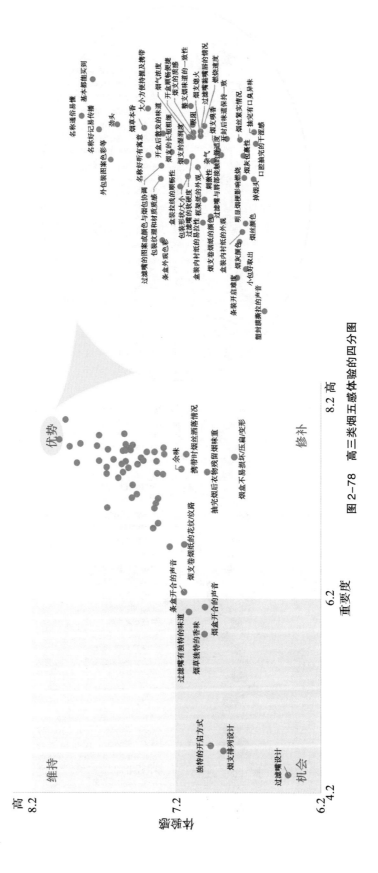

图 2-78 高三类烟五感体验的四分图

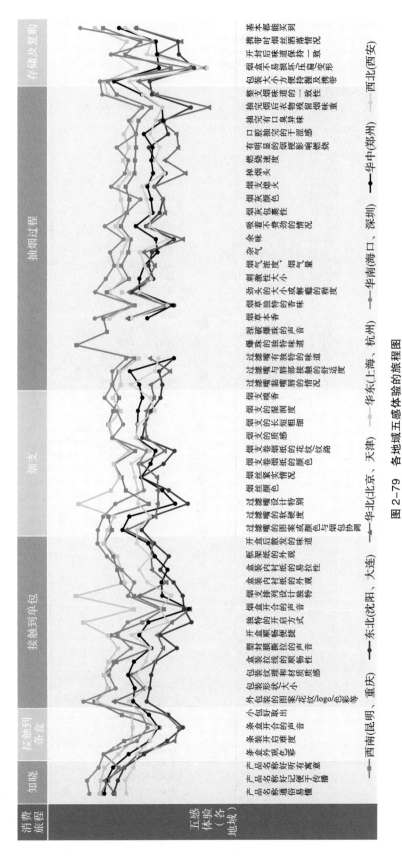

图 2-79　各地域五感体验的旅程图

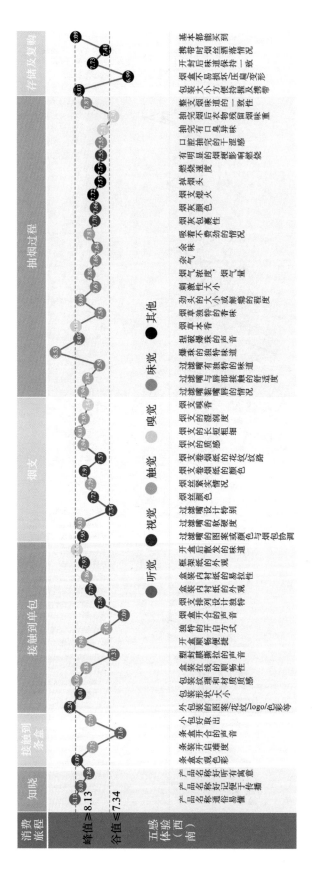

图 2-80　西南（昆明、重庆）五感体验的旅程图

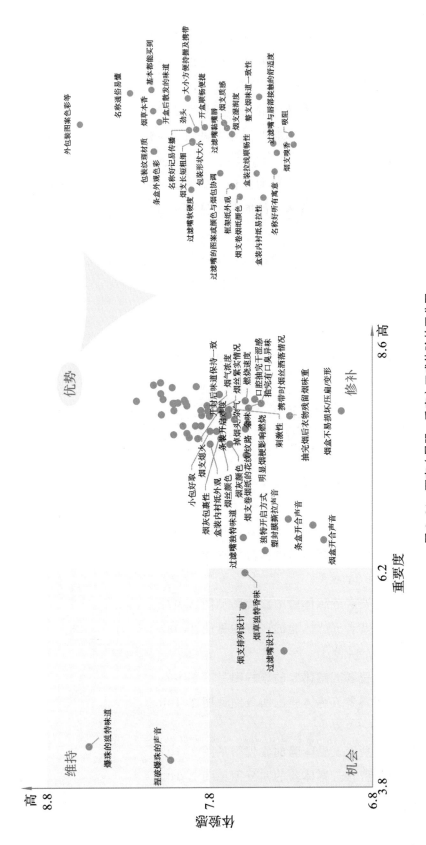

图 2-81 西南（昆明、重庆）五感体验的四分图

②东北（沈阳、大连）。

东北（沈阳、大连）五感体验的旅程图见图2-82。

东北（沈阳、大连）五感体验的四分图见图2-83。

③华北（北京、天津）。

华北（北京、天津）五感体验的旅程图见图2-84。

华北（北京、天津）五感体验的四分图见图2-85。

④华东（上海、杭州）。

华东（上海、杭州）五感体验的旅程图见图2-86。

华东（上海、杭州）五感体验的四分图见图2-87。

⑤华南（海口、深圳）。

华南（海口、深圳）五感体验的旅程图见图2-88。

华南（海口、深圳）五感体验的四分图见图2-89。

⑥华中（郑州）。

华中（郑州）五感体验的旅程图见图2-90。

华中（郑州）五感体验的四分图见图2-91。

⑦西北（西安）。

西北（西安）五感体验的旅程图见图2-92。

西北（西安）五感体验的四分图见图2-93。

（5）分年龄。

各年龄五感体验的旅程图见图2-94。

①年龄（18～24岁）。

18～24岁消费者五感体验的旅程图见图2-95。

18～24岁消费者五感体验的四分图见图2-96。

②年龄（25～34岁）。

25～34岁消费者五感体验的旅程图见图2-97。

25～34岁消费者五感体验的四分图见图2-98。

③年龄（35～44岁）。

35～44岁消费者五感体验的旅程图见图2-99。

35～44岁消费者五感体验的四分图见图2-100。

④年龄（45～55岁）。

45～55岁消费者五感体验的旅程图见图2-101。

45～55岁消费者五感体验的四分图见图2-102。

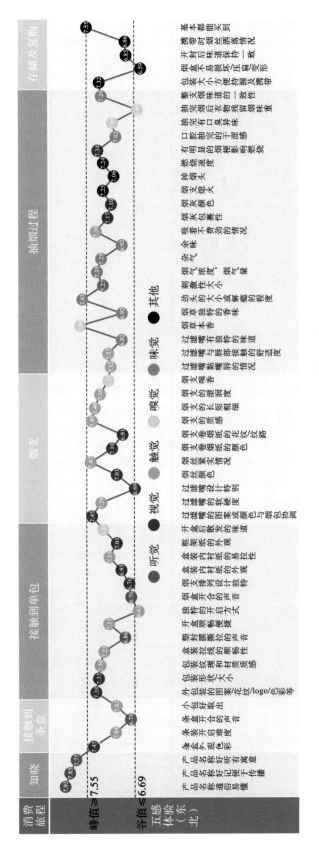

图 2-82 东北（沈阳、大连）五感体验的旅程图

171

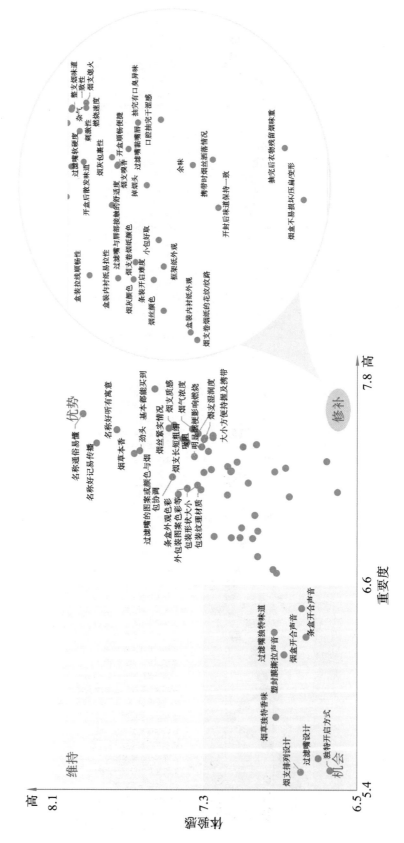

图 2-83 东北（沈阳、大连）五感体验的四分图

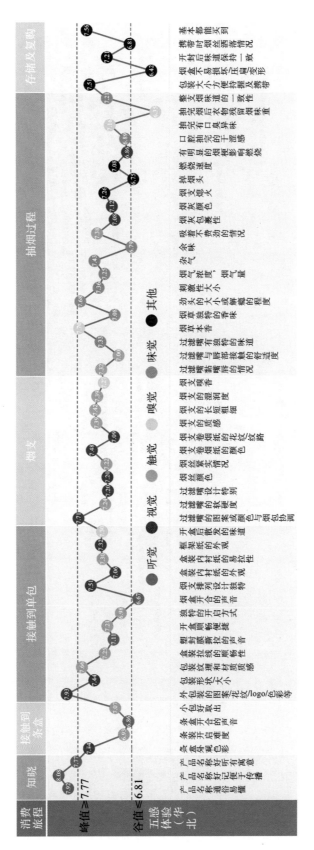

图 2-84 华北（北京、天津）五感体验的旅程图

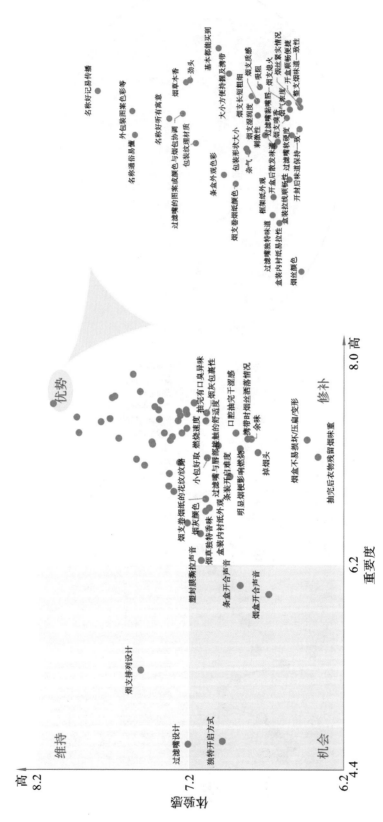

图 2-85 华北（北京、天津）五感体验的四分图

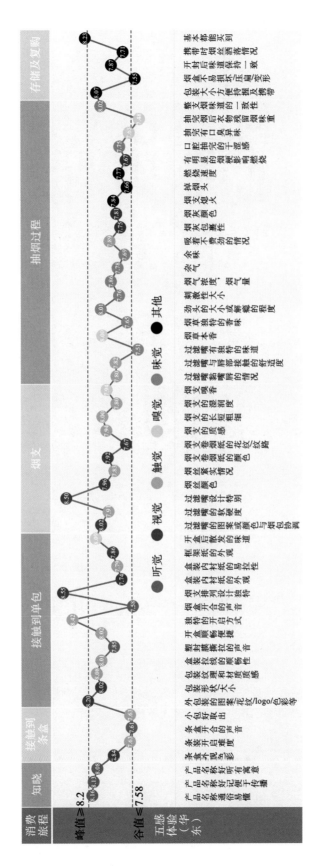

图2-86 华东（上海、杭州）五感体验的旅程图

175

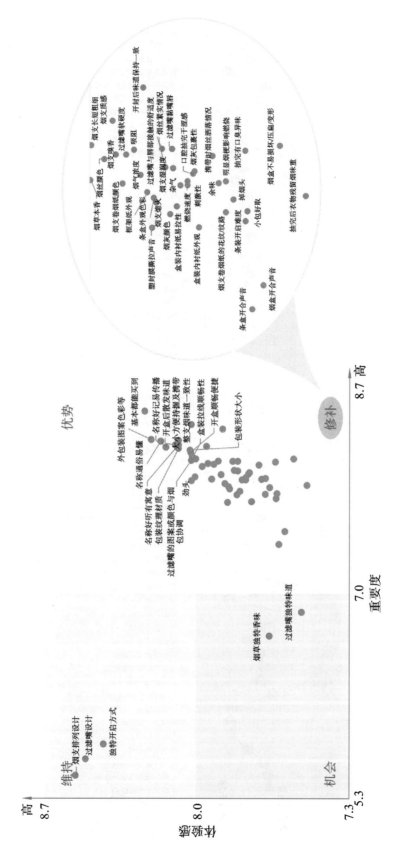

图 2-87 华东（上海、杭州）五感体验的四分图

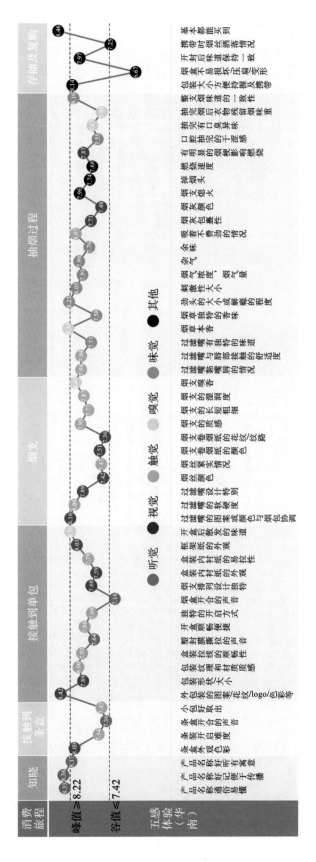

图2-88 华南（海口、深圳）五感体验的旅程图

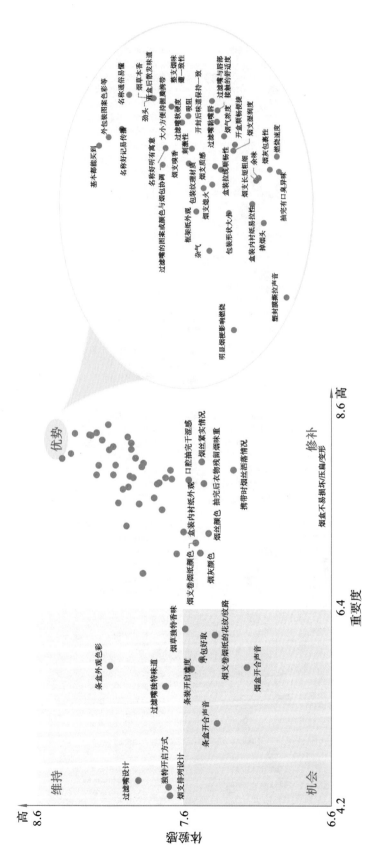

图 2-89 华南（海口、深圳）五感体验的四分图

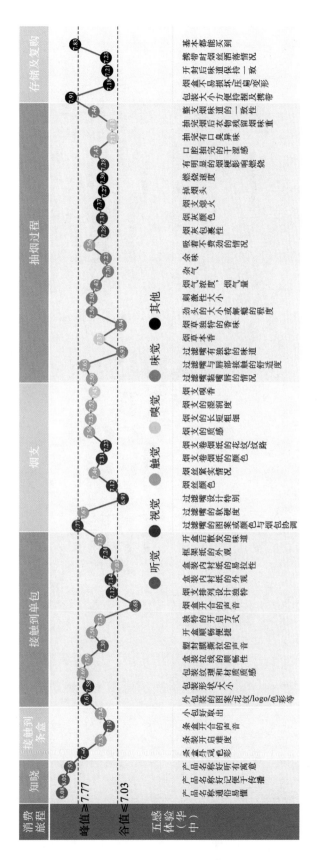

图 2-90 华中（郑州）五感体验的旅程图

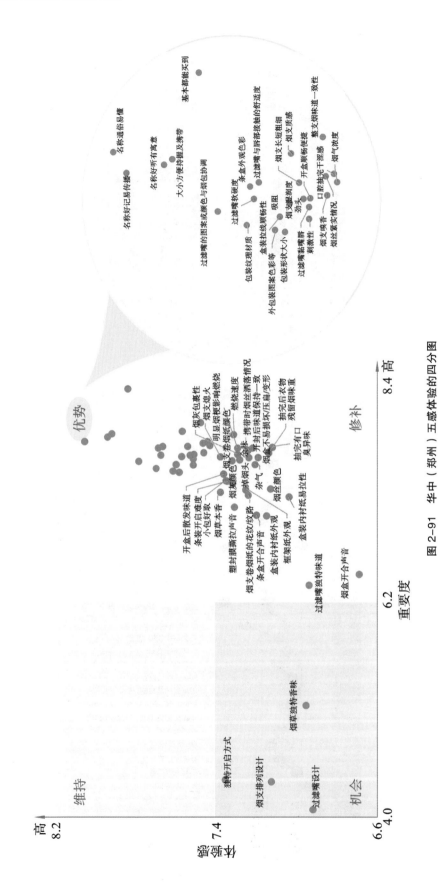

图 2-91 华中（郑州）五感体验的四分图

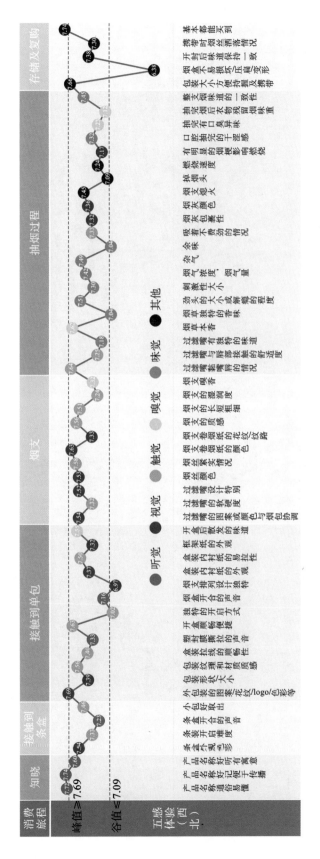

图 2-92 西北（西安）五感体验的旅程图

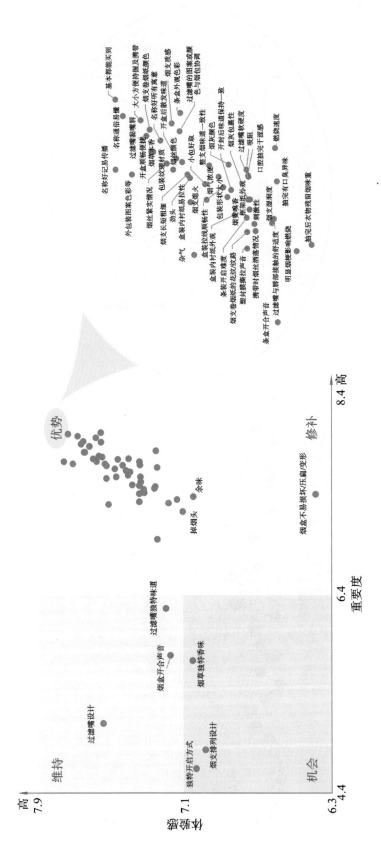

图 2-93 西北（西安）五感体验的四分图

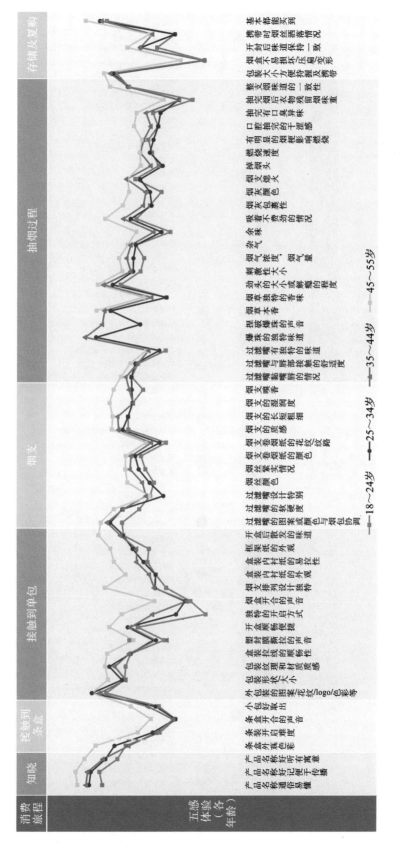

图 2-94　各年龄五感体验的旅程图

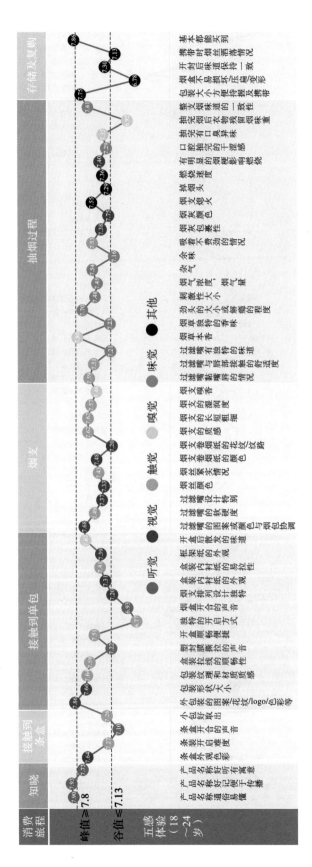

图 2-95　18～24 岁消费者五感体验的旅程图

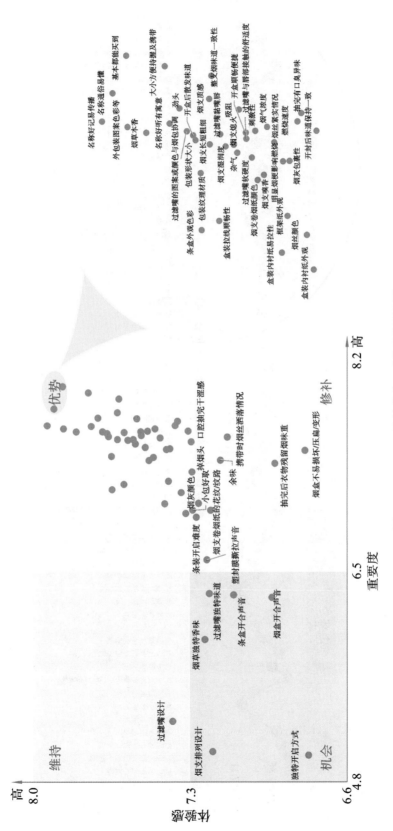

图 2-96 18～24 岁消费者五感体验的四分图

185

消费者重点关注指标通用技术指南

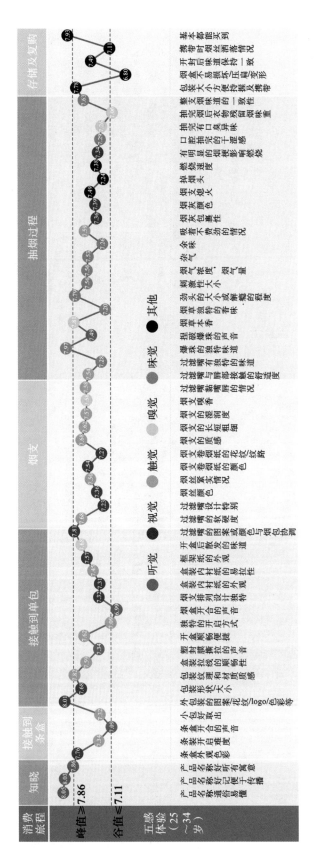

图 2-97　25～34 岁消费者五感体验的旅程图

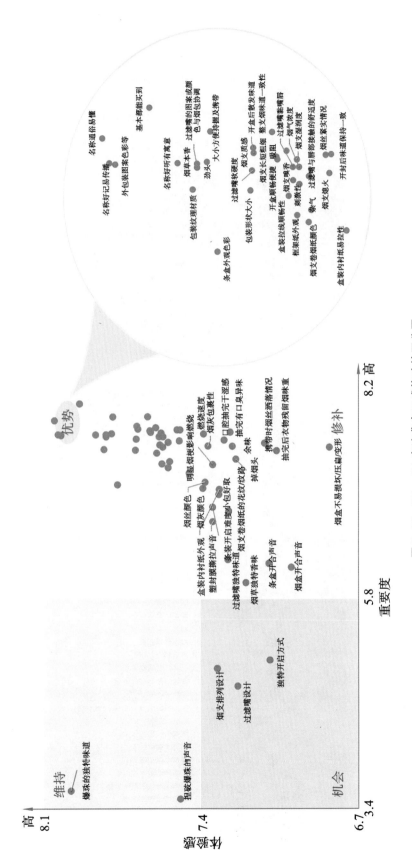

图 2-98　25～34 岁消费者五感体验的四分图

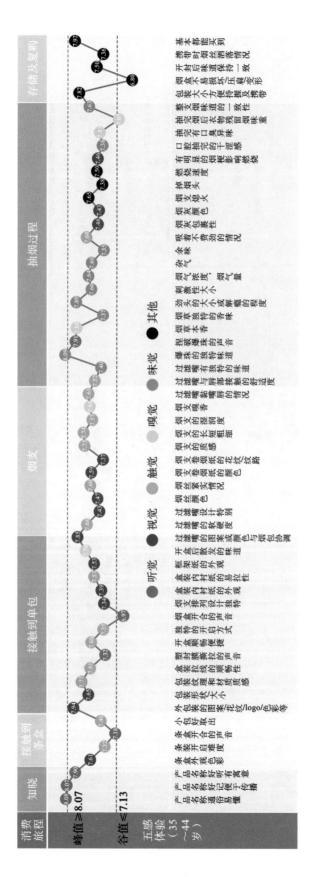

图 2-99　35～44 岁消费者五感体验的旅程图

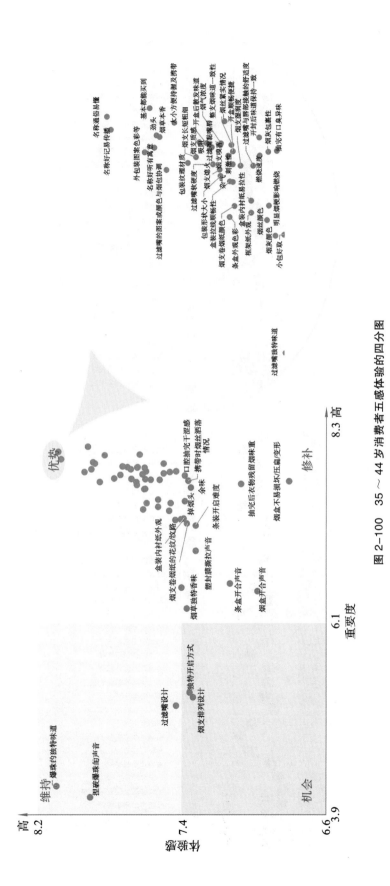

图 2-100　35～44 岁消费者五感体验的四分图

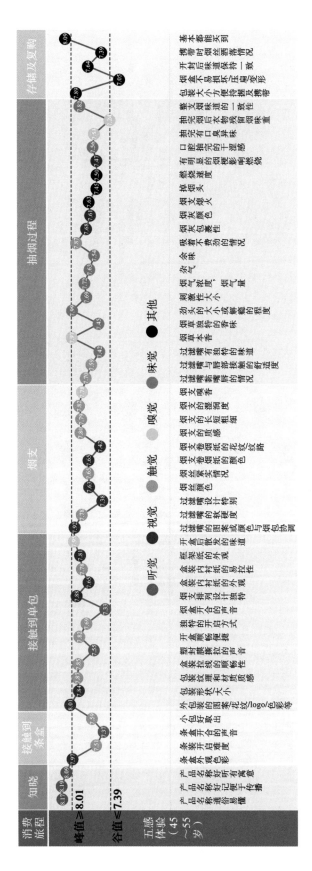

图 2-101　45～55 岁消费者五感体验的旅程图

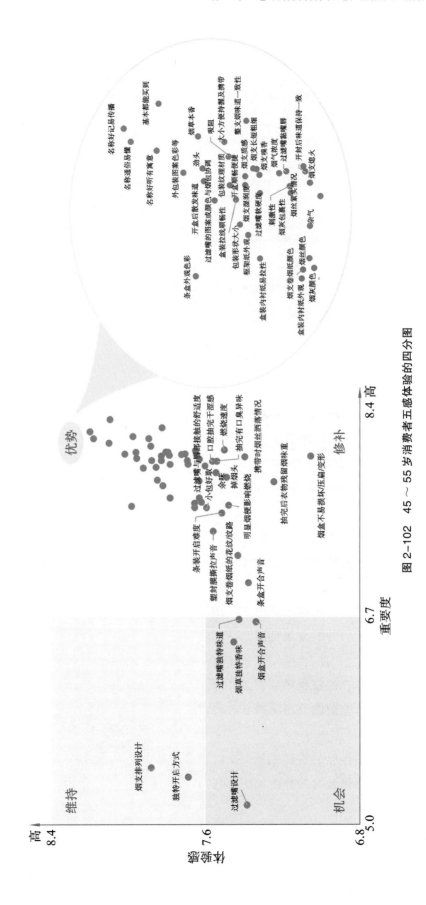

图 2-102　45～55 岁消费者五感体验的四分图

（6）本品分品牌（云产烟品牌）。

四大品牌（云烟、玉溪、红河、红塔山）五感体验的旅程图见图2-103。

云产卷烟品牌五感体验的旅程图见图2-104、四分图见图2-105。

①云烟品牌。

云烟品牌五感体验的旅程图见图2-106。

云烟品牌五感体验的四分图见图2-107。

②玉溪品牌。

玉溪品牌五感体验的旅程图见图2-108。

玉溪品牌五感体验的四分图见图2-109。

③红河。

红河品牌五感体验的旅程图见图2-110。

红河品牌五感体验的四分图见图2-111。

④红塔山品牌。

红塔山品牌五感体验的旅程图见图2-112。

红塔山品牌五感体验的四分图见图2-113。

（7）竞品分品牌（除云产烟以外的品牌）。

重点竞品五感体验的旅程图见图2-114。

竞品五感体验的旅程图见图2-115。

竞品五感体验的四分图见图2-116。

①中华品牌。

中华品牌五感体验的旅程图见图2-117。

中华品牌五感体验的四分图见图2-118。

②南京品牌。

南京品牌五感体验的旅程图见图2-119。

南京品牌五感体验的四分图见图2-120。

③利群。

利群品牌五感体验的旅程图见图2-121。

利群品牌五感体验的四分图见图2-122。

④芙蓉王。

芙蓉王品牌五感体验的旅程图见图2-123。

芙蓉王品牌五感体验的四分图见图2-124。

⑤黄鹤楼。

黄鹤楼品牌五感体验的旅程图见图2-125。

黄鹤楼品牌五感体验的四分图见图2-126。

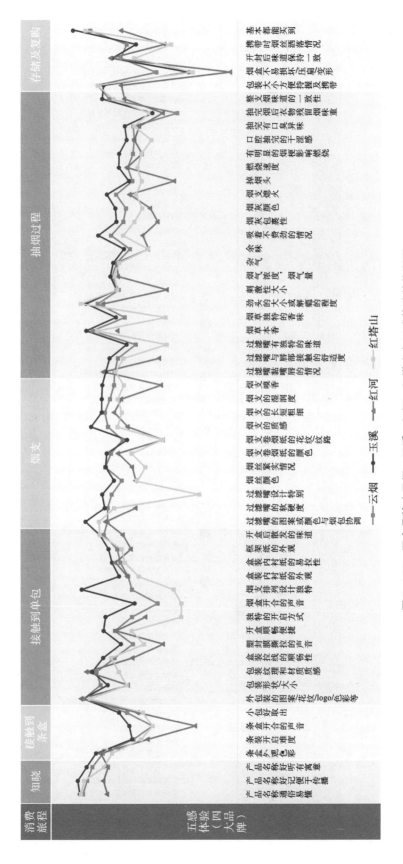

图 2-103 四大品牌（云烟、玉溪、红河、红塔山）五感体验的旅程图

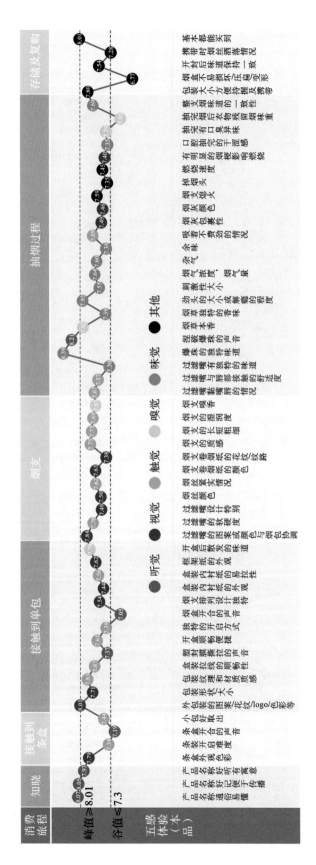

图 2-104　云产卷烟五牌五感体验的旅程图

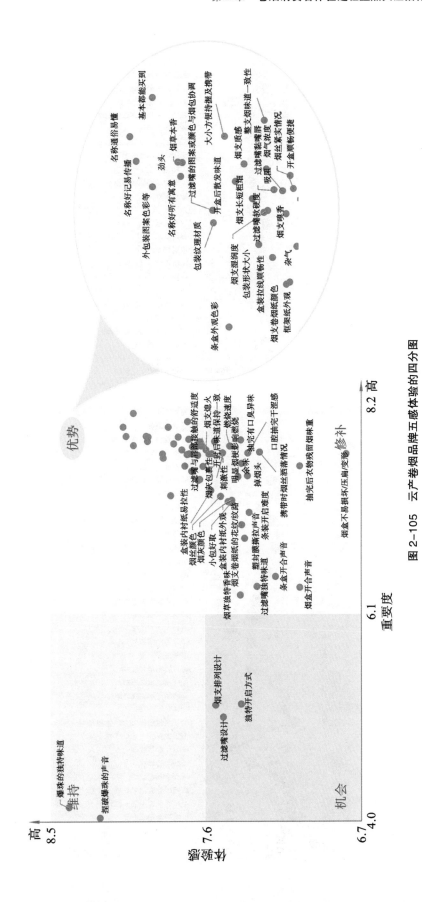

图 2-105 云产卷烟品牌五感体验的四分图

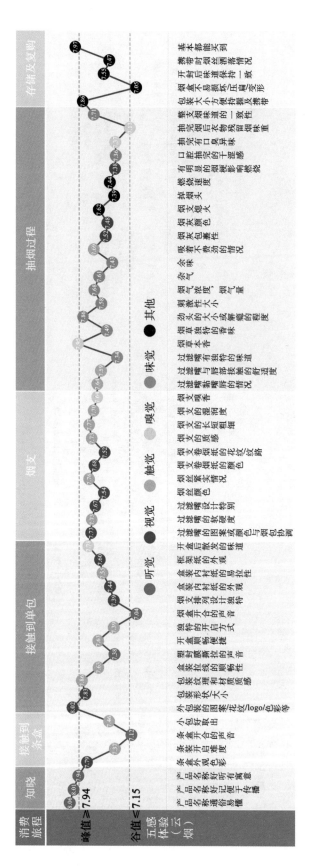

图 2-106　云烟品牌五感体验的旅程图

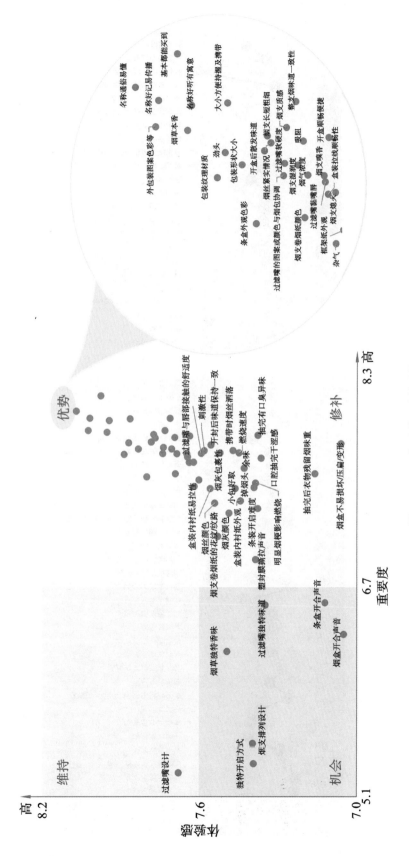

图 2-107　云烟品牌五感体验的四分图

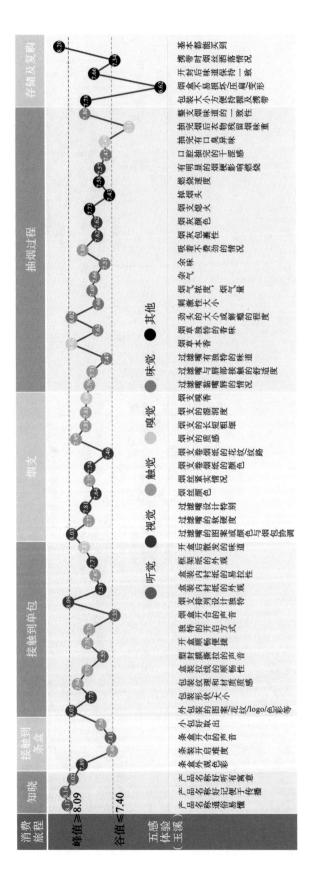

图 2-108　玉溪品牌五感体验的旅程图

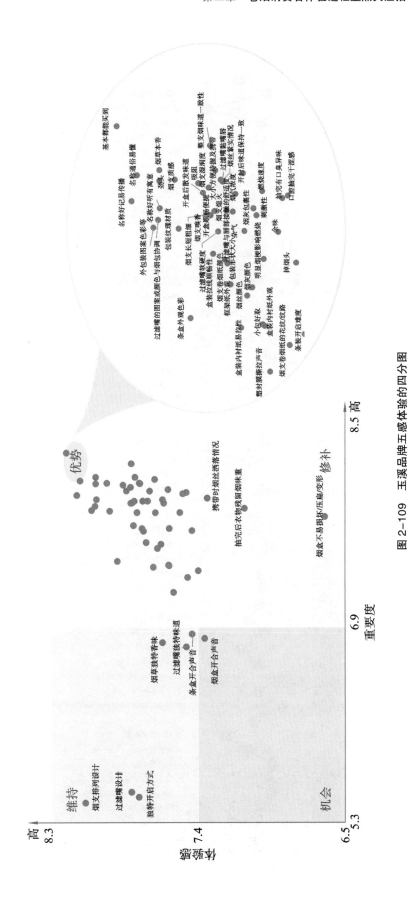

图2-109　玉溪品牌五感体验的四分图

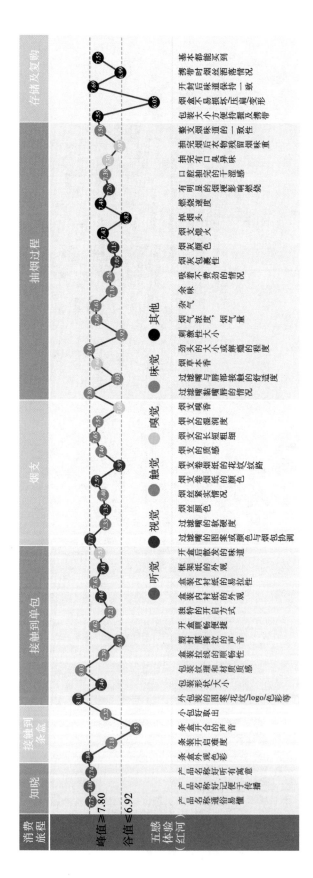

图 2-110 红河品牌五感体验的旅程图

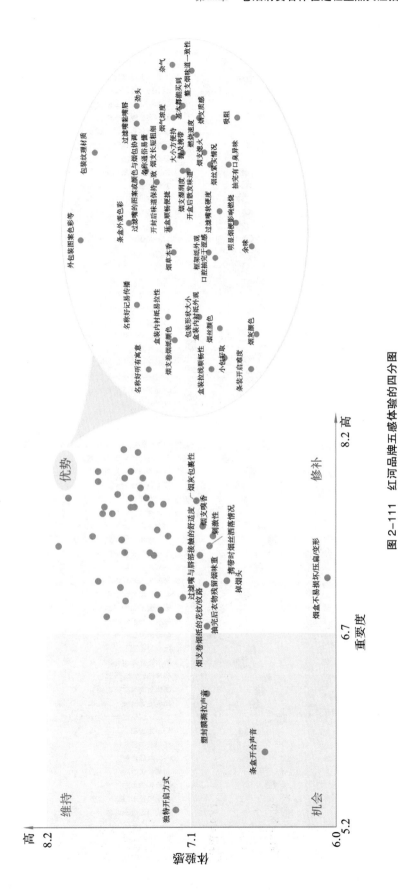

图 2-111 红河品牌五感体验的四分图

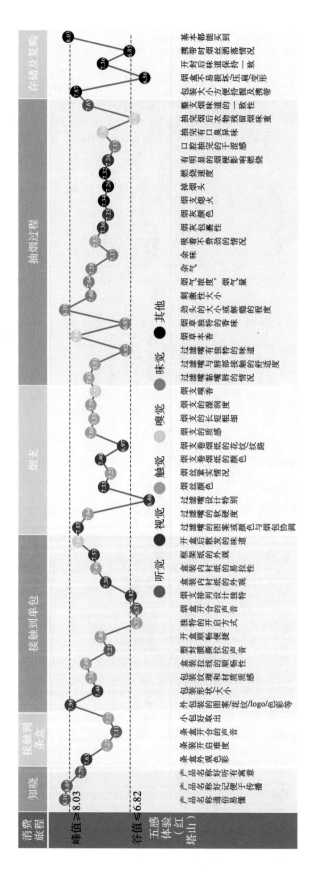

图 2-112　红塔山品牌五感体验的旅程图

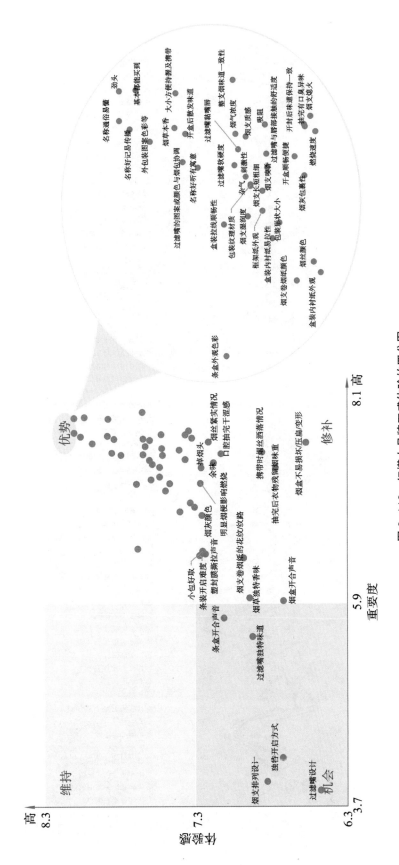

图2-113 红塔山品牌五感体验的四分图

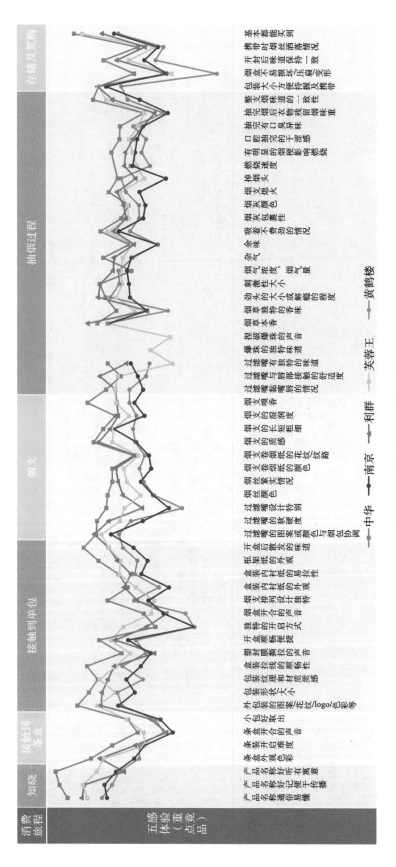

图 2-114　重点竞品五感体验的旅程图

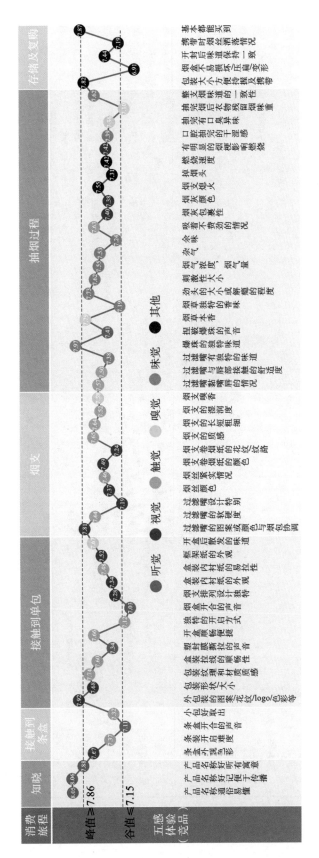

图 2-115　竞品五感体验的旅程图

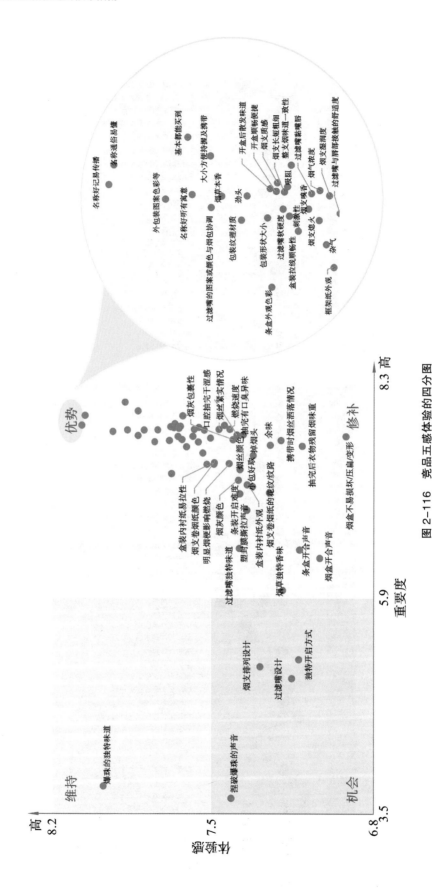

图2-116　竞品五感体验的四分图

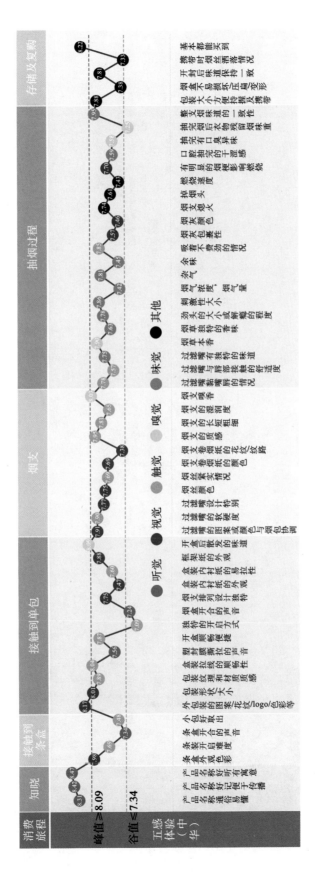

图 2-117 中华品牌五感体验的旅程图

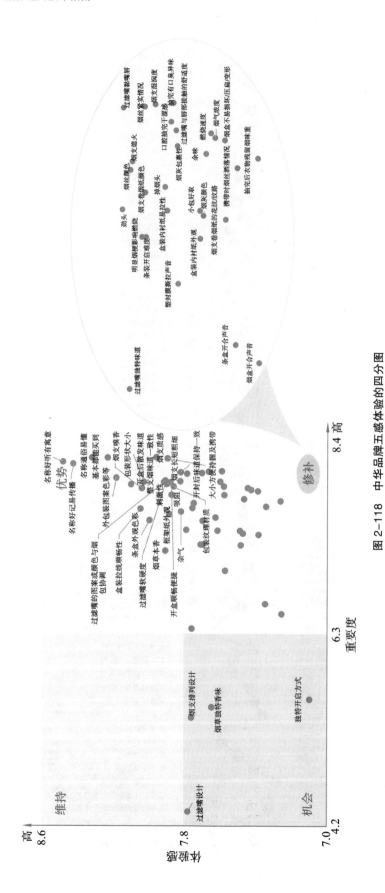

图 2-118　中华品牌五感体验的四分图

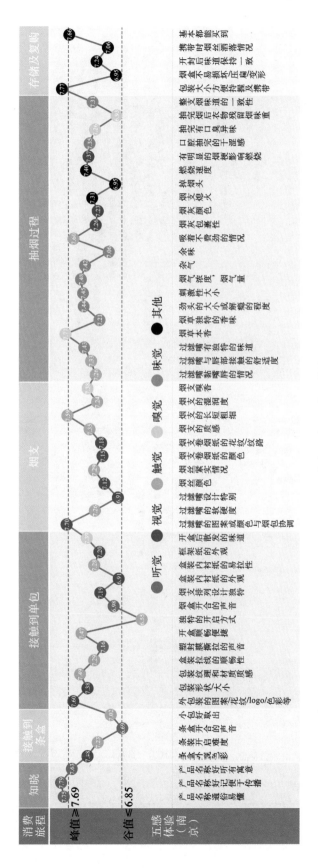

图 2-119　南京品牌五感体验的旅程图

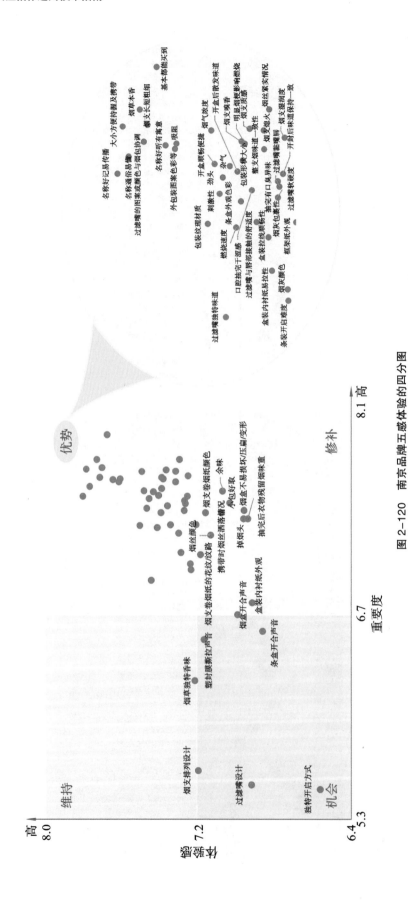

图 2-120　南京品牌五感体验的四分图

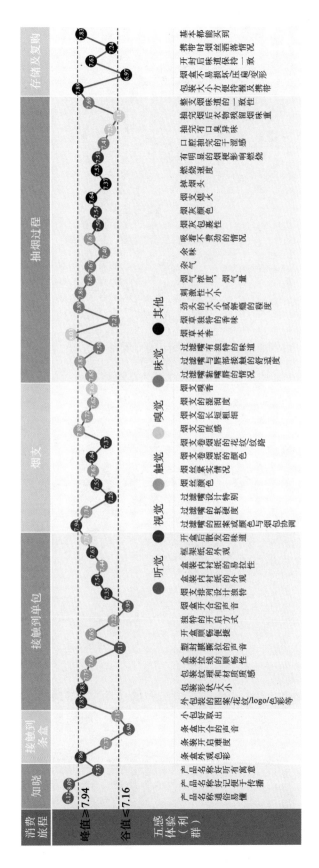

图2-121 利群品牌五感体验的旅程图

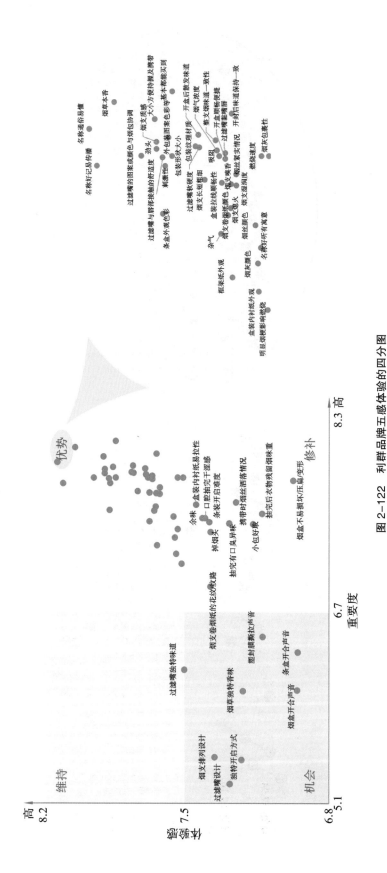

图 2-122　利群品牌五感体验的四分图

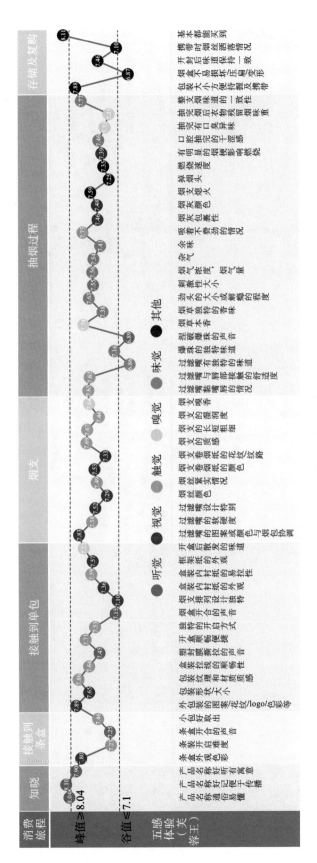

图 2-123　芙蓉王品牌五感体验的旅程图

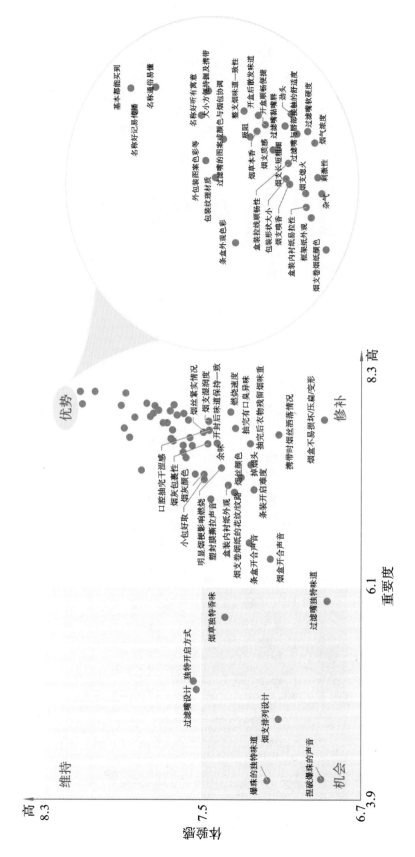

图 2-124 芙蓉王品牌五感体验的四分图

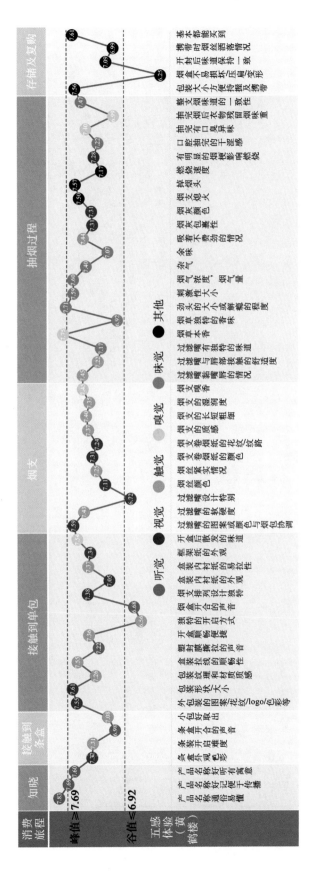

图 2-125　黄鹤楼品牌五感体验的旅程图

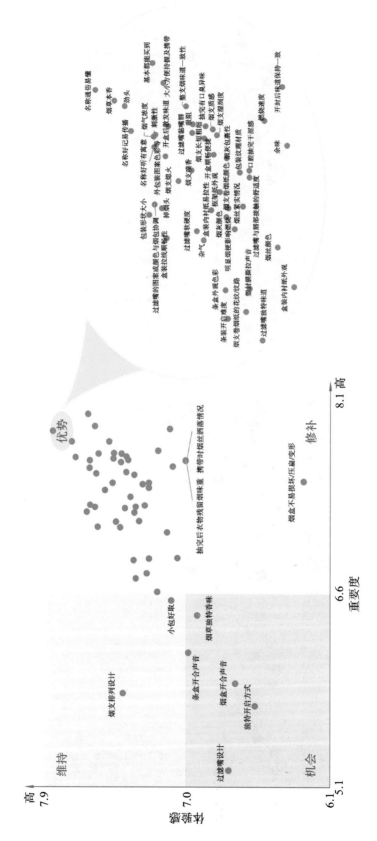

图 2-126 黄鹤楼品牌五感体验的四分图

（四）消费行为及习惯研究

1. 感官交互（视觉→味觉）

当看见一包没有抽过的香烟时，接近二分之一的消费者会第一时间根据它的包装颜色或烟支规格联想其吸味特点（见图2-127）。

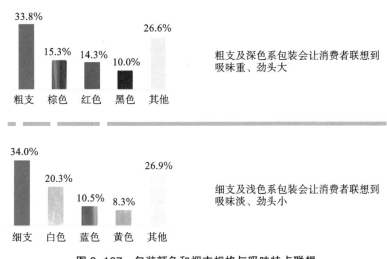

图 2-127　包装颜色和烟支规格与吸味特点联想

2. 嗅觉偏好

75.8%的消费者在接触到一包没有抽过的香烟时，会先闻一下烟支的味道。常抽烟价类越高，有该习惯的人占比越大（见图2-128）。

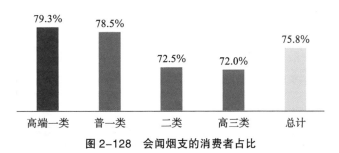

图 2-128　会闻烟支的消费者占比

对于嗅香，76.5%的消费者更喜欢烟草本香，其次是常规的外加香气（如梅子、杏子、陈皮、薄荷香气等）。年龄越大，对烟草本香的偏好越高（见表2-44）。

表 2-44　不同年龄对烟草香气偏好统计

嗅香	18～24岁	25～34岁	35～44岁	45～55岁	总计
常规的外加香气（如梅子、杏子、陈皮、薄荷香气等）	24.8%	20.3%	15.0%	15.6%	18.3%
烟草本香	69.7%	75.2%	78.2%	81.0%	76.5%

续表

嗅香	18～24岁		25～34岁		35～44岁		45～55岁		总计	
中草药的香气（如人参、石斛香气等）	●	4.6%	●	3.3%	●	5.3%	●	2.8%	●	4.0%
闻不到什么味道	·	0.8%	·	1.0%	·	1.4%	·	0.6%	·	1.0%
甜味					·	0.2%			·	0.1%
花香			·	0.1%					·	0.1%

3. 新品知晓路径及购买驱动因素

消费者对新品的认知渠道主要是通过烟店老板推荐、烟店陈列柜内自己看到，以及朋友／同事推荐（见图 2-129）。

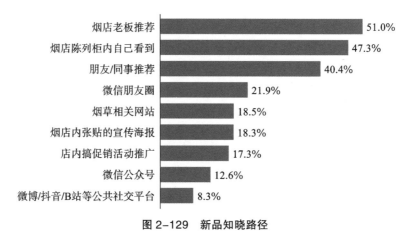

图 2-129　新品知晓路径

引发消费者购买尝试新品的因素主要是价格、品牌和包装。常抽烟价格越高，购买决策受价格的影响越小，受品牌、产品名字、品吸烟推广的影响越大（见表 2-45）。

表 2-45　引发消费者购买尝试新品的驱动因素统计

驱动因素	高端一类		普一类		二类		高三类		总计	
价格适合我	●	37.9%	●	45.6%	●	48.6%	●	54.6%	●	46.8%
是我喜欢的品牌	●	36.6%	●	27.9%	●	27.9%	●	27.6%	●	29.4%
包装颜色好看	●	28.5%	●	29.2%	●	30.3%	●	24.9%	●	28.5%
包装设计新颖独特	●	28.5%	●	30.3%	●	25.6%	●	21.4%	●	27.0%
包装图案好看	●	24.8%	●	26.3%	●	24.4%	●	24.3%	●	25.1%
包装成熟稳重	●	15.7%	●	15.4%	●	17.3%	●	15.1%	●	15.9%
包装简约清新	●	9.8%	●	14.3%	●	15.9%	●	15.9%	●	14.2%
从包装联想到口味应该会适合我	●	10.5%	●	11.5%	●	10.5%	●	10.7%	●	10.9%

驱动因素	高端一类		普一类		二类		高三类		总计	
烟支规格是我想要的	●	11.1%	●	8.8%	●	10.3%	●	10.9%	●	10.0%
喜欢产品名字	●	12.2%	●	8.9%	●	9.0%	●	8.2%	●	9.4%
有促销活动（如：送小礼品、打火机等）	●	6.5%	●	8.4%	●	7.3%	●	5.8%	●	7.3%
通过品吸烟进行推广	●	9.4%	●	7.7%	●	3.8%	●	3.5%	●	6.2%
基于老品创新升级后的新品	●	4.4%	●	5.9%	●	4.9%	●	5.0%	●	5.2%
外加吸味是我喜欢的（比如：陈皮、薄荷等）	●	4.8%	●	3.7%	●	4.3%	●	4.1%	●	4.1%
喜欢产品背后的故事	●	5.0%	●	2.6%	●	2.5%	●	3.9%	●	3.3%

4. 希望增加的创新技术

在常抽烟的基础上增加"条装撕拉线更明显""软包取烟位置设置缺口""条装从中间打开，条包可折叠"等创新技术可以进一步提升消费者的好感，且超过二分之一的人愿意为其支付更多的费用（见图2-130）。

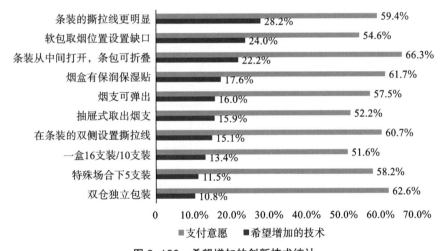

图2-130　希望增加的创新技术统计

总体来看，57.5%的消费者愿意为新增的创新技术额外支付费用，支付金额主要在5元以内（见图2-131）。

5. 买烟送礼关注因素

"档次符合对方身份""是对方的常抽产品"是消费者购买礼品烟时考虑的主要因素。除此之外，西安的消费者还会考虑"质量稳定""价格高"等因素（见表2-46）。

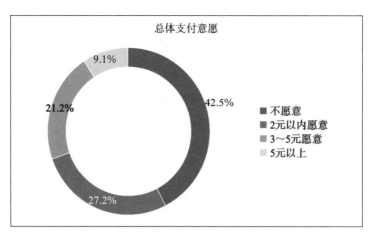

图 2-131 消费者愿意为新增的创新技术额外支付费用统计

表 2-46 不同地域消费者购买礼品烟时考虑的主要因素统计

关注因素	西南（昆明、重庆）	东北（沈阳、大连）	华北（北京、天津）	华东（上海、杭州）	华南（海口、深圳）	华中（郑州）	西北（西安）	总计
档次符合对方身份	41.0%	32.8%	33.9%	38.6%	40.6%	47.8%	21.9%	37.5%
是对方的常抽产品	17.2%	23.2%	16.3%	19.6%	13.7%	15.3%	8.8%	16.9%
质量稳定	10.8%	6.8%	11.3%	12.3%	12.2%	8.5%	19.1%	11.3%
价格高	6.4%	7.6%	10.0%	5.7%	6.2%	8.7%	15.1%	7.7%
口感好，口味纯正	6.6%	6.3%	6.8%	4.5%	5.8%	3.6%	11.6%	6.2%
周围朋友同事都在抽，社会流行度高	3.2%	9.1%	3.6%	4.7%	4.3%	5.3%	3.5%	4.7%
品牌知名度高	4.4%	2.7%	4.8%	1.8%	4.6%	4.9%	9.3%	4.1%
购买方便	2.0%	2.5%	4.0%	3.5%	5.3%	1.5%	3.0%	3.4%
包装好看	2.0%	1.8%	2.1%	2.6%	2.6%	1.2%	4.0%	2.3%
低焦、低危害，相对比较健康	1.4%	3.4%	2.2%	3.3%	1.4%	1.2%	2.6%	2.2%
当地稀有难买到	2.0%	1.8%	3.1%	1.8%	0.6%	1.7%	0.0%	1.7%
产品设计有独特亮点	1.6%	0.1%	0.9%	0.7%	0.9%	0.0%	0.7%	0.8%
刚上市不久的新品	0.9%	0.2%	0.5%	0.7%	1.0%	0.0%	0.0%	0.6%
宣传促销活动力度大	0.2%	1.3%	0.3%	0.1%	0.5%	0.0%	0.2%	0.4%
卷烟产地	0.2%	0.4%	0.2%	0.2%	0.4%	0.2%	0.2%	0.3%

6. 饮食习惯

由卡方检验结果可知，消费者常抽烟品牌与饮品偏好的渐进显著性 P 值为 0.004，小于显著性水平 0.05，说明消费者对卷烟产品的偏好与饮品偏好显著相关（见表 2-47）。

表 2-47　消费者常抽烟品牌与饮品偏好的卡方检验

	值	自由度	渐进显著性（双侧）
皮尔逊卡方	581.664[1]	495	0.004
似然比	530.103	495	0.133
线性关联	0.659	1	0.417
有效个案数	2521		

注：1.440 个单元格（80.9%）的期望计数小于 5，最小期望计数为 0.00。

消费者最喜欢的饮品主要是绿茶、咖啡、红茶、啤酒。主抽红河和中华的消费者喜欢喝白酒的相对更多，主抽红河的消费者喜欢喝咖啡和红茶的相对偏少，主抽利群的消费者饮品偏好相对单一，主要集中在绿茶、咖啡和红茶方面（见表 2-48）。

表 2-48　消费者对卷烟产品的偏好与饮品偏好相关性统计

最喜欢的饮品	云烟	玉溪	红河	中华	南京	利群	芙蓉王	红塔山	黄馨楼	总计
绿茶	17.7%	17.5%	20.0%	17.3%	17.2%	22.5%	17.6%	18.0%	15.2%	17.6%
咖啡	16.7%	18.2%	10.0%	20.1%	17.2%	17.2%	19.0%	14.9%	16.1%	16.7%
红茶	13.3%	15.3%	5.0%	15.8%	16.4%	11.3%	10.6%	13.7%	9.8%	13.8%
啤酒	12.1%	10.6%	17.5%	8.6%	13.4%	7.3%	13.4%	18.4%	17.9%	13.0%
白酒	8.7%	7.1%	15.0%	15.8%	6.0%	6.6%	8.5%	7.5%	12.5%	8.5%
碳酸饮料	5.1%	4.0%	7.5%	2.2%	9.7%	7.3%	3.5%	3.5%	9.8%	5.5%
苏打水	6.4%	6.1%	2.5%	2.2%	3.7%	4.6%	6.3%	4.7%	4.5%	5.1%
奶茶	3.8%	3.3%	2.5%	1.4%	5.2%	7.9%	7.0%	5.5%	1.8%	4.5%
牛奶	4.4%	6.1%	5.0%	5.8%	2.2%	6.6%	4.9%	3.1%	2.7%	4.4%
果茶	3.1%	2.6%	10.0%	3.6%	2.2%	5.3%	2.8%	4.3%	2.7%	3.5%
酸奶	4.3%	3.1%	2.5%	2.2%	6.0%	2.6%	3.5%	2.0%	1.8%	3.4%

由卡方检验结果可知，消费者常抽烟品牌与零食偏好的渐进显著性 P 值为 0.349，

大于显著性水平 0.05，说明消费者对卷烟产品的偏好与零食偏好没有相关关系（见表 2-49）。

表 2-49　消费者对卷烟产品的偏好与零食偏好卡方检验

	值	自由度	渐进显著性（双侧）
皮尔逊卡方	406.359[1]	396	0.349
似然比	417.575	396	0.219
线性关联	0.040	1	0.842
有效个案数	2521		

注：1. 344 个单元格（77.8%）的期望计数小于 5，最小期望计数为 0.00。

从本次调研结果来看，消费者最喜欢的零食主要是坚果类，其次是麻辣食品和新鲜水果。主抽红河的消费者对麻辣食品的偏好相对偏低，对新鲜水果的偏好相对更高（表 2-50）。

表 2-50　消费者对卷烟产品的偏好与零食偏好相关性统计

最喜欢的零食	云烟	玉溪	红河	中华	南京	利群	芙蓉王	红塔山	黄鹤楼	总计
坚果类（如瓜子、碧根果、核桃等）	28.5%	25.7%	27.5%	23.0%	23.9%	22.5%	22.5%	24.3%	30.4%	26.6%
麻辣食品（如辣条、卤味、麻辣小鱼仔等）	17.0%	14.4%	10.0%	23.0%	15.7%	14.6%	21.1%	16.1%	14.3%	16.2%
新鲜水果	12.8%	18.6%	25.0%	14.4%	11.2%	19.9%	20.4%	12.5%	13.4%	15.8%
膨化食品（如爆米花、炸洋芋、薯片、锅巴等）	9.0%	9.4%	12.5%	4.3%	14.9%	11.3%	3.5%	8.6%	8.0%	8.9%
肉干类（如牛肉干、猪肉粒、鱼片、鱿鱼丝等）	7.9%	9.0%	2.5%	10.1%	6.0%	9.3%	14.1%	7.1%	4.5%	7.8%
面包糕点类	6.4%	5.0%	10.0%	6.5%	5.2%	4.0%	5.6%	5.5%	5.4%	6.0%
饼干类	6.4%	5.4%	5.0%	3.6%	5.2%	4.0%	2.8%	11.0%	5.4%	5.7%
糖果类（如软糖、硬糖、酥糖、口香糖等）	3.3%	5.2%		7.9%	6.7%	4.0%	1.4%	5.5%	7.1%	4.4%
都不爱吃	3.4%	4.0%	5.0%	4.3%	5.2%	5.3%	3.5%	4.7%	4.5%	4.2%
蜜饯类（如葡萄干、芒果干、话梅等）	3.9%	2.1%	2.5%	2.2%	4.5%	3.3%	3.5%	2.4%	2.7%	2.9%
水果罐头	0.8%	0.2%			1.5%	0.7%	0.7%	2.4%	1.8%	0.9%

七、综合评价

（一）常抽烟整体感受

常抽烟给消费者带来的感受除生理层面的解乏、提神外，还有精神层面，比如"帮助我释放压力，身心舒畅""帮助我缓解负面情绪""陪伴我，是日常生活中的一部分""帮助我专注，理清思绪""让我感到轻松休闲，感受生活中的乐趣"等（见图2-132）。

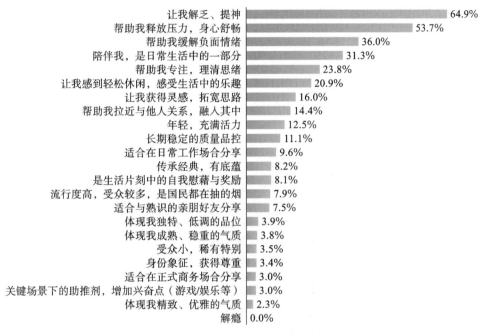

让我解乏、提神	64.9%
帮助我释放压力，身心舒畅	53.7%
帮助我缓解负面情绪	36.0%
陪伴我，是日常生活中的一部分	31.3%
帮助我专注，理清思绪	23.8%
让我感到轻松休闲，感受生活中的乐趣	20.9%
让我获得灵感，拓宽思路	16.0%
帮助我拉近与他人关系，融入其中	14.4%
年轻，充满活力	12.5%
长期稳定的质量品控	11.1%
适合在日常工作场合分享	9.6%
传承经典，有底蕴	8.2%
是生活片刻中的自我慰藉与奖励	8.1%
流行度高，受众较多，是国民都在抽的烟	7.9%
适合与熟识的亲朋好友分享	7.5%
体现我独特、低调的品位	3.9%
体现我成熟、稳重的气质	3.8%
受众小，稀有特别	3.5%
身份象征，获得尊重	3.4%
适合在正式商务场合分享	3.0%
关键场景下的助推剂，增加兴奋点（游戏/娱乐等）	3.0%
体现我精致、优雅的气质	2.3%
解瘾	0.0%

图2-132　常抽烟带来的感受

（二）产品转换

从产品的转换可以看出，除了同品牌不同规格间的转化，云烟的消费者主要流向了利群，玉溪的消费者主要流向了中华和芙蓉王，红塔山的消费者主要流向了利群和黄鹤楼。竞品流入云烟和玉溪的主要是来自黄鹤楼、利群、芙蓉王、南京的消费者，流入红塔山的主要是来自中南海的消费者，流入云烟和红塔山的主要是来自黄金叶的消费者（见图2-133）。

总体来看，消费者更换产品的原因主要是吸味，其次是产品性价比，包装吸引力、产品口碑、其他人推荐处于第三梯队（见图2-134）。

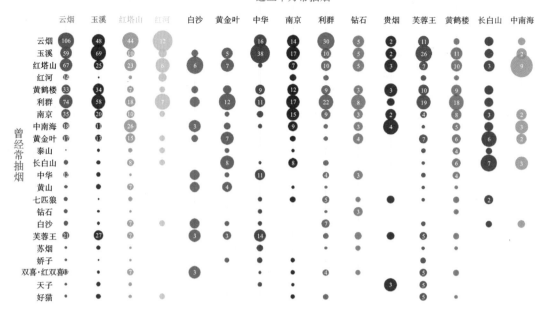

图 2-133　产品的转换

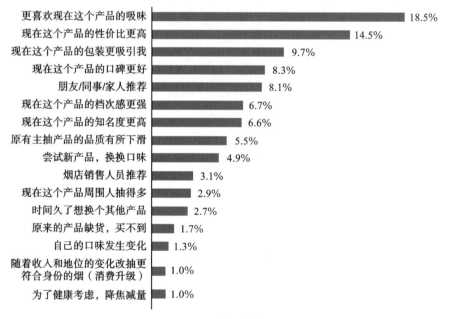

图 2-134　产品转换原因

　　分品牌来看，产品吸味是四大云产卷烟品牌转换的第一要素。除此之外，云烟主要因为产品的性价比和他人推荐而更换产品，玉溪主要因为产品的性价比、包装吸引力、档次感而更换产品，红河主要因为产品档次感、他人推荐而更换产品，红塔山主要因为产品性价比、包装吸引力、品质而更换产品（见表 2-51）。

表 2-51　四大云产卷烟品牌转换原因

转换原因	云烟	玉溪	红河	红塔山
现在这个产品的性价比更高	15.5%	11.6%	9.2%	11.7%
更喜欢现在这个产品的吸味	15.1%	16.6%	32.8%	22.0%
朋友/同事/家人推荐	11.1%	5.2%	11.5%	6.8%
现在这个产品的档次感更强	9.6%	10.4%	10.7%	4.9%
现在这个产品的知名度更高	9.2%	9.2%	2.3%	7.9%
现在这个产品的包装更吸引我	8.3%	10.6%	0.0%	10.1%
现在这个产品的口碑更好	7.4%	8.7%	9.2%	6.9%
尝试新产品，换换口味	6.9%	5.4%	8.4%	6.3%
原有主抽产品的品质有所下滑	4.4%	4.6%	6.1%	10.4%
烟店销售人员推荐	2.6%	2.6%	0.0%	0.9%
现在这个产品周围人抽得多	2.3%	2.6%	2.3%	4.1%
随着收入或生活条件的变化改抽便宜一些的烟（消费降级）	1.6%	0.5%	0.8%	
时间久了想换个其他产品	1.4%	2.5%	5.3%	2.4%
随着收入和地位的变化改抽更符合身份的烟（消费升级）	0.9%	2.5%		0.8%
现在这个产品的新颖独特吸引了我	0.9%	0.3%	0.8%	
自己的口味发生变化	0.9%	1.4%		0.1%
原来的产品价格上涨了	0.7%	1.3%	0.8%	0.5%
为了健康考虑，降焦减量	0.5%	1.4%		1.9%
现在这个产品更适合用于社交	0.5%	1.2%		0.6%
原来的产品缺货，买不到	0.3%	0.5%		0.6%
烟瘾变大，现在常抽的满足感更强		0.6%		1.0%
现在这个产品的创新技术吸引了我		0.3%		

（三）对常抽烟的称呼

大部分消费者对产品的名称不清晰，多以品牌代表产品名称（见图 2-135）。

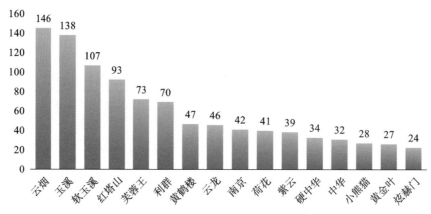

图 2-135　对产抽烟的称呼统计（前十名）

八、应用建议

从品类上来看，常规类产品"基本都能买到"是消费者体验感的重要峰值；中支类异于其他品类的峰值指标为"捏破爆珠的声音"，属于听觉上的感知体验，可侧重于在"烟灰颜色""条装开启难度""小包好取出""盒装内衬纸的易拉性""杂气"等方面改进；细支类可侧重于在"盒装拉线的顺畅性""开盒顺畅便捷"等方面改进；爆珠类可侧重于在"烟气浓度，烟气量"等方面改进；异型类可侧重于在"过滤嘴与嘴唇接触的舒适度""刺激性大小""烟支熄火"等方面改进。

从价类上来看，高端一类的消费者更注重卷烟产品的知名度，知晓方面是其体验峰值，其次是外包装的图案及色彩等，可侧重于在"烟支的湿润度""烟气浓度，烟气量"等方面进行改进；普一类异于其他价类的峰值指标为"爆珠的独特味道""烟草本香"；二类异于其他价类的峰值指标为"包装大小方便持握及携带"，可侧重于在"烟灰包裹性""掉烟头"等方面改进。

从云产卷烟四大品牌来看，云烟品牌的消费者在"产品名称好听有寓意""烟草本香"方面异于其他三大品牌的峰值体验，消费者对云烟的烟草本香特质体验感很好，可侧重于在"有明显的烟梗影响燃烧""抽完有口臭异味""燃烧速度""开封后味道保持一致"等方面进行改进；玉溪品牌异于其他三大品牌的峰值体验是"烟支排列设计独特"，消费者对于玉溪品牌的创新技术体验感较好，异于其他品牌的谷值体验是"携带时烟丝洒落情况""条装开启难度"；红河品牌异于其他品牌的峰值体验是"包装纹理和材质质感""条盒外观色彩""过滤嘴黏嘴唇的情况"，可侧重于"烟灰包裹性""过滤嘴与唇部接触的舒适度""烟支嗅香""刺激性大小"等方面改进；红塔山品牌可侧重于在"烟丝紧实情况"进行改进。

从地域上来看，西南地区异于其他地域的峰值体验是"爆珠的独特味道"，急需改进的异于其他地域的指标是"烟气浓度，烟气量"；东北地区急需改进的异于其他地域的指标是"整支烟味道的一致性"；华北地区急需改进的异于其他地域的指标是"过滤嘴与唇部接触的舒适度"；华东地区的消费者异于其他地域的峰值体验是"独特的开启方式""烟支排列设计独特""过滤嘴设计特别"，消费者对新颖／创新技术的接受度更好、体验感更好，急需改进的异于其他地域的指标是"烟支的质感"；华南地区异于其他地域的谷值体验是"烟支卷烟纸的花纹／纹路"和"烟丝颜色"，急需改进的是"烟丝紧实情况"；华中地区的消费者异于其他地域的峰值体验是"包装大小方便持握及携带"和"过滤嘴的图案或颜色与烟包协调"，急需改进的异于其他地域的指标是"烟丝颜色"和"烟支卷烟纸的颜色"；西北地区异于其他地域的谷值体验是"烟支排列设计独特"，急需改进的是"掉烟头"。

第五节　卷烟消费体验结构方程模型构建及指标集体系验证

一、数据采集

为了得到全面的具有代表性的研究结论，本次调研区域覆盖华东（上海、杭州）、华南（海口、深圳）、华中（郑州）、西北（西安）、华北（北京、天津）、东北（沈阳、大连）、西南（昆明、重庆）七大区域，12个重点城市。调研对象涉及不同价类、不同品类、不同年龄的卷烟消费者。

设计了10级量表题针对以下64个指标进行了消费体验和满意度评价（见表2-52）。收回有效样本共计2521份。

表2-52　消费体验和满意度评价指标

维度	评价指标	
消费体验	1.产品名称通俗易懂	34.烟支嗅香
	2.产品名称好记便于传播	36.过滤嘴黏嘴唇的情况
	3.产品名称好听有寓意	37.过滤嘴与唇部接触的舒适度
	4.条盒外观色彩	38.过滤嘴有独特的味道

维度	评价指标	
消费体验	5. 条装开启难度	39. 爆珠的独特味道
	6. 条盒开合的声音	40. 捏破爆珠的声音
	7. 小包好取出	41. 烟草本香
	9. 外包装的图案 / 花纹 /logo/ 色彩等	42. 烟草独特的香味
	10. 包装形状 / 大小	43. 劲头的大小或解瘾的程度
	11. 包装纹理和材质质感	45. 刺激性大小
	12. 盒装拉线的顺畅性	46. 烟气浓度，烟气量
	13. 塑封膜撕拉的声音	47. 杂气
	14. 开盒顺畅便捷	48. 余味
	15. 独特的开启方式	49. 吸着不费劲的情况
	16. 烟盒开合的声音	50. 烟灰包裹性
	17. 烟支排列设计独特	51. 烟灰颜色
	19. 盒装内衬纸的外观	52. 烟支熄火
	20. 盒装内衬纸的易拉性	53. 掉烟头
	21. 框架纸的外观	54. 燃烧速度
	22. 开盒后散发的味道	55. 有明显的烟梗影响燃烧
	24. 过滤嘴的图案或颜色与烟包协调	56. 口腔抽完的干涩感
	25. 过滤嘴的软硬度	57. 抽完有口臭异味
	26. 过滤嘴设计特别	58. 抽完烟后衣物残留烟味重
	27. 烟丝颜色	59. 整支烟味道的一致性
	28. 烟丝紧实情况	61. 包装大小方便持握及携带
	29. 烟支卷烟纸的颜色	62. 烟盒不易损坏 / 压扁 / 变形
	30. 烟支卷烟纸的花纹 / 纹路	63. 开封后味道保持一致
	31. 烟支的质感	64. 携带时烟丝洒落情况
	32. 烟支的长短粗细	65. 基本都能买到
	33. 烟支的湿润度	
满意度	8. 对"条装"满意度	23. 对"盒装"满意度
	35. 对"烟支"满意度	60. 对"抽吸感受"满意度
	66. 对"储存携带"满意度	

注：指标序号有缺失是因为问卷设计时插入了甄别题项，此处序号不作为指标个数参考。

二、探索性因子分析

由于前期无法确定各指标之间的相互关系及影响因子，所以采用 SPSS 软件进行探索性因子分析，初步探究各指标的关系，提取主要影响因子。

首先根据 KMO 和巴特利特检验，可以看到 KMO 值大于 0.9（见表 2-53），巴特利特球形度显著性检验小于 0.05，说明本次研究的指标具有很强的相关性，可以进行因子分析。

表 2-53 KMO 和巴特利特检验

KMO 取样适切性量数		0.984
巴特利特球形度检验	近似卡方	86583.940
	自由度	1711
	显著性	0.000

在 SPSS 中采用主成分分析法，对 59 个观测变量进行探索性因子分析，提取了特征值大于 1 的 7 个主成分，解释样本总方差的累积贡献率为 56.908%，大于 50%，提取主成分效果良好。总方差解释如表 2-54 所示。

表 2-54 总方差解释

成分	初始特征值			提取载荷平方和			旋转载荷平方和		
	总计	方差百分比/（%）	累积/（%）	总计	方差百分比/（%）	累积/（%）	总计	方差百分比	累积/（%）
1	24.535	41.585	41.585	24.535	41.585	41.585	9.134	15.481	15.481
2	2.312	3.919	45.504	2.312	3.919	45.504	6.975	11.822	27.303
3	1.708	2.895	48.399	1.708	2.895	48.399	5.509	9.337	36.640
4	1.495	2.533	50.932	1.495	2.533	50.932	4.491	7.611	44.252
5	1.323	2.242	53.174	1.323	2.242	53.174	2.977	5.046	49.297
6	1.165	1.974	55.148	1.165	1.974	55.148	2.966	5.027	54.325
7	1.039	1.760	56.908	1.039	1.760	56.908	1.524	2.584	56.908
8	0.968	1.641	58.549						
9	0.880	1.491	60.040						
10	0.826	1.400	61.441						
11	0.806	1.366	62.807						

成分	初始特征值			提取载荷平方和			旋转载荷平方和		
	总计	方差百分比/（%）	累积/（%）	总计	方差百分比/（%）	累积/（%）	总计	方差百分比	累积/（%）
12	0.760	1.289	64.096						
13	0.727	1.233	65.328						
14	0.703	1.191	66.519						
15	0.698	1.184	67.703						
16	0.668	1.132	68.835						
17	0.633	1.073	69.908						
18	0.617	1.046	70.954						
19	0.601	1.019	71.973						
20	0.586	0.993	72.966						
21	0.576	0.977	73.943						
22	0.571	0.968	74.910						
23	0.556	0.942	75.853						
24	0.546	0.926	76.779						
25	0.540	0.915	77.693						
26	0.529	0.896	78.590						
27	0.523	0.887	79.477						
28	0.508	0.861	80.338						
29	0.497	0.842	81.180						
30	0.479	0.812	81.992						
31	0.466	0.789	82.781						
32	0.461	0.781	83.562						
33	0.453	0.767	84.329						
34	0.439	0.745	85.074						
35	0.431	0.730	85.804						
36	0.421	0.714	86.518						
37	0.421	0.713	87.231						

成分	初始特征值			提取载荷平方和			旋转载荷平方和		
	总计	方差百分比/（%）	累积/（%）	总计	方差百分比/（%）	累积/（%）	总计	方差百分比/（%）	累积/（%）
38	0.415	0.704	87.935						
39	0.412	0.698	88.633						
40	0.408	0.691	89.325						
41	0.390	0.662	89.986						
42	0.389	0.659	90.645						
43	0.383	0.649	91.294						
44	0.375	0.636	91.930						
45	0.362	0.614	92.544						
46	0.359	0.608	93.152						
47	0.357	0.605	93.757						
48	0.349	0.591	94.348						
49	0.338	0.572	94.920						
50	0.334	0.566	95.486						
51	0.326	0.553	96.039						
52	0.323	0.548	96.587						
53	0.314	0.532	97.120						
54	0.309	0.525	97.644						
55	0.295	0.500	98.144						
56	0.287	0.486	98.630						
57	0.282	0.478	99.108						
58	0.275	0.467	99.575						
59	0.251	0.425	100.000						

注：提取方法采用主成分分析法。

运用凯撒正态化最大方差法进行旋转以后，经过 8 次迭代后已收敛，提取了 7 个共同因子，除"基本都能买到"以外，其余观测变量的因子载荷量均大于 0.4，旋转后的成分矩阵如表 2-55 所示。

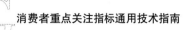

表 2-55 旋转后的成分矩阵

评价指标	成分						
	1	2	3	4	5	6	7
27. 烟丝颜色	0.643						
29. 烟支卷烟纸的颜色	0.612						
31. 烟支的质感	0.600						
28. 烟丝紧实情况	0.594						
30. 烟支卷烟纸的花纹 / 纹路	0.594						
32. 烟支的长短粗细	0.592						
34. 烟支嗅香	0.587						
25. 过滤嘴的软硬度	0.570						
37. 过滤嘴与唇部接触的舒适度	0.551						
19. 盒装内衬纸的外观	0.549						
33. 烟支的湿润度	0.548						
22. 开盒后散发的味道	0.527		0.424				
10. 包装形状 / 大小	0.506		0.500				
20. 盒装内衬纸的易拉性	0.504						
21. 框架纸的外观	0.498						
51. 烟灰颜色	0.466	0.431					
61. 包装大小方便持握及携带	0.456						
63. 开封后味道保持一致	0.441	0.408					
24. 过滤嘴的图案或颜色与烟包协调	0.433						
16. 烟盒开合的声音	0.429		0.425				
36. 过滤嘴黏嘴唇的情况	0.408						
65. 基本都能买到							
58. 抽完烟后衣物残留烟味重		0.693					
57. 抽完有口臭异味		0.685					
56. 口腔抽完的干涩感		0.683					
55. 有明显的烟梗影响燃烧		0.632					
53. 掉烟头		0.596					
52. 烟支熄火		0.593					

评价指标	成分						
	1	2	3	4	5	6	7
64. 携带时烟丝洒落情况	0.431	0.571					
54. 燃烧速度		0.539					
48. 余味		0.491					
59. 整支烟味道的一致性	0.414	0.464					
50. 烟灰包裹性		0.461					
49. 吸着不费劲的情况		0.436		0.416			
62. 烟盒不易损坏/压扁/变形		0.434					
5. 条装开启难度			0.708				
7. 小包好取出			0.651				
6. 条盒开合的声音			0.639				
4. 条盒外观色彩			0.575				
12. 盒装拉线的顺畅性	0.473		0.503				
14. 开盒顺畅便捷	0.449		0.502				
13. 塑封膜撕拉的声音	0.427		0.489				
9. 外包装的图案/花纹/logo/色彩等			0.451				
11. 包装纹理和材质质感	0.423		0.427				
43. 劲头的大小或解瘾的程度				0.652			
41. 烟草本香				0.623			
46. 烟气浓度，烟气量				0.576			
45. 刺激性大小				0.568			
47. 杂气		0.452		0.546			
26. 过滤嘴设计特别					0.675		
15. 独特的开启方式					0.643		
17. 烟支排列设计独特					0.585		
42. 烟草独特的香味				0.430	0.460		
38. 过滤嘴有独特的味道					0.453		
2. 产品名称好记便于传播						0.779	
1. 产品名称通俗易懂						0.768	
3. 产品名称好听有寓意						0.689	

评价指标	成分						
	1	2	3	4	5	6	7
40. 捏破爆珠的声音							0.860
39. 爆珠的独特味道							0.859

注：提取方法采用主成分分析法。旋转方法采用凯撒正态化最大方差法。

从上述因子旋转的结果可以看出，第一个因子与烟丝颜色、烟支质感／嗅香、过滤嘴舒适度、烟灰颜色等消费者衡量卷烟质量好坏的指标有很强的相关性，所以将第一个因子称为"质量感知"。第二个因子与抽完有口臭异味、口腔抽完的干涩感、掉烟头、燃烧速度、余味、吸着不费劲的情况等抽吸过程中和抽完后的感受相关性较高，所以将第二个因子称为"抽吸体验"。以此类推，依次将其他因子命名为"外包装设计""内在吸味""创新设计""产品名称""添加爆珠"。

三、结构方程模型构建

基于探索性因子分析中因子提取的结果，删掉因子载荷系数小于 0.4 的指标，并结合对模型中相关变量的认识和理解，建立了以下研究假设模型（见图 2-136）。

模型的相关假设如下。

（1）创新设计、添加爆珠对内在吸味呈正向影响。

（2）创新设计与外包装设计相互影响。

（3）内在吸味对抽吸体验呈正向影响。

（4）抽吸体验、外包装设计、质量感知、添加爆珠、产品名称对最终满意度呈直接正向影响。

四、模型评价

由于结构方程模型是基于协方差矩阵来分析变量之间关系的，其基本假设如下：样本共变异数矩阵等于模型共变异数矩阵。所以，对模型求解来说，主要是模型参数的估计，即模型拟合。结构方程模型估计的目的：求使模型隐含的协方差矩阵与样本协方差矩阵"差距"最小的参数。

模型估计参数的方法有很多，AMOS 软件提供的是其中常用的 5 种：极大似然法（ML法）、广义最小二乘法（GLS法）、未加权最小二乘法（ULS法）、尺度自由最小二乘法（AFLS法）和渐进分布自由法（ADF法）。最常用的是极大似然法（ML法）和广义最小二乘法（GLS法）。

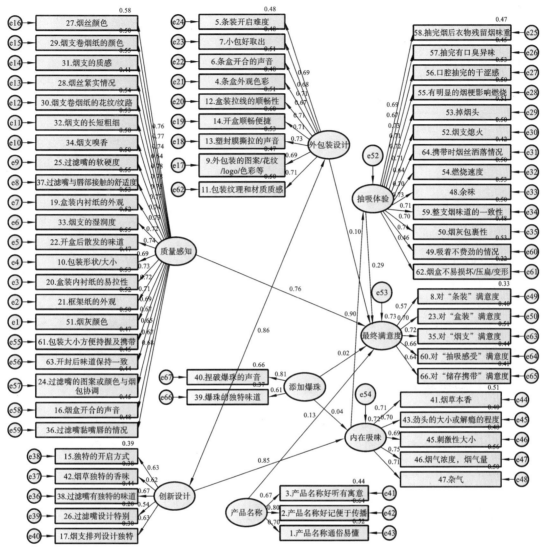

图 2-136　研究假设模型

　　不同的参数估计方法有不同的适用条件，ML 法适用于持续和非对称的大样本，一般数据量大于 500 份，或观测数据符合多元正态分布时，卡方检验才合理。若样本数量少于 500 份，或观测数据不符合正态分布，则比较适合采用 GLS 法。

　　本次研究样本量 2521 份，远超 500 份，所以采用 ML 法进行参数估计。并根据一系列评价指标对模型与数据的整体拟合和参数的估计值进行评价。在进行估计拟合时，需要对模型适配度进行检验。模型评价主要是检查 3 方面：①各拟合指数是否通过；②各参数与预设模型的关系是否合理，③模型的路径系数的显著性。

（一）拟合指数评价

　　模型拟合度指标如表 2-56 所示，CMIN/DF 小于 5 表示模型可接受，其值越小越好；

RESEA 一般要求小于 0.05，其值越小越好；其余指标一般要求大于 0.9，其值越接近 1 越好。从假设模型拟合指标的输出结果来看，各指标都没有达到要求，因此需要对模型进行修正与调整。

表 2-56　模型拟合度指标

指标名称	假设模型结果
CMIN（卡方）	18536.833
CMIN/DF（卡方/自由度）	9.855
GFI（拟合优度指数）	0.818
AGFI（修正拟合优度指数）	0.805
RESEA（近似误差均方根）	0.059
NFI（规范拟合指数）	0.810
IFI（增值拟合指数）	0.826
CFI（比较拟合指数）	0.826

（二）模型路径分析

通过结构方程模型中的标准化系数可以看出，各变量之间的因子载荷系数基本都在 0.5 以上，但有几个变量之间的载荷系数较小，甚至显著性不足，说明模型的路径或指标需要调整和修正（见表 2-57）。

表 2-57　结构方程模型路径系数分析表（假设模型）

			标准化系数	非标准化系数	标准误差 SE	临界比率 CR	P
内在吸味	<---	创新设计	0.848	0.723	0.026	28.181	***
内在吸味	<---	其他添加	0.042	0.234	0.098	2.391	0.017
抽吸体验	<---	内在吸味	0.904	1.186	0.038	30.933	***
最终满意度	<---	产品名称	0.129	0.101	0.014	7.426	***
最终满意度	<---	质量感知	0.763	0.543	0.022	24.734	***
最终满意度	<---	外包装设计	0.101	0.077	0.017	4.471	***
最终满意度	<---	其他添加	0.016	0.074	0.081	0.914	0.361
最终满意度	<---	抽吸体验	0.286	0.18	0.015	11.757	***
外包装设计	<-->	创新设计	0.864	0.913	0.041	22.055	***
@51.烟灰颜色	<---	质量感知	0.707	1			

续表

			标准化系数	非标准化系数	标准误差 SE	临界比率 CR	P
@21. 框架纸的外观	<---	质量感知	0.723	1.015	0.029	35.494	***
@20. 盒装内衬纸的易拉性	<---	质量感知	0.726	0.999	0.028	35.611	***
@10. 包装形状 / 大小	<---	质量感知	0.687	0.973	0.029	33.721	***
@22. 开盒后散发的味道	<---	质量感知	0.741	1.053	0.029	36.348	***
@33. 烟支的湿润度	<---	质量感知	0.719	0.974	0.028	35.272	***
@19. 盒装内衬纸的外观	<---	质量感知	0.731	1.011	0.028	35.876	***
@37. 过滤嘴与唇部接触的舒适度	<---	质量感知	0.743	1.072	0.029	36.464	***
@25. 过滤嘴的软硬度	<---	质量感知	0.709	0.97	0.028	34.787	***
@34. 烟支嗅香	<---	质量感知	0.764	1.061	0.028	37.477	***
@32. 烟支的长短粗细	<---	质量感知	0.728	0.998	0.028	35.714	***
@30. 烟支卷烟纸的花纹 / 纹路	<---	质量感知	0.734	1.056	0.029	36.032	***
@28. 烟丝紧实情况	<---	质量感知	0.639	0.875	0.028	31.366	***
@31. 烟支的质感	<---	质量感知	0.742	0.956	0.026	36.393	***
@29. 烟支卷烟纸的颜色	<---	质量感知	0.769	1.069	0.028	37.718	***
@27. 烟丝颜色	<---	质量感知	0.762	1.053	0.028	37.358	***
@9. 外包装的图案 / 花纹 /logo/ 色彩等	<---	外包装设计	0.686	1			
@13. 塑封膜撕拉的声音	<---	外包装设计	0.726	1.193	0.036	33.363	***
@14. 开盒顺畅便捷	<---	外包装设计	0.706	1.143	0.035	32.527	***
@58. 抽完烟后衣物残留烟味重	<---	抽吸体验	0.685	1			
@57. 抽完有口臭异味	<---	抽吸体验	0.671	0.874	0.028	31.523	***
@56. 口腔抽完的干涩感	<---	抽吸体验	0.726	0.955	0.028	33.933	***
@55. 有明显的烟梗影响燃烧	<---	抽吸体验	0.707	0.876	0.026	33.099	***
@53. 掉烟头	<---	抽吸体验	0.715	0.935	0.028	33.46	***
@52. 烟支熄火	<---	抽吸体验	0.71	0.874	0.026	33.246	***
@64. 携带时烟丝洒落情况	<---	抽吸体验	0.645	0.896	0.029	30.378	***
@54. 燃烧速度	<---	抽吸体验	0.704	0.893	0.027	32.997	***
@48. 余味	<---	抽吸体验	0.731	0.95	0.028	34.17	***
@59. 整支烟味道的一致性	<---	抽吸体验	0.705	0.869	0.026	33.028	***

			标准化系数	非标准化系数	标准误差 SE	临界比率 CR	P
@50. 烟灰包裹性	<---	抽吸体验	0.696	0.874	0.027	32.631	***
@5. 条装开启难度	<---	外包装设计	0.694	1.173	0.037	32.017	***
@7. 小包好取出	<---	外包装设计	0.679	1.101	0.035	31.362	***
@6. 条盒开合的声音	<---	外包装设计	0.713	1.266	0.039	32.834	***
@4. 条盒外观色彩	<---	外包装设计	0.675	1.003	0.032	31.193	***
@12. 盒装拉线的顺畅性	<---	外包装设计	0.714	1.104	0.034	32.846	***
@38. 过滤嘴有独特的味道	<---	创新设计	0.666	1			
@42. 烟草独特的香味	<---	创新设计	0.619	0.823	0.03	27.306	***
@15. 独特的开启方式	<---	创新设计	0.628	0.819	0.03	27.662	***
@26. 过滤嘴设计特别	<---	创新设计	0.54	0.656	0.027	24.171	***
@17. 烟支排列设计独特	<---	创新设计	0.626	0.749	0.027	27.564	***
@3. 产品名称好听有寓意	<---	产品名称	0.665	1			
@2. 产品名称好记便于传播	<---	产品名称	0.8	1.135	0.04	28.375	***
@1. 产品名称通俗易懂	<---	产品名称	0.759	1.033	0.036	28.514	***
@41. 烟草本香	<---	内在吸味	0.712	1			
@43. 劲头的大小或解瘾的程度	<---	内在吸味	0.703	1.011	0.03	33.455	***
@45. 刺激性大小	<---	内在吸味	0.689	1.032	0.031	32.815	***
@46. 烟气浓度，烟气量	<---	内在吸味	0.747	1.117	0.031	35.508	***
@47. 杂气	<---	内在吸味	0.708	1.059	0.031	33.712	***
@8. 对"条装"满意度	<---	最终满意度	0.575	1			
@23. 对"盒装"满意度	<---	最终满意度	0.698	1.053	0.04	26.086	***
@61. 包装大小方便持握及携带	<---	质量感知	0.688	0.963	0.029	33.777	***
@63. 开封后味道保持一致	<---	质量感知	0.673	1.01	0.031	33.017	***
@24. 过滤嘴的图案或颜色与烟包协调	<---	质量感知	0.661	0.836	0.026	32.466	***
@16. 烟盒开合的声音	<---	质量感知	0.674	1.073	0.032	33.062	***
@36. 过滤嘴黏嘴唇的情况	<---	质量感知	0.681	0.941	0.028	33.403	***
@49. 吸着不费劲的情况	<---	抽吸体验	0.728	0.87	0.026	34.034	***
@62. 烟盒不易损坏/压扁/变形	<---	抽吸体验	0.464	0.795	0.036	22.198	***

续表

			标准化系数	非标准化系数	标准误差 SE	临界比率 CR	P
@11. 包装纹理和材质质感	<---	外包装设计	0.708	1.025	0.031	32.609	***
@35. 对"烟支"满意度	<---	最终满意度	0.718	1.07	0.04	26.54	***
@60. 对"抽吸感受"满意度	<---	最终满意度	0.663	1.014	0.04	25.237	***
@66. 对"储存携带"满意度	<---	最终满意度	0.641	0.961	0.039	24.685	***
@39. 爆珠的独特味道	<---	其他添加	0.612	1			
@40. 捏破爆珠的声音	<---	其他添加	0.813	1.393	0.656	2.124	0.034

（三）模型修正

修正模型的方法主要有如下三种。

（1）模型扩展：通过释放部分限制路径或添加新路径，使模型结构更加合理，通常在提高模型拟合程度时使用。

（2）模型限制：通过删除或限制部分路径，使模型结构更加简洁，通常在提高模型可识别性时使用。

（3）删除模型中的变量，一般指观测变量。

AMOS 提供了两种模型修正指标，其中修正指数 MI 用于模型扩展，增加 MI 值较大的相关路径可能会提升模型的拟合度。临界比率 CR 用于模型限制，删除 CR 值较小的路径可能会提升模型的拟合度。另外还可以参照标准化系数及显著性进行变量的删除，考虑删除系数偏小或 P 值不显著的变量。

模型拟合指数和系数显著性检验固然重要，但对于数据分析更重要的是模型结论一定要具有理论依据，换言之，模型结果要可以被相关领域知识所解释。因此在进行模型修正时，不能只考虑修正指标的值和模型评价指标的大小，还要考虑修正的路径是否具有实际意义。

根据以上模型修正原则依次增加 MI 值较大且具有实际意义的路径，并删除系数较小 P 值不显著的路径或观测变量，由于某些路径或指标的变动可能会导致其他路径系数发生变化，所以在进行模型修正时，每次只修改一个路径或指标，再根据新模型的运行结果进行下一步修正。最终模型与开始的假设模型相比，增加了外包装设计到质量感知和抽吸体验，抽吸体验到质量感知，产品名称到内在吸味，产品名称与创新设计、产品名称与外包装设计的路径。删除了外包装设计和产品名称到最终满意度的路径，以及烟丝紧实情况、包装形状 / 大小、过滤嘴的图案或颜色与烟包协调、烟盒开合的声音、过滤嘴黏嘴唇的情况、基本都能买到、抽完烟后衣物残留烟味重、抽完有口臭异味、包装纹理和材质质感、捏破爆珠的声音、爆珠的独特味道等 11 个观测变量。

最终使得修正后的模型拟合度指标 CMIN/DF 小于 5，RESEA 小于 0.05，其余指标均大于 0.9，符合模型评价标准（见表 2-58）。

表 2-58　模型拟合度指标

指标名称	修正后的模型结果
CMIN（卡方）	5706.223
CMIN/DF（卡方／自由度）	4.958
GFI（拟合优度指数）	0.913
AGFI（修正拟合优度指数）	0.904
RESEA（近似误差均方根）	0.040
NFI（规范拟合指数）	0.923
IFI（增值拟合指数）	0.938
CFI（比较拟合指数）	0.938

非标准化残差值皆为正数且 P 值显著，说明模型通过违犯估计，即模型估计无不可接受的值，模型质量良好（见表 2-59）。

表 2-59　结构方程模型路径系数分析表（修正后）

			标准化系数	非标准化系数	标准误差 SE	临界比率 CR	P
内在吸味	<---	创新设计	0.717	0.624	0.028	22.439	***
内在吸味	<---	产品名称	0.164	0.154	0.023	6.655	***
抽吸体验	<---	内在吸味	0.659	0.774	0.033	23.336	***
抽吸体验	<---	外包装设计	0.311	0.347	0.026	13.473	***
质量感知	<---	外包装设计	0.523	0.578	0.026	22.391	***
质量感知	<---	抽吸体验	0.499	0.494	0.022	22.18	***
最终满意度	<---	质量感知	0.115	0.109	0.045	2.411	0.016
最终满意度	<---	抽吸体验	0.808	0.756	0.049	15.57	***
@63. 开封后味道保持一致	<---	质量感知	0.685	1			
@61. 包装大小方便持握及携带	<---	质量感知	0.694	0.944	0.025	37.037	***
@51. 烟灰颜色	<---	质量感知	0.724	0.995	0.029	34.37	***
@21. 框架纸的外观	<---	质量感知	0.726	0.991	0.029	34.482	***
@20. 盒装内衬纸的易拉性	<---	质量感知	0.719	0.962	0.028	34.155	***

续表

			标准化系数	非标准化系数	标准误差 SE	临界比率 CR	P
@22. 开盒后散发的味道	<---	质量感知	0.739	1.021	0.029	35.041	***
@33. 烟支的湿润度	<---	质量感知	0.709	0.934	0.028	33.724	***
@19. 盒装内衬纸的外观	<---	质量感知	0.72	0.968	0.028	34.192	***
@37. 过滤嘴与唇部接触的舒适度	<---	质量感知	0.747	1.047	0.03	35.381	***
@25. 过滤嘴的软硬度	<---	质量感知	0.702	0.934	0.028	33.42	***
@34. 烟支嗅香	<---	质量感知	0.762	1.028	0.029	36.037	***
@32. 烟支的长短粗细	<---	质量感知	0.722	0.962	0.028	34.28	***
@30. 烟支卷烟纸的花纹 / 纹路	<---	质量感知	0.725	1.013	0.029	34.411	***
@31. 烟支的质感	<---	质量感知	0.728	0.912	0.026	34.535	***
@29. 烟支卷烟纸的颜色	<---	质量感知	0.76	1.027	0.029	35.976	***
@27. 烟丝颜色	<---	质量感知	0.755	1.015	0.028	35.762	***
@9. 外包装的图案 / 花纹 /logo/ 色彩等	<---	外包装设计	0.69	1			
@14. 开盒顺畅便捷	<---	外包装设计	0.709	1.142	0.035	32.918	***
@13. 塑封膜撕拉的声音	<---	外包装设计	0.72	1.177	0.035	33.417	***
@56. 口腔抽完的干涩感	<---	抽吸体验	0.697	1			
@55. 有明显的烟梗影响燃烧	<---	抽吸体验	0.679	0.917	0.028	32.538	***
@53. 掉烟头	<---	抽吸体验	0.699	0.997	0.03	33.479	***
@52. 烟支熄火	<---	抽吸体验	0.692	0.929	0.028	33.171	***
@64. 携带时烟丝洒落情况	<---	抽吸体验	0.644	0.975	0.032	30.935	***
@54. 燃烧速度	<---	抽吸体验	0.708	0.979	0.029	33.915	***
@48. 余味	<---	抽吸体验	0.729	1.032	0.03	34.846	***
@59. 整支烟味道的一致性	<---	抽吸体验	0.718	0.964	0.028	34.348	***
@50. 烟灰包裹性	<---	抽吸体验	0.711	0.973	0.029	34.023	***
@49. 吸着不费劲的情况	<---	抽吸体验	0.744	0.969	0.027	35.553	***
@62. 烟盒不易损坏 / 压扁 / 变形	<---	抽吸体验	0.467	0.871	0.039	22.577	***
@4. 条盒外观色彩	<---	外包装设计	0.668	0.988	0.032	31.2	***
@5. 条装开启难度	<---	外包装设计	0.669	1.124	0.036	31.2	***
@6. 条盒开合的声音	<---	外包装设计	0.694	1.226	0.038	32.286	***
@7. 小包好取出	<---	外包装设计	0.657	1.06	0.035	30.684	***

			标准化系数	非标准化系数	标准误差 SE	临界比率 CR	P
@12. 盒装拉线的顺畅性	<---	外包装设计	0.721	1.109	0.033	33.44	***
@38. 过滤嘴有独特的味道	<---	创新设计	0.668	1			
@42. 烟草独特的香味	<---	创新设计	0.607	0.805	0.028	29.002	***
@15. 独特的开启方式	<---	创新设计	0.609	0.791	0.03	26.182	***
@26. 过滤嘴设计特别	<---	创新设计	0.533	0.644	0.028	23.29	***
@17. 烟支排列设计独特	<---	创新设计	0.595	0.709	0.028	25.561	***
@3. 产品名称好听有寓意	<---	产品名称	0.69	1			
@2. 产品名称好记便于传播	<---	产品名称	0.783	1.07	0.034	31.237	***
@1. 产品名称通俗易懂	<---	产品名称	0.754	0.989	0.032	30.701	***
@41. 烟草本香	<---	内在吸味	0.729	1			
@43. 劲头的大小或解瘾的程度	<---	内在吸味	0.726	1.02	0.029	35.022	***
@45. 刺激性大小	<---	内在吸味	0.699	1.023	0.03	33.706	***
@46. 烟气浓度，烟气量	<---	内在吸味	0.765	1.118	0.03	36.925	***
@47. 杂气	<---	内在吸味	0.706	1.031	0.03	34.028	***
@60. 对"抽吸感受"满意度	<---	最终满意度	0.792	1			
@66. 对"储存携带"满意度	<---	最终满意度	0.752	0.923	0.024	38.272	***
外包装设计	<-->	创新设计	0.867	0.924	0.042	21.992	***
创新设计	<-->	产品名称	0.523	0.564	0.035	16.072	***
外包装设计	<-->	产品名称	0.645	0.638	0.033	19.448	***
e7	<-->	e14	0.236	0.224	0.021	10.918	***
e21	<-->	e23	0.202	0.301	0.033	9.102	***
e18	<-->	e20	0.17	0.202	0.027	7.453	***
e26	<-->	e27	0.196	0.241	0.027	8.987	***
e29	<-->	e35	0.181	0.422	0.049	8.643	***
e38	<-->	e40	0.247	0.283	0.026	10.734	***
e36	<-->	e37	0.171	0.233	0.033	7.036	***
e1	<-->	e2	0.203	0.252	0.026	9.526	***
e12	<-->	e13	0.154	0.163	0.023	7.231	***
e39	<-->	e40	0.16	0.182	0.024	7.495	***

续表

			标准化系数	非标准化系数	标准误差 SE	临界比率 CR	P
e5	<-->	e8	0.19	0.196	0.022	9.03	***
e5	<-->	e6	0.16	0.165	0.021	7.698	***
e19	<-->	e22	0.162	0.228	0.032	7.13	***

修正后的模型路径如图 2-137 所示。

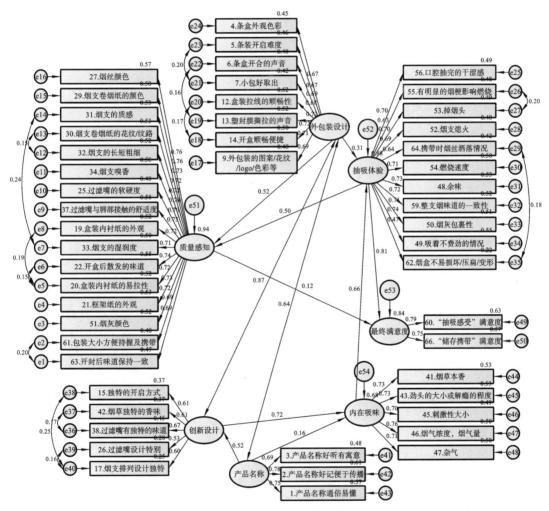

图 2-137　修正后的模型路径图

五、模型结果分析

（一）结构模型分析

从最终模型结果来看，7 个潜变量之间共有 11 个路径关系成立，为方便分析，将模型简化为结构路径图，具体结构图及路径系数如图 2-138 所示。

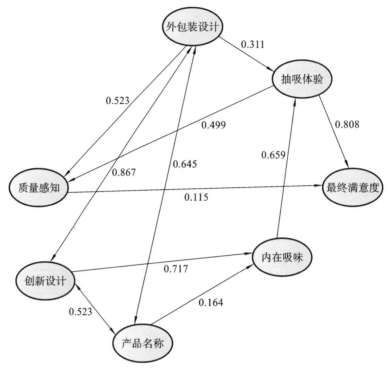

图 2-138　结构路径图

从潜变量之间的路径系数可以看出，所有的路径系数均为正数，即各变量之间均为正向影响。其中，质量感知和抽吸体验对最终满意度呈直接影响，抽吸体验与最终满意度的路径系数较大，为 0.808，说明最终满意度受抽吸体验的影响较大，提升抽吸体验可以更好地提升产品满意度。而抽吸体验又受内在吸味和外包装设计的影响，其中受内在吸味的影响较大，路径系数为 0.659，说明提升抽吸体验的重点是提升内在吸味。内在吸味又受创新设计和产品名称的影响，其中受创新设计的影响较大，路径系数为 0.717，说明口味方面的创新点能很大程度提升内在吸味体验感，进而影响最终满意度。质量感知对最终满意度的影响较小，但也是不可忽视的一部分，其主要受外包装设计和抽吸体验的影响。

另外，外包装设计与创新设计、创新设计与产品名称、外包装设计与产品名称之间还存在相互正向影响的关系，说明在产品设计时，名称、包装、创新元素三者之间需要协同设计，相互体现，相互协调。

（二）测量模型分析

1. 外包装设计

从外包装设计各观测变量的标准化系数（见表 2-60）可以看出，8 个观测变量的标准化系数都在 0.6 以上，对外包装设计的影响均相对较大。

表 2-60　外包装设计各观测变量的标准化系数

结构变量	观测变量	标准化系数
外包装设计	12. 盒装拉线的顺畅性	0.721
	13. 塑封膜撕拉的声音	0.720
	14. 开盒顺畅便捷	0.709
	6. 条盒开合的声音	0.694
	9. 外包装的图案 / 花纹 /logo/ 色彩等	0.690
	5. 条装开启难度	0.669
	4. 条盒外观色彩	0.668
	7. 小包好取出	0.657

其中，"盒装拉线的顺畅性""塑封膜撕拉的声音""开盒顺畅便捷"均在 0.7 以上。因此，从这三方面进行改进，消费者对产品外包装设计的体验感会有所提升。

2. 质量感知

从质量感知各观测变量的标准化系数（见表 2-61）可以看出，除观测变量"包装大小方便持握及携带""开封后味道保持一致"外，其余 14 个观测变量的标准化系数都在 0.7 以上。综合来看，各指标对质量感知的影响均相对较大。

表 2-61　质量感知各观测变量的标准化系数

结构变量	观测变量	标准化系数
质量感知	34. 烟支嗅香	0.762
	29. 烟支卷烟纸的颜色	0.760
	27. 烟丝颜色	0.755
	37. 过滤嘴与唇部接触的舒适度	0.747
	22. 开盒后散发的味道	0.739
	31. 烟支的质感	0.728
	21. 框架纸的外观	0.726
	30. 烟支卷烟纸的花纹 / 纹路	0.725
	51. 烟灰颜色	0.724
	32. 烟支的长短粗细	0.722
	19. 盒装内衬纸的外观	0.720

续表

结构变量	观测变量	标准化系数
质量感知	20. 盒装内衬纸的易拉性	0.719
	33. 烟支的湿润度	0.709
	25. 过滤嘴的软硬度	0.702
	61. 包装大小方便持握及携带	0.694
	63. 开封后味道保持一致	0.685

其中，"烟支嗅香"的标准化系数最高，在前期的定量研究中，发现75.8%的卷烟消费者在接触到没有抽过的香烟时，会先闻一下烟支的味道，因此对烟支嗅香进行改进能有效提升消费者的体验感。"烟支卷烟纸的颜色""烟丝颜色""过滤嘴与唇部接触的舒适度""开盒后散发的味道"标准化系数均在0.74左右，从这四方面进行改进，消费者对产品质量感知的体验感也会有所提升。

3. 内在吸味

从内在吸味各观测变量的标准化系数（见表2-62）可以看出，除"刺激性大小"略低于0.7外，其余4个观测变量的系数都在0.7以上。综合来看，各指标对内在吸味的影响均相对较大。

表2-62　内在吸味各观测变量的标准化系数

结构变量	观测变量	标准化系数
内在吸味	46. 烟气浓度，烟气量	0.765
	41. 烟草本香	0.729
	43. 劲头的大小或解瘾的程度	0.726
	47. 杂气	0.706
	45. 刺激性大小	0.699

其中，"烟气浓度，烟气量"的标准化系数最高，对该指标进行改进能有效提升消费者的体验感；"烟草本香""劲头的大小或解瘾的程度""杂气"标准化系数均在0.7以上，从这三方面进行改进，消费者对产品内在吸味的体验感也会有所提升。

4. 抽吸体验

综合来看，各观测变量对抽吸体验的影响均相对较大（见表2-63）。

表2-63 抽吸体验各观测变量的标准化系数

结构变量	观测变量	标准化系数
抽吸体验	49. 吸着不费劲的情况	0.744
	48. 余味	0.729
	59. 整支烟味道的一致性	0.718
	50. 烟灰包裹性	0.711
	54. 燃烧速度	0.708
	53. 掉烟头	0.699
	56. 口腔抽完的干涩感	0.697
	52. 烟支熄火	0.692
	55. 有明显的烟梗影响燃烧	0.679
	64. 携带时烟丝洒落情况	0.644
	62. 烟盒不易损坏 / 压扁 / 变形	0.467

其中，"吸着不费劲的情况"的标准化系数最高，说明对该指标进行改进能有效提升消费者的体验感；"余味""整支烟味道的一致性""烟灰包裹性""燃烧速度"的标准化系数均在0.7以上，从这四方面进行改进，消费者对产品抽吸体验的体验感也会有所提升。

5. 创新设计

从创新设计各观测变量的标准化系数（见表2-64）可以看出，"过滤嘴有独特的味道""独特的开启方式""烟草独特的香味"对创新设计的影响相对较大，标准化系数均在0.6以上。因此，从这三方面进行改进，消费者对产品创新设计方面的体验感会有所提升。

表2-64 创新设计各观测变量的标准化系数

结构变量	观测变量	标准化系数
创新设计	38. 过滤嘴有独特的味道	0.668
	15. 独特的开启方式	0.609
	42. 烟草独特的香味	0.607
	17. 烟支排列设计独特	0.595
	26. 过滤嘴设计特别	0.533

6. 产品名称

从产品名称各观测变量的标准化系数（见表2-65）可以看出，各变量对产品名称的影响均相对较大。

表 2-65 产品名称各观测变量的标准化系数

结构变量	观测变量	标准化系数
产品名称	2. 产品名称好记便于传播	0.783
	1. 产品名称通俗易懂	0.754
	3. 产品名称好听有寓意	0.690

其中，"产品名称好记便于传播""产品名称通俗易懂"的标准化系数均在 0.75 以上，因此，对于卷烟来说，好记便于传播且通俗易懂的名称更能提升消费者的体验感及记忆度。

值得注意的是，在之前的定量研究中，我们发现消费者对常抽卷烟的日常称呼多以品牌代表产品名称，所以对于卷烟产品而言，知名品牌对于产品具有较强的背书作用。

（三）结论

本节基于消费者在消费卷烟的整体体验路径上展开研究，涵盖了产品名称、外观包装设计、内在吸味、抽吸体验、质量感知及创新设计，最终对卷烟产品满意度进行评价。由于涉及的指标较多，在分析时将不同的维度进行分类，分析个体指标对总体的影响以及个体指标之间的关系，结构方程模型能够更好地呈现不同指标之间的关联影响。

从消费体验出发，对消费者在卷烟消费旅程中经历的各个环节进行关联研究，同时将五感嵌入其中，目前在国内尚属较新，以往研究多集中在内在吸味或外观包装等某一个或某几个维度，缺少系统性和完整性。本节运用结构方程模型对各个指标权重进行优化，能够最大限度降低人为干扰，使因子分类及评价更加合理。依据全国七大区域 12 个重点城市 2500 多份样本的数据，综合分析后直观地展示出各个因素对不同指标和感官的影响，有助于了解影响消费者的消费体验指标，寻找影响规律，在产品研发和产品营销时采取针对性措施，提升产品研发效率及落地销售效果。

第六节 指标集体系在产品研发及维护流程中的应用

一、基于不同维度的指标体系划分

基于定性及定量结果，组织业内相关专家开展座谈会议，各专家结合技术中心现有产品研发及维护流程的实际情况对指标体系进行完善和划分。

（一）规范专业术语

"条装开启难度"更改为"条盒易开启"、"外包装的图案 / 花纹 /logo/ 色彩等"更改为"包装档次感（外包装的图案 / 花纹 /logo/ 色彩等）"、"盒装拉线的顺畅性"更改为"拉线搭口易找到"、"塑封膜撕拉的声音"更改为"BOPP 膜（包装膜）易撕拉"、"开盒顺畅便捷"更改为"小盒开启顺畅"、"盒装内衬纸的外观"更改为"盒装内衬纸（锡箔纸）的挺度"、"框架纸的外观（如颜色、图案 / 文字）"更改为"卡纸的档次感（如颜色、图案 / 文字）"、过滤嘴更改为"嘴棒"、"开盒后散发的味道"更改为"开包香"、"烟草本香（如浓烈、清淡）"更改为"烟香感受（如浓烈、清淡）"、"烟丝颜色"更改为"烟丝色泽"、"烟支的湿润度（手捏的柔软度）"更改为"烟支的柔软程度（手捏）"。

（二）指标增加完善

专家对现有的指标进行重要度评判，结合消费者研究结果合并或完善指标体系；在研究讨论后，增加了"落头倾向（存在烟头掉落倾向）"指标。

（三）指标适配性调整

经过各位专家的研讨，在指标集与不同群体 / 不同研究目的的适配性上进行了深入分析，认为对于不同群体 / 不同研究目的应匹配相应的指标来进行调研采集，最后建议从"新品研发、提质维护、升级改造"三个方向进行指标匹配，输出了适配不同研究目的下的科学权威的卷烟消费旅程五感指标集，使得指标体系在不同消费群体 / 不同研究目的下更为合理，为今后的卷烟消费体验感研究提供指导。

形成的卷烟消费体验指标集如表 2-66 所示。

表 2-66　卷烟消费体验指标集

序号	消费旅程	指标	不同类型测试指标		
			提质维护	升级改造	新品研发
1	知晓	产品名称通俗易懂			√
2		产品名称好记便于传播			√
3		产品名称好听有寓意			√
4	接触到条盒	条盒外观色彩	√		√
5		条盒褪色（条盒耐光色牢度差，包装褪色）	√		
6		条盒易开启	√		√

续表

序号	消费旅程	指标	不同类型测试指标		
			提质维护	升级改造	新品研发
7	接触到条盒	条盒开合的声音		√	√
8		小包好取出		√	√
9	接触到单包	拉线搭口易找到	√	√	√
10		包装档次感（外包装的图案/花纹/logo/色彩等）		√	√
11		包装形状/大小		√	√
12		包装纹理和材质质感		√	√
13		BOPP膜（包装膜）易撕拉	√	√	√
14		独特的开启方式（如下开、侧开等）		√	√
15		烟盒开合声音			√
16		烟支排列设计独特（如双仓、776、16支）			√
17		盒装内衬纸（锡箔纸）的挺度	√	√	√
18		盒装内衬纸的易扯拉	√	√	√
19		卡纸的档次感（如颜色、图案/文字）		√	√
20		开包香			√
21		烟盒异味	√	√	√
22		小盒开启顺畅	√	√	√
23	烟支（从盒装拿出烟支准备抽吸）	嘴棒的软硬度	√	√	√
24		嘴棒粘连（取烟支时嘴棒粘在一起）	√	√	√
25		嘴棒的图案或颜色与烟包协调		√	√
26		嘴棒设计感（如五角星、爱心等空心设计）		√	√
27		烟丝色泽	√	√	√
28		烟丝紧实情况	√	√	√
29		烟支卷烟纸的颜色		√	√
30		烟支卷烟纸的花纹/纹路		√	√
31		烟支的质感	√	√	√
32		烟支的长短粗细		√	√
33		烟支的柔软程度（手捏）	√	√	√
34		烟支嗅香（点燃前）	√	√	√

续表

序号	消费旅程	指标	不同类型测试指标		
			提质维护	升级改造	新品研发
35	抽烟过程（点燃开始抽吸）	嘴棒黏嘴的情况	√	√	√
36		嘴棒脱色	√	√	√
37		嘴棒与唇部接触的舒适度	√	√	√
38		嘴棒有独特的味道（甜／香）	√	√	√
39		爆珠的独特味道（如陈皮、贝母、酒）			√
40		捏破爆珠的声音			√
41		烟香感受（如浓烈、清淡）	√	√	√
42		烟草独特的香味（如梅子、杏香）	√	√	√
43		劲头的大小或解瘾的程度	√	√	√
44		刺激性大小（对口鼻喉的刺激）	√	√	√
45		烟气浓度，烟气量	√	√	√
46		杂气（除烟草香气以外的令人感到不愉快／不舒服的气息）	√	√	√
47		余味（吐出烟气后口腔内干净无残留）	√	√	√
48		吸着不费劲的情况（吸阻）	√	√	√
49		烟灰包裹性	√	√	√
50		烟灰颜色	√	√	√
51		烟头燃烧形状	√	√	√
52		烟支熄火（点燃不抽时自己灭掉）	√	√	√
53		掉烟头（弹烟灰时烟头容易掉）	√	√	√
54		落头倾向（存在烟头掉落倾向）	√	√	√
55		燃烧速度	√	√	√
56		有明显的烟梗影响燃烧	√	√	√
57		口腔抽完的干涩感	√	√	√
58		抽完有口臭异味		√	√
59		抽完烟后衣物残留烟味重		√	√
60		整支烟味道的一致性	√	√	√
61	存储及复购	烟盒不易损坏／压扁／变形	√	√	√
62		包装大小方便持握及携带			√

续表

序号	消费旅程	指标	不同类型测试指标		
			提质维护	升级改造	新品研发
63	存储及复购	携带时烟丝洒落情况	√	√	√
64		基本都能买到	√	√	
65		开封后味道保持一致（如2天内）	√	√	√

注：打√表示该类型下要调研的指标。

二、基于不同维度的指标体系提出

结合现有产品研发及维护流程，提出新品研发、提质维护、升级改造不同维度下的消费体验调研指标。

（一）新品研发消费体验调研用指标集

除复购阶段的指标消费者不能体验外，其余卷烟消费体验旅程阶段新品研发均有涉及，其中指标体系中不调查"条盒褪色""基本都能买到"两个指标，其余63个指标均需要调查（见表2-67）。本指标集主要探究消费者对未上市新品全流程下的体验感知，找到新品优化方向。

表 2-67　新品研发消费体验调研用指标集

序号	消费旅程	指标（新品研发阶段）
1	知晓	产品名称通俗易懂
2		产品名称好记便于传播
3		产品名称好听有寓意
4	接触到条盒	条盒外观色彩
5		条盒易开启
6		条盒开合的声音
7		小包好取出
8	接触到单包	拉线搭口易找到
9		包装档次感（外包装的图案/花纹/logo/色彩等）
10		包装形状/大小
11		包装纹理和材质质感

序号	消费旅程	指标（新品研发阶段）
12	接触到单包	BOPP 膜（包装膜）易撕拉
13		独特的开启方式（如下开、侧开等）
14		烟盒开合声音
15		烟支排列设计独特（如双仓、776、16 支）
16		盒装内衬纸（锡箔纸）的挺度
17		盒装内衬纸的易扯拉
18		卡纸的档次感（如颜色、图案 / 文字）
19		开包香
20		烟盒异味
21		小盒开启顺畅
22	烟支（从盒装拿出烟支准备抽吸）	嘴棒的软硬度
23		嘴棒粘连（取烟支时嘴棒粘在一起）
24		嘴棒的图案或颜色与烟包协调
25		嘴棒设计感（如五角星、爱心等空心设计）
26		烟丝色泽
27		烟丝紧实情况
28		烟支卷烟纸的颜色
29		烟支卷烟纸的花纹 / 纹路
30		烟支的质感
31		烟支的长短粗细
32		烟支的柔软程度（手捏）
33		烟支嗅香（点燃前）
34	抽烟过程（点燃开始抽吸）	嘴棒黏嘴的情况
35		嘴棒脱色
36		嘴棒与唇部接触的舒适度
37		嘴棒有独特的味道（甜 / 香）
38		爆珠的独特味道（如陈皮、贝母、酒）
39		捏破爆珠的声音
40		烟香感受（如浓烈、清淡）
41		烟草独特的香味（如梅子、杏香）

序号	消费旅程	指标（新品研发阶段）
42	抽烟过程（点燃开始抽吸）	劲头的大小或解瘾的程度
43		刺激性大小（对口鼻喉的刺激）
44		烟气浓度，烟气量
45		杂气（除烟草香气以外的令人感到不愉快 / 不舒服的气息）
46		余味（吐出烟气后口腔内干净无残留）
47		吸着不费劲的情况（吸阻）
48		烟灰包裹性
49		烟灰颜色
50		烟头燃烧形状
51		烟支熄火（点燃不抽时自己灭掉）
52		掉烟头（弹烟灰时烟头容易掉）
53		落头倾向（存在烟头掉落倾向）
54		燃烧速度
55		有明显的烟梗影响燃烧
56		口腔抽完的干涩感
57		抽完有口臭异味
58		抽完烟后衣物残留烟味重
59		整支烟味道的一致性
60	存储及复购	烟盒不易损坏 / 压扁 / 变形
61		包装大小方便持握及携带
62		携带时烟丝洒落情况
63		开封后味道保持一致（如 2 天内）

注：实际应用时，调研指标可根据具体调研阶段及调研关注点进行调整或删减。

（二）提质维护消费体验调研用指标集

提质维护主要是在一些消费者能有明显触觉、味觉、嗅觉感知的指标上进行改进，比如 BOPP 膜（包装膜）易撕拉、盒装内衬纸的易扯拉、烟支嗅香、吸味相关指标等，是属于在细节上的升级改动，变动幅度不大。

主要调查的阶段为"接触到单包—烟支（从盒装拿出烟支准备抽吸）—抽烟过程（点

燃开始抽吸）—存储及复购"，不涉及"知晓"及"接触到条盒"阶段。对老品的优化方向主要在消费者能有明显触觉、味觉、嗅觉感知的细节指标上，通过消费体验调研，探究消费者对提质维护后的产品的体验感情况（见表 2-68）。

表 2-68 提质维护消费体验调研用指标集

序号	消费旅程	指标（提质维护阶段）
1	接触到单包	拉线搭口易找到
2		BOPP 膜（包装膜）易撕拉
3		盒装内衬纸（锡箔纸）的挺度
4		盒装内衬纸的易扯拉
5		烟盒异味
6		小盒开启顺畅
7	烟支（从盒装拿出烟支准备抽吸）	嘴棒的软硬度
8		嘴棒粘连（取烟支时嘴棒粘在一起）
9		烟丝色泽
10		烟丝紧实情况
11		烟支的质感
12		烟支的柔软程度（手捏）
13		烟支嗅香（点燃前）
14	抽烟过程（点燃开始抽吸）	嘴棒黏嘴的情况
15		嘴棒脱色
16		嘴棒与唇部接触的舒适度
17		嘴棒有独特的味道（甜/香）
18		烟香感受（如浓烈、清淡）
19		烟草独特的香味（如梅子、杏香）
20		劲头的大小或解瘾的程度
21		刺激性大小（对口鼻喉的刺激）
22		烟气浓度，烟气量
23		杂气（除烟草香气以外的令人感到不愉快/不舒服的气息）
24		余味（吐出烟气后口腔内干净无残留）
25		吸着不费劲的情况（吸阻）
26		烟灰包裹性
27		烟灰颜色

续表

序号	消费旅程	指标（提质维护阶段）
28	抽烟过程 （点燃开始抽吸）	烟头燃烧形状
29		烟支熄火（点燃不抽时自己灭掉）
30		掉烟头（弹烟灰时烟头容易掉）
31		落头倾向（存在烟头掉落倾向）
32		燃烧速度
33		有明显的烟梗影响燃烧
34		口腔抽完的干涩感
35		整支烟味道的一致性
36	存储及复购	烟盒不易损坏／压扁／变形
37		携带时烟丝洒落情况
38		基本都能买到
39		开封后味道保持一致（如2天内）

注：实际应用时，调研指标可根据具体调研阶段及调研关注点进行调整或删减。

（三）升级改造消费体验调研用指标集

除了"知晓"阶段，其余卷烟消费体验旅程阶段升级改造均有涉及。相较于提质维护而言，升级改造在包含了提质维护的指标基础上，对产品进行了较为明显的改动，比如条盒外观色彩、独特的开启方式（如下开／侧开等）、嘴棒的图案或颜色与烟包协调、嘴棒设计感（如五角星／爱心等空心设计）、烟支卷烟纸的颜色、烟支的长短粗细等较为明显的指标，常抽老款产品的受访者感知会比较明显。本指标集主要是探究老品在升级改造后，消费者的接受程度及体验感是否有所提升（见表2-69）。

表2-69 升级改造消费体验调研用指标集

序号	消费旅程	指标（升级改造阶段）
1	接触到条盒	条盒外观色彩
2		条盒褪色（条盒耐光色牢度差，包装褪色）
3		条盒易开启
4		条盒开合的声音
5		小包好取出

序号	消费旅程	指标（升级改造阶段）
6	接触到单包	拉线搭口易找到
7		包装档次感（外包装的图案 / 花纹 /logo/ 色彩等）
8		包装形状 / 大小
9		包装纹理和材质质感
10		BOPP 膜（包装膜）易撕拉
11		独特的开启方式（如下开、侧开等）
12		盒装内衬纸（锡箔纸）的挺度
13		盒装内衬纸的易扯拉
14		卡纸的档次感（如颜色、图案 / 文字）
15		烟盒异味
16		小盒开启顺畅
17	烟支（从盒装拿出烟支准备抽吸）	嘴棒的软硬度
18		嘴棒粘连（取烟支时嘴棒粘在一起）
19		嘴棒的图案或颜色与烟包协调
20		嘴棒设计感（如五角星、爱心等空心设计）
21		烟丝色泽
22		烟丝紧实情况
23		烟支卷烟纸的颜色
24		烟支卷烟纸的花纹 / 纹路
25		烟支的质感
26		烟支的长短粗细
27		烟支的柔软程度（手捏）
28		烟支嗅香（点燃前）
29	抽烟过程（点燃开始抽吸）	嘴棒黏嘴的情况
30		嘴棒脱色
31		嘴棒与唇部接触的舒适度
32		嘴棒有独特的味道（甜 / 香）
33		烟香感受（如浓烈、清淡）
34		烟草独特的香味（如梅子、杏香）
35		劲头的大小或解瘾的程度

序号	消费旅程	指标（升级改造阶段）
36	抽烟过程 （点燃开始抽吸）	刺激性大小（对口鼻喉的刺激）
37		烟气浓度，烟气量
38		杂气（除烟草香气以外的令人感到不愉快/不舒服的气息）
39		余味（吐出烟气后口腔内干净无残留）
40		吸着不费劲的情况（吸阻）
41		烟灰包裹性
42		烟灰颜色
43		烟头燃烧形状
44		烟支熄火（点燃不抽时自己灭掉）
45		掉烟头（弹烟灰时烟头容易掉）
46		落头倾向（存在烟头掉落倾向）
47		燃烧速度
48		有明显的烟梗影响燃烧
49		口腔抽完的干涩感
50		抽完有口臭异味
51		抽完烟后衣物残留烟味重
52		整支烟味道的一致性
53	存储及复购	烟盒不易损坏/压扁/变形
54		携带时烟丝洒落情况
55		基本都能买到
56		开封后味道保持一致（如2天内）

注：实际应用时，调研指标可根据具体调研阶段及调研关注点进行调整或删减。

三、应用指导

（一）调研问卷设计

问卷设计主要分为甄别、主体问卷及背景资料三大部分（见图2-139）。

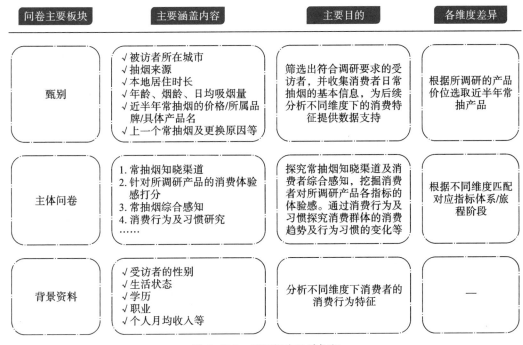

图 2-139 调研问卷设计框架

（二）调研对象基本要求

三个维度下调研对象的通用要求如下。

（1）吸烟且平时抽烟的来源为自己购买。

（2）18 ～ 55 岁普通消费者；年龄配额如表 2-70 所示。

表 2-70 调研对象年龄配额

年龄段	占比 /（%）
18 ～ 24 岁	15
25 ～ 34 岁	40
35 ～ 44 岁	30
45 ～ 55 岁	15

（3）在当地居住生活 1 年以上。

（4）抽烟 2 年以上，日均吸烟量（不包括发给别人的）不少于 5 支。

（5）近半年常抽烟为配额要求的产品。

（6）性别配额：有一定比例的女性烟民（占比不超 20%）。

对于新品研发而言，在调研对象常抽烟的选择上，应选取与新品定价同价位常抽烟的消费者，具体常抽产品可根据新品的烟支规格等进一步匹配；在提质维护及升级改造上，选取提质或升级前的老品主吸消费者为主。

（三）执行流程

建议采用线上电子问卷填报的形式，便于问卷的填写及回收。具体形式可为线上网络调研及线下定点拦访、邀约面访等。

三个维度下的调研指标，均有涉及接触到单包、烟支、抽烟过程的体验感评价，因此三个维度下的调研执行均需要准备样品，需要有拆包体验、拿出烟支、抽吸体验等才能评分。

升级改造和新品研发均有涉及条盒及包装改造，建议使用线下拦访调研，现场让符合甄别要求的受访者按照消费旅程进行体验并打分（若测试样品属于高价位产品，建议采用邀约面访形式，提前邀约符合要求的受访者到指定地点进行评测）。

提质维护不涉及条盒改造，可选择线上网络调研或线下拦访，线上调研可先让受访者线上填报甄别问卷，筛选出符合要求的受访者并留下邮寄地址，再进行调研样品邮寄。

（四）注意事项

（1）为保证调研结果具有代表性，原则上单个测试样品调研有效样本量不得低于300个。

（2）升级改造和新品研发采用线下拦访调研，调查完成后需对评测完的样品包装及未使用的烟支进行回收。

（3）提质维护采用邮寄形式的，需先让受访者签订保密协议，然后让受访者填报时拍摄拆包视频，每完成一个阶段进行相应评分，并在评测完后对烟包及未抽吸的烟支进行销毁，回收销毁视频或照片（包含烟支及烟包的销毁）。

General Technical Guide to
Indicators of Consumer Care

第三章

消费者体验过程关注指标

第一节 基于"五感"的消费者体验过程关注指标

"五感"是人类最基本的感觉器官。对于人体感官的理论研究可追溯到古希腊时代，亚里士多德在《论灵魂》等相关理论著作中首先提出了感官和五感的概念，他将身体上的感官分为五种（视觉、触觉、听觉、嗅觉、味觉）。佛教著作《般若波罗蜜多心经》中的"色、声、香、味、触"和"眼、耳、鼻、舌、身"就分别代表着人体的五种感官与身体上对应的器官。人的五感是与周围事物建立联系的基础，其形成的知觉刺激，可以唤起对事物的刺激和共鸣。消费体验的概念最早由 Norrial 提出，后得到不断延伸与发展，其内涵大致可分为两个层次：①体验是一种消费过程，开始于消费者购买行为发生之前，一直延续到产品或服务享用之后，其组成部分包含了与消费者发生关系的所有环节；②体验也是一种消费结果，它能使消费者获得深刻难忘的感受，消费者的消费体验过程是建立在"五感"体验之上的，通过人的视觉器官、听觉器官、触觉器官、嗅觉器官和味觉器官进行感知，进而完成整个消费体验过程。

感官连接着我们的记忆，深入我们的情感。从出生之日起，我们的"记忆图书馆"就开始积累素材，并且持续不断地对这些素材进行重新定义和阐释。大脑的这种"归类系统"和老式录像机类似。录像机有两条存储轨道，一条存图像，一条存声音；而人类大脑至少有五条轨道——视觉、听觉、嗅觉、味觉和触觉，我们的价值观、感觉、情感和记忆都储存于此。这些轨道所包含的数据庞大无比，而且它们会立刻定位在我们的情感中。视觉的魅力不言自明，有研究表明，视觉是五感之中最强大的感官，在人们日常获取的信息中，83% 是通过视觉接收的。如果说视觉赋予物质载体以直观形象，那么听觉则创造了情境、感受和情感。声音带来的不仅仅是语言，它还能活跃思维、启迪智慧、涤荡心灵。聆听产品之声，甚至可以让人们不见产品本身，产品却仍然深入人心。美国著名作家海伦·凯勒曾这样说道："嗅觉就像一个强大的巫师，它能在瞬间使你身处千里之外，又能帮你在时光隧道里追忆似水年华。"味觉和嗅觉是彼此独立但不可分割的感官，二者也被称为"化学感官"，因为它们都可以对环境进行采样。在这个视觉冲击过度、眼球效应泛滥的世界，视觉语言的力量正逐渐削弱，而气味日渐成为产品的高效"附加元素"，并潜移默化地影响着消费者对产品的认可度、接受度和忠诚度。触觉是连接人体与外物的一种媒介，当其他感官失效时，皮肤仍有触感。在消费者对品牌形成认知的过程中，触觉起到了至关重要的作用。

感官是产品所表达的内容和用户所感受的第一座桥梁。受到外界刺激人的体验就会受到激发，产品包装可以起到体验载体的作用，提高体验效果的最直接与最有效的方法是突出感官特性的价值，拉近与消费者的距离，增强与消费者的沟通。眼睛具有独特的生理特性，人类对最直观的外形和色彩具有优秀的直觉意识。外观造型提供商品的主要信息，它是传递情感信息的重要媒介载体；颜色可以给人眼前一亮、突出与独树一帜的感觉，有特色的颜色往往能激发人们的情绪。视觉上，让消费者在选购商品时能迅速被外包装吸引；触觉上，通过包装造型、材质等促进消费者购买；听觉上，开启包装时产生的声音增强消费者在使用过程中的体验；嗅觉上，抽取卷烟时卷烟所散发的味道加深消费者对产品的了解；味觉上，品尝卷烟时的口感拉近产品与消费者的情感距离。

一、视觉感知

（一）定义

实验心理学家赤瑞特拉通过大量实验证明，人类获取的信息 83% 来自视觉，这说明了视觉感知在人们的感知体验中占的比重是最大的。人们在产品包装设计中的感知亦是如此，消费者通过包装的外形、文字、色彩和图形等视觉要素进行视觉感知，并能快速构建起对于包装及产品的"第一印象"，这种感知是最为直接和直观的，且最具传播力。例如，图3-1所示的百事可乐包装设计，人们通过其罐装可乐包装上的蓝白色标志及文字信息，便能立刻知道这是什么品牌，以及是什么产品。因此，视觉信息的精心设计有助于消费者识别产品及品牌，设计师在进行包装设计时应特别注重视觉层面的考虑。

图 3-1　百事可乐包装设计

（二）视觉感知消费者体验过程关注指标

卷烟包装与消费心理有着密切的关系。卷烟包装除保护商品的基本功能外，它的美化商品和体现价值功能对现代消费来讲已经越来越显得重要。美国心理学家马斯洛的需求层次论认为，人在满足了基本的生理需求后会寻求更高层次的需求，如被人认同、尊重和自我实现。大多数卷烟消费者对卷烟的消费不仅追求功能利益的满足，而且还要找寻情感利益的满足和升华。消费者对商品的感知和第一印象首先从商品外包装开始。相关统计资料显示，50% ~ 60% 的消费者是受商品包装影响而对商品产生购买欲望的。另外，在人凭感觉所接受的外界信息中，视觉占的比例最大，听觉次之，嗅觉再次之，味觉比例较小。因此，无论是卷烟包装的图案文字、盒型结构、印刷工艺等都能够在很大程度上影响消费者对卷烟产品的印象。

1. 包装材料

包装材料作为卷烟包装设计的要素之一，常用的卷烟条与盒包装纸的纸张有卡纸类和铜版纸类。卡纸类包括白卡纸（包括防伪白卡纸）、金卡纸、银卡纸、真空镀铝卡纸、转移卡纸、镭射卡纸、复合卡纸等；铜版纸类包括铜版纸（包括防伪铜版纸，单面、双面涂布）、真空镀铝纸、转移纸、镭射纸等。根据包装材料中纸张的软硬度，卷烟的包装分为软包和硬包：软包外用两层薄而软的纸，里面用铝箔纸进行包装；硬包的包装纸质较厚，使卷烟包装的硬度增加，外形相对挺括。我国传统卷烟包装形式以软包为主。尽管软包装香烟目前仍主导着市场，但随着包装材料、印刷技术的进步和消费观念的升级变化，软包已逐渐向硬包发展。比如，"苏烟（铂晶）"（见图3-2）采用正面环保喷铝、反面图文亮银的专利防伪技术，并采用名片盒式横开型开启。另外，还有部分卷烟采用透明、开窗等方式吸引受众，如"玉溪（透明）"（见图3-3）是国内第一包透明包装的卷烟，透过烟包可以清晰地看到里面的烟支，就连散落的烟丝都朦胧可见。

图 3-2 苏烟（铂晶）

图 3-3 玉溪（透明）

2. 颜色图案

卷烟包装色彩与消费者购买行为有着巨大的关联性。色彩在包装和烟标设计中占有特别的重要的地位，它能使产品具有明显区别于其他产品的视觉特征，更能刺激和引导消费以及增强人们对品牌的记忆。色彩对卷烟消费有良好的心理暗示作用。如果正确运用色彩搭配，可以起到强化品牌、引导消费的作用。心理学研究表明，不同的色彩对消费者有不同的心理反应。有学者曾做过卷烟包装色彩实验，将包装设计和质量完全相同的卷烟分别用白色、红色、绿色、咖啡色等包装，然后让不同的吸烟者观察、比较和评价，结果表明：大多数白色包装的卷烟被认为是吸味淡雅、柔和；红色包装的卷烟被认为是吸味浓厚、后劲较足；银色包装的卷烟被认为是吸味醇和、香味舒适、高雅；绿色包装的卷烟被认为是香气丰满、吸味干净、劲头适中；金黄色包装的卷烟被认为是口感醇和、余味悠长。因而，正确运用包装色彩的搭配方法，对提高卷烟包装的风格特点和增强对消费者的心理诱导有着良好作用。正确使用卷烟包装色彩可以突出产品风格，提高产品对消费者的视觉刺激作用，增强消费者的记忆。

例如国际知名卷烟品牌万宝路（见图 3-4），此品牌的目标群体定位经历了由女性转变为男性的神奇过程，不仅变淡烟为重口味香烟，还大胆改造形象。万宝路整体烟盒包装线条简洁硬朗，凸显硬汉风格；把白色作为整个卷烟包装的底色，配上充满力量感和爆发力的红色，两个色块正好构成正负形，形成锐利的山峰形态，给人强而有力的心理暗示；把卷烟品牌的 logo 标准字（Marlboro）尖角化，使它更加富有男子汉的刚强感，与卷烟品牌一再说明的当地著名的牛仔气质相呼应，着重于引导对这种气质着迷、向往的消费者进行购买。

再如中华（见图 3-5），其品牌的概念是"国烟"，它的烟盒整体设计极具中国的代表特色。首先它的主色调是国人大爱的"中国红"，再以黄色作为点缀，这样的设计是与中国的国旗进行联想；以中国北京的天安门城楼的外形作为其主要的设计元素，装点卷烟包装，这些都在无形中体现了"国烟"这个称号。更令人惊叹的地方是，从品牌的开发设计到现在，中华牌的香烟包装与现在多变的卷烟包装相比，可以说是中国历史上没有过多改变主题元素，且存留时间最长的一款卷烟包装。由此可见，设计者非常准确地捕捉到了用户的内心情感需求——每个中国人心中的爱国情怀，中华牌卷烟包装完美诠释了感官体验到情感体验的升华。

图 3-4　万宝路（Marlboro）

图 3-5　中华

3. 盒型结构

随着市场经济的不断发展，我国烟草行业之间的竞争趋激烈，卷烟包装技术日趋成熟，各卷烟生产企业在卷烟包装盒型结构、文字图案、包装材质、印刷工艺等方面不断创新，努力提升卷烟产品的品牌价值，不断提高市场占有率。卷烟包装市场展现出一片欣欣向荣的景象。在对卷烟广告宣传的严格控制下，卷烟包装结构的宣传已成为各企业宣传卷烟产品的重要手段。根据市场调研结果，在卷烟价位和感官抽吸品质不相上下的情况下，卷烟包装的盒型结构、材质、印刷等人性化设计会吸引消费者的购买欲望。

在卷烟烟盒尺寸上，常规烟尺寸的长度为84mm、圆周长24mm；细支烟的圆周长标准为17mm左右，上限标准18mm，下限标准16mm；中支烟的圆周长一般为19～22mm；短支烟长度低于84mm，目前市场上较为流行的为74mm。

在烟支数量上，主流烟支数量为20支/包，此外还有5支/包、12支/包、16支/包的形式。在近几年的高端市场中，16支装的卷烟开始流行，如"中华（金中支）""云烟（黑金刚印象）""云烟（小熊猫家园）"等。此外，"钻石（硬蓝）"是10支装，在市场上相对少见。

在烟盒仓室数量上，主流烟包是20支装在一个仓室里，烟支排列是中间层6支，上下两层各7支，错层排列，节约空间且美观。近几年，双仓一体式在高端烟中开始流行，即一包烟内有两个仓室，每个装有10支烟，有增香保润、有效保留卷烟新鲜度的效果。"苏烟（铂晶新版）""玉溪（中支和谐）""中华（双中支）""云烟（中支大重九）"等都是双仓一体式。此外，"黄鹤楼（1916）"采用双夹层专利折叠设计，两层卷烟，一层13支，一层7支，创新手法颇为独特。

在开盒方式上，烟包以上翻盖式为主，在此基础上又陆续增加了全开式、提拔式、下开式、斜开式、滑盖式、双侧开盒式、防伪开盒等创新方式。

全开式即烟包可从一侧向另一侧全面翻开，有上下全开、左右全开等方式。这种方式拿取烟支方便，更适用于高端社交场景。目前，很多高档烟都在采用全开式包装，如"中华（金中支）""七匹狼（金砖中支）""娇子（宽窄五粮浓香中支）""云烟（中支云端）"等。

提拔式即以提拉方式打开烟盒，单包下边有线，取烟时需要提线才能取出烟，寓意"步步登高"。"南京（红楼卷）""长白山（人参参缘）"采用了这一方式。

下开式即烟盒开口在烟包的正下方，区别于市场主流应用的上开式。在取烟时，烟支是倒出来的。这种方式可以满足消费者对健康卫生的需求，尤其适用于需要给别人"散烟"的社交场景。

滑盖式有侧开滑盖和上下滑盖两种方式。"长白山（人参之王）"是侧开滑盖，"黄鹤楼（滑盖乐道）"是上下滑盖，"黄鹤楼（双翻盖乐道）"是双层翻盖。

防伪开盒即以电话、微信扫码等方式确定是正品后才能打开条盒。"延安（1935）"的条盒上设有密码锁，拨打保真电话获取6位开锁密码后，才能够顺利开锁，具有很强的防伪功能。

除了以上这些较为常见的开盒方式，行业内还有一些其他开盒方式，比如"黄鹤楼（硬问道）"的盖合式、"红金龙（晓楼）"分盖式、"黄鹤楼（品道）"双面开启等。

4.印刷工艺

近年来，随着烟草行业内、外部竞争的日趋加剧，卷烟包装设计水平，图案、文字复杂程度的不断提升，以及国际烟草控制公约相关限制等一系列的要求，卷烟商标印刷加工工艺也在不断更新发展，印刷工艺越来越复杂，印制的操作过程、工艺复杂程度和难度也越来越高，凹印、胶印、柔印、丝印、UV印刷、UV上光、全息烫印、激光铝箔纸等技术纷纷用于卷烟包装的生产。卷烟包装材料印后各种后续加工工艺也不断地推陈出新，如扫金、全息烫印、软纸凸印、定位烫、先烫后印工艺、微压纹工艺等。另外，卷烟包装的防伪一直是烟草行业研究的重要课题。传统的卷烟包装防伪主要包含材料防伪和工艺防伪，随着近年来工艺制造水平和信息技术的飞速发展，许多新型的卷烟包装防伪技术也不断涌现，包括激光全息防伪技术、变色油墨、超细线防伪技术、彩色纤维、微缩印刷技术、水印、光栅、二维码等。多种印刷工艺和新材料的大量运用，使得卷烟商标的印刷效果锦上添花，更加突出了卷烟包装的特征。"玉溪（细支）"（见图3-6）包装采用3D水晶浮雕工艺，打造大透镜景深设计，边框应用了同位异象微雕烫金技术，使其在光源中折射流动渐变色彩，结合3D全息光刻技术，让包装更显立体感，烟包封签图形采用光刻猫眼结合铂金浮雕技术。"云烟（中支小重九）"（见图3-7）的包装采用植绒工艺，同时融汇了猫眼微雕和鎏金镶嵌，使得产品包装立体感较强、高贵典雅。

图3-6　玉溪（细支）

图3-7　云烟（中支小重九）

5. 烟支外观

卷烟的组成部分包括烟丝、用于包裹烟丝的卷烟纸、滤棒（过滤嘴）以及用于将滤棒和烟支相接的接装纸。消费者在抽吸卷烟时，首先视觉感知的是烟支的外观，包括烟支外观形状、卷烟纸、接装纸、滤棒端及烟丝端。市面上常见的卷烟一般为84mm、88mm、90mm、100mm的细支、中支、常规卷烟，而"云烟（9+1大重九）"首创烟支"天圆地方"形状，即圆形烟嘴、方形烟支，寓意方圆有度的处世智慧，把深奥的哲学概念用可见、可感的烟支形态进行完美且巧妙地诠释和传达。卷烟纸作为卷烟辅料"三纸一棒"中的重要部分，承载着产品的形象和内涵，同时起到包裹烟丝的作用。卷烟纸包括防伪卷烟纸、异形螺纹卷烟纸、彩色卷烟纸等。如"云烟（中支小重九）"采用竖纹全麻卷烟纸并进行"重九"标志压纹，赋予卷烟外观防伪性能的同时提升烟支档次感和视觉效果。烟用接装纸主要用于烟支和滤棒的连接，同时也有美化烟支外观的作用。此外，打孔接装纸还有降焦减害的作用。目前，由于印刷工艺、技术等的发展，烟用接装纸从外观设计、印刷图案、色彩等方面得到了长足发展，印刷型接装纸、打孔接装纸、烫印接装纸、转移复合接装纸等多种工艺也得到使用。"玉溪（硬和谐）"采用麻浆棕色无纹卷烟纸，接装纸采用植绒油墨工艺，赋予卷烟强烈的视觉效果。"云烟（黑金刚印象）"烟支全采用黑色系素材，神秘黑色配以尊贵金色，轻奢风格，低调奢华，极富内涵。

6.烟支燃烧性能

卷烟是通过燃烧来完成消费过程的消费品，卷烟燃烧属于固体可燃物的阴燃，产生烟雾并伴有温度升高，但无可见火光。消费者在卷烟燃烧的抽吸过程中主要通过味觉、嗅觉与视觉三种感官来评价卷烟质量，味觉、嗅觉感知的是烟气质量，视觉感知的是烟支燃烧过程的外观形貌，因此，卷烟燃烧过程表观性能的评价对于卷烟产品质量和消费者体验具有重要意义。基于消费者行为调查研究，卷烟燃烧过程的表观性能主要包含以下评价指标：燃烧锥落头、包灰颜色、包灰裂口率、包灰收缩率、燃烧炭线宽度以及整齐度。消费者抽吸卷烟时，卷烟燃烧表观性能会严重影响消费者的消费体验，卷烟燃烧锥落头会使烟支抽吸中断，降低消费者对卷烟品牌的认可度，甚至还可能带来火灾隐患。另外，卷烟包灰性能好，烟柱美观；卷烟包灰性能差，抽吸时烟片不能很好地包裹在烟丝上，烟灰掉落严重，会污染环境。因此，为吸引消费者购买欲，提升消费体验感，"黄金叶（天叶）"主打宣传语"烟丝金黄金黄，烟灰雪白雪白"，"中华（金短支）"主打宣传语"包灰一根到底，品质看得见、可感知"，"小熊猫（中支）"主打宣传语"高包灰的贴心享受"。

（三）小结

本节基于消费体验的视觉感受，从卷烟包装材料、颜色图案、盒型结构、印刷工艺等方面进行了简要介绍，并对烟支外观、烟支燃烧性能等消费视觉可感知的重点关注指标进行了梳理，从消费者角度发现卷烟包装中存在的质量问题，并进行改进，提升消费者视觉体验感受。

二、听觉感知

（一）定义

听觉感知体验是指人通过耳朵感受音频信息，进而获得的感知体验。以往鲜见有学者将听觉与包装联系在一起进行探讨，然而产品包装也是有听觉体验的。听觉感知体验在产品包装设计中的应用主要体现在两个方面：①包装中置入发声装置，例如音乐盒包装、生日卡片式包装；②包装使用过程中所产生的个性化声音，例如香槟酒打开的一瞬间"砰"的一声，十分具有个性，且让人印象深刻。

（二）听觉感知消费者体验过程关注指标

声音能刺激人体的自主神经系统，科学家们发现：轻柔的音乐会使人脑中的血液循环减慢；活泼的音乐则会增加人体的血液流速；在心理层次部分音乐会引起主管人类情绪和感觉的大脑的自主反应，而使得情绪发生改变。所以，听觉式传播方式更容易记忆并产生深刻印象。在品牌标志特定的声音传播过程中，也就与消费者进行了一次情感的互动，让消费者更容易理解品牌标志所表达的情绪，来完成情感上的互动。例如某品牌电脑开机的声音成功打造了自己的乐感，它的声音已经潜移默化地渗入我们的大脑，听到声音便知道是该品牌，从而强化了品牌的认识度。这种在听觉上给消费者创造特定的环境氛围和情绪互动，可以在短短几秒钟之内传达品牌价值信息，使消费者对品牌迅速产生识别。利用人的听觉生理反应和品牌标志的结合，使品牌标志具有快速的互动性和强烈的感染力，可以成功传递出品牌个性形象。对于卷烟产品来说，将听觉体验与产品联系起来，利用声音来向用户传达产品信息，可以加深消费者对卷烟产品品牌的印象。

1. 产品名

随着时代进步和人们消费观念的改变，市场的竞争已经变成品牌的竞争，品牌是企业的灵魂，是产品的代言。一个好的品牌名称是品牌被消费者认知、接受乃至信赖的前提，品牌的名称在很大程度上对产品的销售产生直接影响。好的产品名有助于建立和保持产品在消费者心目中的形象，有助于使产品区别于同类产品，同时能充分体现产品的属性所能给消费者带来的益处，从而通过听觉的刺激，使消费者产生对产品、对企业认知的需求。产品名是企业形象深入人心的基础，更要符合大众心理，能激发消费者的购买动机，使企业形象的树立有一个立足点。

"情悠悠，黄鹤楼，千年盼归，万古绝唱，万古绝唱黄鹤楼……"，在绵延悠长的动人旋律中，这首由著名歌手谭晶演唱的《黄鹤楼》让人透过"黄鹤楼"所呈现的物质实体，去细细品味它的精神意蕴，去解读它那浪漫高贵、历史悠久的楼文化。黄鹤楼，"千古江山第一楼"，千百年来，才子云集，谈诗论道，舞文弄墨。神话传说与名人佳作，给后人以无限遐思，湖北中烟从黄鹤楼的千年文化中汲取养分，"黄鹤楼"品牌卷烟也成了卷烟消费者心中的文化卷烟，成了中式卷烟经典品牌的最好注解。

"大重九"品牌从"实业救国"的时代大潮中走来，在"爱国烟""抗战烟"的历史唱响中沉淀基因，品牌的文化因子与中华民族的主流价值一脉相承、一以贯之。其立意之高、格局之大，让大重九具备了在社会、国家、时代、个人等范畴上的强大共鸣力。"方便亲切交谈"是大重九社交价值的集中体现。这一经典且富有场景化的价值输出，树立起大重九高端社交用烟的鲜明形象。传递中式沟通文化，强化在不同的高端场景中的沟通价值，构建起大重九品牌沟通哲学体系。进入新时代，面对高端消费新特征、新理念，大重九强化产品的社交属性，在消费价值升级上不断融入时代感。"见朋友大重九"口号的提出，则是对"方便亲切交谈"的一种时代化解读与场景化呈现，丰富了文化演绎维度，延展了价值营销的空间。

2. 条盒小盒开启

包装的开启是产品到达消费者手中的第一个环节，是连接消费者与产品、商家与消费者的重要纽带，是消费者对包装内装物从未知到已知的心理变化过程。当消费者开启包装的瞬间，会存在着一种情感，这是一种从未知到已知的心理感受，也是消费者接触包装内部产品的第一心理反应，这种无形的心理感受，将成为消费者对产品的第一印象。声音的传播速度快，而且具有极强的张力和丰富的表现力，在吸引消费者注意力的诉求中有非常重要的意义。声音有着自己明显的符号性特征，声音信息符号与视觉信息同等的重要。例如，门闩插好时会发出"咔嚓"声、水煮开时水壶会发出"滋滋"的声音等。许多的包装，我们都是在可视的情况下引导和开启互动，那么，我们同样也可以利用声音对包装进行开启的提示和互动，增强与人听觉上的互动。

黄鹤楼卷烟包装在听觉体验上作出了比较成功的尝试。黄鹤楼（1916·08）卷烟（见图3-8）定位于崇尚健康、绿色的人士，以"绿色、人文、科技"为核心理念，整个烟盒未经裁剪，在一张A4纸上一气呵成，减少了卷烟包装对材料的使用量。在卷烟装潢上，以艺术化08字样为符号，无其他的装饰与设计，大片面积的留白减少了对油墨的使用。在开启方式上另辟蹊径，选择侧面开启的方式，打破常规，给人以新鲜感，将烟盒的碰珠进行巧妙设置，让消费者在开启卷烟时能听到马蹄声，给消费者带来全新的视听感受。

图3-8 黄鹤楼（1916·08）

（三）小结

本节从"五感"体验中的听觉体验出发，从卷烟产品名、条盒小盒开启方式等方面论述了听觉体验在消费体验中的重要性，并为卷烟产品在听觉体验方面的新设计提供新的思考。

三、触觉感知

（一）定义

触觉体验主要是指人体皮肤等感知器官同外界环境接触而获得的感知体验。它在产品包装设计中往往发挥着重要的作用。因为人们除了通过眼睛观察和认知，通常会不由自主地用手去触摸和感受产品包装，以便进一步了解产品，从而决定是否购买。所以产品包装设计引入触觉体验的设计考虑是有必要的。触觉感知体验在产品包装设计中的应用主要体现在，人们通过触摸能够直观地感知到材料的差异、结构的细节和工艺的特别。所以，将良好的触觉感知体验融入包装设计中，会给人眼前一亮的效果。例如，图3-9所示的 Naked 化妆品包装设计，采用的是一种感温包装材料，当人们的手触碰到该包装时，会产生颜色变化，形成"娇羞"的感觉，这种奇妙的触觉体验设计使得该款包装深受好评，并一举拿下了包装设计界的大奖——Pentawards 金奖。

图3-9 Naked 化妆品包装设计

（二）触觉感知消费者体验过程关注指标

触觉带给人的体验仅次于视觉器官，这主要是因为触觉体验可以进一步加深消费者对产品的感官体验，在很大程度上影响消费者对产品品质的评价。人们常常依据"手感"而非"外观"来判断产品的质量。从这个层面上来看，卷烟产品的触觉体验主要体现在对卷烟包装形态肌理、质感、温度、材料、尺度的感知，以及在开启卷烟条盒、小盒时的情感诉求。因为不同的材料质感与肌理效果会产生不同的触觉语言，所产生的感知反射到人的大脑，使消费者在开启时产生不同的情感体验。

卷烟包装通常是在烟盒外覆一层透明薄膜，薄膜的开启方式采用一根围绕烟盒的拉头口的拉带的形式；然后是纸质盒包装，印有商标、品名等信息；盒包装内是一张铝箔内衬纸。消费者在消费卷烟产品时，首先找到拉带头，围绕一圈拉下，然后扯下透明纸的上半部分，打开盒盖，撕掉内衬纸上的小撕片，取出烟支。在卷烟的整个消费过程中，消费者首先感受到的是卷烟的盒装触感，如 BOPP 膜的材质、厚薄、光滑程度。随后感知到的是拉带头是否易找到，拉线是否易拉开、小盒盒盖是否易打开、内衬纸小撕片是否易扯掉、盒内烟支是否易取出以及抽吸时卷烟过滤嘴是否会粘唇等。小盒的触感与 BOPP 膜的材料、小盒包装纸的材质以及印刷工艺有关。拉带开启难易程度以及内衬纸小撕片撕开难易与拉带材质、生产加工工艺有关。小盒盒盖打开难易程度与盒包装纸模切尺寸、压痕深度、压痕挺度等有关。

1. 包装材料

卷烟包装材料包括条盒、小盒 BOPP 膜，条盒、小盒包装纸，内衬纸等。不同材质的卷烟包装材料将带给消费者不同的触感体验。目前，生产企业除了在卷烟包装材料上下功夫，更注重消费者的消费体验，"云烟（软礼印象）"柔软包装的触感给人带来了愉悦的感受。首先，包装采用了柔软且具有弹性的材料，触摸起来非常舒适。其次，包装的质感非常好，手感细腻且顺滑，让人感觉到产品的高质量。最后，其包装还注重细节的处理，如边角的倒圆设计和包装的收口处理，让整个包装的触感更加紧致和舒适。这种触感的愉悦感受不仅增加了消费者对产品的好感度，也提升了产品的使用体验。

2. 印刷工艺

面对个性化消费潮流，各大品牌纷纷在尺寸上做文章。比如，"双喜（邮喜）"（见图 3-10）在打造时从握感和便于携带的角度设计，以多出常规烟 2mm 的烟支尺寸、小圆周、16 支装的创新，打造"国内首款应用人体工程学理念设计的卷烟"，成为当时包装创新的先驱产品。为了凸显拿在手中的高级感，"云烟（中支小重九）"（见图 3-7）更是采用了独一无二的蓝调植绒工艺设计，融汇猫眼微雕的立体搭配，融合高贵典雅的鎏金镶嵌，诠释产品设计的艺术美学，打造出天鹅绒般的触感。同时以精巧便携的全新盒型尺寸打造最佳舒适握感，时刻保持优雅气度。"金圣（青瓷中支）"（见图 3-11）以天青色为主调，以蓝色金色点缀，整体包装形象清新靓丽，个性鲜明。传递吉祥：正面选取宋朝青瓷常用宝相花纹样，似莲花造型饱满，圣洁端庄，侧面辅以缠枝莲纹饰环绕，寓意祥和，吉祥富贵。大气优雅：烟包精选瓷卡纸，模拟瓷器烧造工艺，再以珐琅彩方式着色，配以瓷系徽标 logo，如握一枚青瓷。

图 3-10　双喜（邮喜）　　　图 3-11　金圣（青瓷中支）

3.拉线

拉线作为开启卷烟的第一道工序，严重影响消费体验。《卷烟 第3部分：包装、卷纸技术要求及贮运》GB 5606.3—2005中要求"小盒拉带应完整良好，不应拉不开、拉断或拉开后透明纸散开"。常规卷烟拉线环绕于卷烟盒体与盒盖相接处，末端有一个未与盒体连接的延长段。通过拉开拉线可将盒盖上方BOPP膜撕开，进而打开盒盖取出烟支。通常情况下拉带末端延长段不超过5mm，拆烟盒透明包装膜时用手捏住延长段，沿拉线方向顺时针或逆时针拉开。对于全开式小盒，需对整个BOPP膜进行剥离才能开启小盒，"云烟（中支大重九）"将薄膜外的拉线由单拉线变为了双拉线，使薄膜与烟盒能轻松双向剥离，不留残余，以便轻松开启烟盒。

4.盒盖开启

卷烟硬盒包装形式中，当盒盖开启时，常常因为盒盖与框架纸之间胶液粘连或摩擦力过大等，出现开启困难现象，开盖时的力度过大还会造成盒盖或框架纸的变形，导致反复合盖后出现闭合不严现象，影响消费体验。"云烟（中支大重九）"小盒采用全开式包装，避免小盒开启困难的问题。

5.内衬纸撕开

卷烟内衬纸属于卷烟辅助材料中的一种，卷烟内衬纸是包装于卷烟烟支和烟包小盒之间的纸张，其主要作用是防潮、防霉变，保持香烟香味，是卷烟包装中必不可少的辅助材料。内衬纸作为消费者拿取卷烟时的最后一道关卡，与消费体验过程密切相关。因此，内衬纸撕片不应破损，不应有污渍，不应撕不开或撕开后整体被拉出。

（三）小结

本节从"五感"体验中的触觉体验出发，从卷烟包装材料、印刷工艺、拉线、盒盖开启方式等方面论述了触觉体验在消费体验中的重要性，为卷烟产品的设计及质量问题的改进提供思路。

四、嗅觉感知

（一）定义

嗅觉感知体验指的是人们从鼻子所感知到的气味信息中获得的感受。这种感知体验对于产品包装的受众来说也是很重要的评价因素。因为气味能够快速地引起人们的情绪和联想，影响到人们的使用感受以及消费行为。所以，嗅觉感知体验也应是包装设计师需要考虑的一个重要因素，而嗅觉感知体验在包装设计中的应用，主要是从包装的气味进行切入，并通过包装材料的途径来实现。

（二）嗅觉感知消费者体验过程关注指标

人的情绪有 75% 是由嗅觉产生的。每个人的鼻子可以记忆一万种味道，而且嗅觉记忆的准确度比视觉要高一倍，同时气味会直接触达大脑控制情绪、记忆与幸福感的区域。因此，当嗅到一种气味时，会很容易回忆起散发该气味产品的形象与当时的情绪，同时产生相似气味物品的记忆联想。针对嗅觉这种特性，为强化消费者构建品牌形象感知记忆，越来越多的行业和品牌开始采用嗅觉营销。

例如气味图书馆，作为"国民香氛洗护品牌"，专注于当代年轻人共情的味道，就是利用了嗅觉对情绪和记忆的影响，以独特气味牵动回忆或想象，以情动人，耐人寻味，提高消费者对品牌的嗅觉联想。大白兔奶糖是几代人共同的童年记忆，随着国货崛起，大白兔奶糖借势进行怀旧营销，抓住人们的怀旧情绪，通过多种方式重回大众视线。气味图书馆 × 大白兔奶糖，强强联合，联名产品"快乐童年香氛系列"以中国人专属的"童年的味道"掀起消费者"回忆杀"，气味带来的回忆与感动被付诸品牌，加强了消费者对品牌的记忆与好感。

中华牌卷烟配方设计一贯追求"中和平衡"的哲学理念，嗅香中带有酸甜香韵，且带有温和的果香香味，因其独特的话梅嗅香受到消费者们的广泛青睐。"宝岛（一品沉香）"嗅香带有浓郁的沉香香韵，且带有温和的木香和果香，添加珍贵的海南沉香，给人神秘的感觉，吸引无数粉丝。每天我们都生活在味道中，味道对我们的情感、记忆、情绪、行为会产生重大影响。在消费形式多元化、卷烟市场竞争激烈化的今天，应从消费者的嗅觉体验出发，探索"嗅觉感知"的最好营销力。

（三）小结

本节从"五感"体验中的嗅觉体验出发，论述了嗅觉体验在消费体验中的重要性，并列举了目前行业内通过卷烟嗅觉体验吸引消费者的成功案例，旨在为卷烟产品在嗅觉体验方面的新设计提供参考。

五、味觉感知

（一）定义

味觉感知体验在产品包装设计中的应用主要是通过包装材料的创新设计与使用来体现的。如图 3-12 所示的肯德基可食用咖啡杯设计，就是将饼干作为包装材料而制成的，当人们喝完咖啡后，还能够品尝这个杯子，给人以新奇、有趣、环保的使用体验。

图 3-12 肯德基可食用咖啡杯

（二）味觉感知消费者体验过程关注指标

"民以食为天"，人们对入口的东西包容又挑剔，对所有食物都乐意品尝一二，但能否被长期接受取决于味觉刺激，因此随着生活水平和技术的提高，各种产品的形态和产生的味觉刺激越来越五花八门，比如过去的月饼市场就是五仁月饼一家独大，如今水果月饼、鲜花月饼也比较常见，螺蛳粉月饼、方便面月饼、梅菜扣肉月饼、奶茶月饼等占据消费者视野，成为中秋的话题宠儿。为满足消费者的猎奇心理，各行各业都不乏创造新奇口味产品的品牌，期望以"奇"制胜。"一口入魂，两口驱蚊"的六神味儿 RIO曾一度成为热门话题，产品上线时，17000 瓶 RIO 花露水味儿鸡尾酒 1 分钟售罄；瑞幸咖啡的"酱香拿铁"抢占了 2023 年下半年的饮品市场，"酒心巧克力"的独特口感和浓郁香气令人记忆深刻，吸引了众多消费者前来一试。

卷烟吸味是卷烟重要的属性体验，也是消费者形成卷烟品牌偏好的基础。调查研究发现，消费者通过购买某品牌卷烟产品，感受其特有的吸味，形成吸味记忆和依赖，再经过品牌其他属性固化，形成品牌偏好。因此，卷烟的品牌偏好的形成是与吸味紧密相关的。

中华牌卷烟配方设计一贯追求"中和平衡"的哲学理念，它开发设计的思路：立足于优质纯正的烤烟香气，通过以浓香为主调的复合香气类型，努力塑造丰富饱满的立体烟香特征；通讨对不同类型特点烟叶的合理配比与有机融合，追求协调、流畅而富有层次感的烟气；坚持烟草本香与外加香主次分明、有机统一的调香理念，努力塑造和追求卷烟香气的内外协调与整体平衡；以国内外高档优质烟叶为主体，充分发挥优质烟叶的香气特征，严格控制刺激、余味等品质因素，确保内在品质优异。中华烟的香气类型为酸甜香衬托的纯正烤烟香气，香味丰富、协调，带有轻微的清香型气息的酸甜香韵；香气醇厚、飘逸、丰满、透发；烟气较浓醇、流畅，劲头适中，且有较好的满足感；刺激性较小、余味干净，生津回甜；烟草本香与外加香和谐统一，独特的卷烟吸味使其在众多卷烟品牌中独树一帜。

（三）小结

本节从"五感"体验中的味觉体验出发，论述了味觉体验在消费体验中的重要性，列举行业内卷烟品牌的成功案例，旨在为卷烟产品在嗅觉体验方面的新设计提供参考。

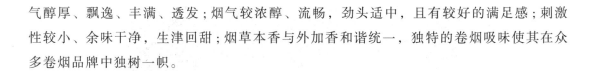

第二节　消费者体验过程关注指标指南

坚持满足产品标准是底线，消费者满意是无限的工作总基调，着力打造消费者满意产品。围绕消费者进行换位思考，由制造思维向用户思维转变，从消费者体验角度出发，以消费者"体验标准"为目标，基于消费者在视觉、触觉、嗅觉、听觉、味觉五方面的感受，梳理能够被消费者直观、直接感知的消费体验指标，提出不同于现行基本卷烟产品要求的消费者体验指标质量评价指南。目的在于引导卷烟产品在设计、加工过程中，高度关注以消费者需求为导向和给予消费者良好体验的技术发展方向，避免卷烟产品给消费者带来不愉快的体验感，提升消费者的体验满意度。

一、卷烟产品感知外在特性严重程度等级划分

根据卷烟产品给消费者消费体验带来的不同程度的体验感，将卷烟产品感知外在特性严重程度分为Ⅰ、Ⅱ、Ⅲ级，如表3-1所示。

表3-1　卷烟产品感知外在特性严重程度等级

严重程度等级	严重程度划分
Ⅰ	对绝大多数消费者的整体感知产生明显的不满意，给消费者带来明显的不愉快体验感，降低消费者对品牌的认可度，明显降低再次购买欲望
Ⅱ	对绝大多数消费者的整体感知产生一定的不满意，给消费者带来不愉快的体验感，降低再次购买欲望
Ⅲ	对部分消费者的感知产生一定的不利影响，可能给消费者带来不愉快的体验感，可能降低再次购买欲望

二、消费者体验过程关注指标

立足消费体验，从条盒、小盒、烟支等方面梳理消费者在视觉、味觉、嗅觉、听觉、味觉等五方面易感知、可感知的消费体验指标，明确评价内容及指标要求，并划分相关体验指标的严重程度等级，旨在为"五感"体验的评价提供指导，从消费者角度引导卷烟产品的设计与改进，切实提升卷烟产品的消费体验满意度，增强卷烟产品的市场竞争力。

（一）卷烟产品消费体验指标

立足满足产品标准是底线，满足消费者是无限的要求，从消费者体验角度来梳理卷烟产品消费者重点关注指标，以消费者体验感受为导向进一步提升产品品质。

1.卷烟产品的视觉感知特性

卷烟产品的视觉感知特性如表 3-2 所示。

表 3-2　卷烟产品的视觉感知特性

项目	指标要求	严重程度等级
条包装 印刷质量	条包装纸不应错印、漏印、拖墨	I
	不应套印歪斜，全息脱落等	I
	拉带不应印刷错误，字体、图案不应漏印错印	I
条包装材料	不应无条盒、条透明纸、拉带、封签	I
	条盒不应反包	I
	条包装纸、拉带不应错牌、错版本使用	I
	条包装纸不应多余一张	I
条包装质量	条内不应无烟包，空条装	I
	条内不应缺少一盒及以上烟包	I
	条内烟盒不应错牌、错版本	I
	条包装（含透明纸）不应歪斜、错位	II
	不应破损或因破损露出小盒或小盒受损，不应粘贴不牢固	II
	条包装纸不应褪色	II
	条盒条码、二维码、验证码不应受损	II
	条盒横头盖或内折片不应内折、外翻或缺失	II

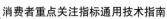

续表

项目	指标要求	严重程度等级
条包装整洁质量	条包装（含透明纸）表面不应有污渍或有非烟草异物	II
	不应有多余透明纸、接头物质	III
	条内不应有烟草类材料（包括卷烟纸片、接装纸片、透明纸、胶水、丝束等）	III
盒包装体印刷质量	盒包装纸不应错印、漏印、拖墨	I
	不应套印歪斜，全息脱落等	I
	拉带不应印刷错误，字体、图案不应漏印错印	I
盒包装材料	不应无小盒包装纸、透明纸、拉带、封签、框架纸和内衬纸	I
	小盒不应反包、倒包	I
	盒包装纸、拉带不应错牌、错版本使用	I
	盒包装纸不应多余一张	I
	封签、框架纸不应多余一张	I
盒包装质量	盒包装（含透明纸）不应歪斜、错位，不应破损或因破损露出烟支，不应粘贴不牢固散开	II
	小盒不应斜角露底	II
	盒包装纸不应褪色	II
	小盒条码、二维码、验证码不应受损	II
	封签、内衬纸、框架纸不应破损	III
	盒内不应有虫或虫蛀烟支	I
	盒内不应无烟支，空盒装	I
	盒内烟支不应错牌、错版本、缺支、多支	I
	盒内烟支不应过滤嘴脱落或无过滤嘴	I
	内衬纸、框架纸不应有色差	III
盒包装整洁质量	盒包装（含透明纸）表面不应有污渍或有非烟草异物	II
	不应有多余透明纸、接头物质	III
	盒内不应有烟草类材料（包括卷烟纸片、接装纸片、透明纸、胶水、丝束等）	III
	内衬纸、框架纸、封签不应有污渍	III

续表

项目	指标要求	严重程度等级
盒盖闭合质量	盒盖应闭合整齐，不应在重复开启后出现闭合不严实的"开口笑"	III
硬盒耐折性能	小盒盒盖重复开合后，盒盖背面折叠线不应出现爆墨现象	III
烟支质量	烟支应完整，不应断残或整体严重变形	I
	烟支端面不应有截面大于三分之二，深度大于 5mm 的深陷	III
接装纸印刷质量	不应错印、漏印、拖墨、印刷脏迹	I
接装纸质量	不应错牌、错版本使用	II
	不应有色差	I
	不应褪色	I
接装纸整洁质量	不应有污渍或黏附非烟草异物	I
	不应有多层或多余接装纸	II
接装纸粘接质量	不应包裹不严或粘贴不整齐、泡松、皱纹、翘边，破损长度不应大于等于 5.0mm	II
卷烟纸质量	不应变色	I
	不应错牌、错版本使用	I
卷烟纸整洁质量	不应烫糊或黏附非烟草异物，不应有油渍、污点或黄斑	II
	不应有多余卷烟纸	II
卷烟纸粘贴质量	应粘贴整齐、牢固，不应有长度大于等于 5.0mm 的破裂	II
过滤嘴端面整洁质量	不应有油渍、污点或融洞	I
过滤嘴粘接质量	过滤嘴不应缩头大于等于 1.0mm	II
烟支燃烧性能	不应熄火	I
	燃烧锥不应掉落	I
	烟灰灰色应雪白	II
	燃烧烟柱裂口率应较小	II
	燃烧炭线应整齐，宽度应较小	II

2. 卷烟产品的触觉感知特性

卷烟产品的触觉感知特性如表 3-3 所示。

表 3-3　卷烟产品的触觉感知特性

项目	指标要求	严重程度等级
条盒拉带触感	应具备消费者轻易找到的拉带头，并能轻松拉开，不应拉不开或拉断	III
小盒拉带触感	应具备消费者轻易找到的拉带头，并能轻松拉开，不应拉不开或拉断	II
硬盒盒盖触感	不应打不开或打开后撕裂	I
硬盒内衬纸触感	内衬纸撕片应便于拉开，不应拉不断或内衬纸粘贴不牢固轻拉撕片时整体脱出	II
	保鲜包开启应顺畅	III
烟支过滤嘴质量	应与接装纸粘贴牢固，不应在抽取烟支时过滤嘴脱落或过滤嘴缩头	I
	接装纸不应粘唇、脱色	I
	抽吸卷烟时过滤嘴温度不易过高，不应烫嘴或过滤嘴不应受热产生形变而沉陷	I
爆珠触感	不应缺爆珠、爆珠捏不破或爆珠残缺、漏液	I
烟支触感	烟丝填充应完整、均匀，不应出现空松、手感偏软、偏硬或竹节现象	III

3. 卷烟产品的嗅觉感知特性

卷烟产品的嗅觉感知特性如表 3-4 所示。

表 3-4　卷烟产品的嗅觉感知特性

项目	指标要求	严重程度等级
条包装纸异味	条包装纸不应有非烟草异味	I
盒包装材料异味	盒包装纸、框架纸及内衬纸等不应有非烟草异味	I
烟支材料异味	接装纸和成形纸等不应有非烟草异味	I
烟支霉味	烟支不应有霉味	I

4. 卷烟产品的味觉感知特性

卷烟产品的味觉感知特性如表 3-5 所示。

表 3-5　卷烟产品的味觉感知特性

项目	指标要求	严重程度等级
霉味	烟支不应有霉味	I
杂气	不应有除烟草香气以外令人感到不愉快或不舒服的气息	I

（二）试验方法

1. 视觉感知特性部分指标试验方法

（1）除盒盖闭合质量、小盒耐折性能、包装材料褪色、色差、燃烧锥落头、卷烟包灰性能外，其余部分按《卷烟和滤棒物理性能的测定》GB/T 22838—2019 描述的方法执行，采用目测，其中定量的指标采用钢直尺测量。

（2）盒盖闭合质量的测定按以下方法执行：盒盖闭合质量样品不进行平衡，采用目测法，对开启并撕去内衬纸小撕片之后的样品进行正常的开启和关闭，最多开启和关闭 20 次，目测关闭后的盒盖是否闭合整齐，如闭合不严实，则判定为"开口笑"。

（3）硬盒耐折性能的测定。

原理：卷烟硬包小盒在开启盒盖的过程中，小盒背折线经过多次折叠时，查看折痕处的完整程度，以评定硬包小盒的耐折性。

测定步骤：硬盒耐折性能样品不进行平衡，模拟消费者抽烟时的操作，左手握住盒体下部，右手自然打开盒盖，打开角度为 180°，然后合上盒盖，如此反复开合 20 次。

结果评价：完成开合后，观察折痕处墨层及铝层有无爆裂及爆裂程度，当背折线出现裂痕时，用测量设备测量裂痕长度。若所有检测样品背折线处裂痕均未超过 3 处，且单个裂痕长度均未超过 1 mm，则判定该项为符合，否则判定为不符合。

（4）卷烟条与盒耐光色牢度的测定按照相应标准执行；卷烟条与盒、内衬纸、框架纸、接装纸、卷烟的色差测定按照相应标准执行。

（5）卷烟燃烧锥落头倾向的测定按照《卷烟燃烧锥落头倾向的测试》YC/T 558—2018 的要求执行。

（6）卷烟包灰性能的测定采用计算机视觉法。

2. 触觉感知特性部分指标试验方法

（1）除接装纸粘唇、脱色外，其余部分按《卷烟和滤棒物理性能的测定》GB/T 22838—2019 描述的方法执行，采用目测。

（2）接装纸粘唇的测定。

方法：人工唾液渗透法。

测定步骤：按照《纸和纸板 第 2 部分：定量的测定》GB/T 451.2—2023 中的规定，将裁切好的试样单张放在分析天平上进行称量，精确至 0.1 mg。在操作台上放置两张吸水纸，将称量好的试样平整放置于吸水纸上，印刷面朝上，准确移取 20 μL 人工唾液，均匀将人工唾液刮涂在接装纸印刷面，并打开秒表计时。计时达到 10 s 时，在试样表面放置一张吸水纸，并立即用 2000 g 砝码（精确度 0.1 g）压在吸水纸上，打开秒表计时，静置 10 s。移除砝码与吸水纸，更换吸水纸，使测试样品表面未渗透的人工唾液完全被吸取。立即将经人工唾液渗透的试样放在分析天平上进行称量，精确至 0.1 mg。如此反复共测试 5 次。按式（3.1）进行烟用接装纸的质量增长百分比的计算。

$$\omega = \frac{M_{测} - M_{空}}{M_{空}} \times 100\% \qquad （3.1）$$

式中：ω ——质量增长百分比；

　　　$M_{测}$ ——人工唾液在烟用接装纸表面渗透后测试样的质量，单位为克（g）；

　　　$M_{空}$ ——人工唾液在烟用接装纸表面渗透前测试样的质量，单位为克（g）。

（3）接装纸脱色的测定。

方法：振荡法 + 目测。

原理：烟用接装纸泡在预热好的模拟唾液中一段时间后进行振荡，通过观测脱色情况或分析比较浸泡前后试样的色差，判断烟用接装纸耐唾液色牢度。

试样制备：从检查批中随机抽取 3 个样本单位，每个样本单位中随机抽取一盘，共 3 盘。分别从每盘中裁切长度不少于 40 mm（去除头两层），厚度不少于 5 mm 的试样，共 3 份，其中一份作为检测样品，另外两份为备份样品。将各牌号检测样品裁切成 50 mm × 30 mm 大小（包含一个单边）的试样共计 4 张，裁切后的试样边缘应平滑，其中 3 张用于检测，1 张作为对比样，用于色差值测量分析。将白卡纸裁切成不小于 50 mm × 30 mm 的尺寸，共 4 张，留作底纸备用。

测定步骤：接通水浴锅电源，将水浴锅温度设定为 40℃。待温度达到要求后，准备 3 个锥形烧杯，每个锥形烧杯内各盛放 100 mL 模拟唾液，在水浴锅中预热约 2 h，至模拟唾液温度达到（40 ± 2）℃；将制备好的平行试样依次放入 3 个锥形烧杯中，保证试样浸没在模拟唾液中，盖上锥形烧杯盖，放入预热好的水浴锅内浸泡 5 min。从水浴锅中取出锥形烧杯，置于振荡器上振荡，振动频率设定为 100 r/min，振荡时间为 5 min。振荡完后取出试样，避光晾干，平整固定在白卡纸上，按照《纸、纸板和纸浆试样处理和试验的标准大气条件》GB/T 10739—2023 规定的标准大气条件对试样进行调节。

结果评价：①将 3 张振荡试样与对比样进行目测比对，观察有无明显脱色，由三人组成检查组，独立判断，并以两人或两人以上一致的结果为检测结果。若检测结果为明显脱色，则该批接装纸耐唾液色牢度为不合格，若检测结果无明显脱色，则该批接装纸耐唾液色牢度为合格。目测结束后进行仪器检测。

②用多光谱颜色测量系统进行振荡试样与对比样之间的色差测定，判定样品的耐唾液色牢度。求取三个色差值的平均值 ΔE_{ab}^{*} 作为该样品的最终色差值，判断 ΔE_{ab}^{*} 是否处于允差范围内。若振荡试样与比对样之间色差值大于或等于 4.0，则对样品进行

复检，如果复检结果仍大于或等于 4.0，则判定此批接装纸耐唾液色牢度不合格。如果第一次复验结果符合要求，则取另外一份备份样品进行第二次复验，若第二次复验结果符合要求，则此批接装纸耐唾液色牢度为合格，否则，此批接装纸耐唾液色牢度为不合格。

③若仪器检测结果和目测检测结果不一致时，以目测检测结果为准。

3. 嗅觉感知特性部分指标试验方法

（1）嗅觉感知外在特性指标中，条、盒包装材料及烟支材料异味的检测按相关标准的要求执行。

（2）烟支霉味的测定。

方法：嗅辨法。

测定步骤：在洁净无异常气味的环境中，对开封后的样品立即进行检测。检测人员拿起样品靠近鼻孔，仔细嗅闻样品所带有的气味，如检测出有霉味，则判定为"有霉味"，否则判为"无霉味"。应有 2 人独立检测，并以 2 人一致的结果为样品检测结果，如 2 人检测结果不一致，则增加 1 人检测，最终以 2 人一致的结果为样品检测结果。

第三节 本 章 小 结

现行的卷烟产品标准是一种理性的标准，它包含：ISO 国际标准、国家标准、行业标准、企业标准和工厂标准。现行卷烟产品标准的制定主要基于当前的生产工艺和整体技术水平，未充分体现消费者的体验过程及感官感受。用户标准则是一种感性的标准，本章坚持"从消费者中来，到消费者中去"的方法论，围绕消费者进行换位思考，由制造思维向用户思维转变，从消费者体验角度出发，通过市场调研、售后反馈以及产品研发过程中获取的信息，基于消费环境、消费心理及消费过程等方面还原消费者体验全过程，站在消费者角度全面梳理、分类研究卷烟产品在视觉、触觉、嗅觉、味觉、听觉五方面的重点关注指标。力图使评价指标能够反映消费者需求，回应消费者内心的呼声。因此，从某种意义上来说，产品标准是及格线，用户标准是美誉线。唯有赢得消费者的心，才能在日趋激烈的市场竞争中勇立潮头。

本章以消费者"体验标准"为目标，梳理不同于现行卷烟产品要求的消费体验性指标质量评价体系，即在满足产品基本安全和质量要求的基础上，评价最直观、直接反映消费者可感知、易感知重点外在特性指标的质量水平，并将消费者关注指标以定量或定性的方式进行评价，建立起基于消费体验的通用技术指南，减少和避免卷烟产品在使用过程中对消费者造成的不愉悦体验感，从而引导卷烟产品在设计、加工过程以及检验环节，进一步提升卷烟产品品质，并为企业开发设计相关卷烟产品以及构建消费体验评价体系提供指导。此外，本章针对消费者重点关注的缺陷指标，进行检测方法的研究，进一步提高卷烟产品消费体验满意度和品牌美誉度。

General Technical Guide to
Indicators of Consumer Care

第四章

**消费者体验过程重点关注
质量指标影响机理的研究**

第一节　产品小盒开闭合性能研究

一、小盒闭合性能与卷烟包装设备关联性研究

卷烟工业经历百年的发展以后，生产加工设备、工艺技术水平得到飞速发展，生产效率随之高速提升，烟包盒盖在成型过程中，由于盒盖成型波动会产生一定的缝隙，如图4-1所示。

同时，部分卷烟产品框架纸硬度及生产过程中的位置波动，导致框架纸折叠成型后，其耳朵位置发生偏移。由于框架纸切刀位置固定，设备无法调整，且耳朵尺寸较大，易插入小盒盖缝隙内，如图4-2所示。

图4-1　盒盖成型波动产生的缝隙

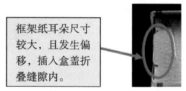

图4-2　框架纸硬度及生产过程中的位置波动导致框架纸耳朵位置发生偏移

分析缺陷样品案例发现，盒盖两边内侧面存在少量黏合剂被挤压溢出于成型缝隙内，与框架纸耳朵粘连，导致盒盖打不开。小盒商标上机折叠稳定性不足，导致盒盖侧边内侧成型存在缝隙；框架纸切口位置出现偏移，导致安装后与铝包贴合不紧密，耳朵位置出现偏差，是缺陷产生的间接原因。

二、小盒闭合性能与包装材料关联性研究

如果存在所用小盒包装纸预折叠压痕浅，导致商标折叠后的内应力大的情况，细支烟烟包侧面将较窄，侧面上胶粘连后应力点与粘连点间距离较近，使得消除应力的力臂较小，而在胶量较小或是上胶不均匀的时候，就会出现盒商标侧面粘连不牢，在应力作用下，侧面在烟包通道内翘起，会对烟包通道造成阻塞。

针对商标辅料上机适应性较差的异常，修理组调修时会对商标的上胶量进行调节，调节过程会出现胶量不稳的情况，而且调修验证时为点动验证或慢速验证，这也导致了验证时无法得出准确的商标上胶量，为产品质量带来了额外的风险。

如存在机组烟用包装材料上机适应性差，烟包通道卡烟，调修时发现胶辊旋转阻力异常，手动旋转时存在卡阻现象，在胶辊做润滑处理及增加胶量并验证后，设备持续运行后的实际上胶量仍出现波动，使商标上胶量大于标准值，造成盒商标侧面溢胶至盒盖处，使盒盖与盒体粘连，产生小盒盖打不开的缺陷。

针对上述原因，通常可采用如下整改预防措施。

（1）调修小盒商标盒盖侧边上胶量及上胶面积，同时增加生产过程保养频次、强化对设备过程保养监督的检查力度，避免小盒商标输送、上胶及折叠装置积胶。

（2）加强对框架纸输送装置及切割机定位设置的检查和调校，调整框架纸切刀尺寸，降低框架纸切口偏移量及折叠耳朵尺寸，确保框架纸输送和裁切的稳定性及准确性，减小内框纸耳朵与小盒盖缝隙接触面积。如图4-3所示为框架纸切刀尺寸调整后，折叠耳朵位置尺寸示意图。

图4-3　框架纸切刀尺寸调整前和调整后示意图

第二节　卷烟纸破损产生的机理研究

卷烟纸破损是生产现场和市场反馈中最直观、最容易发现的外观缺陷，图4-4的案例中，超过10支卷烟在相同位置出现了卷烟纸破损的缺陷问题。

部分卷烟机磨刀砂轮、鏨刀砂轮角度及磨削量调整不当，SE切刀进刀次数调整不当或进刀异常时会造成切刀刃口磨削不良或损坏，进而导致切割烟条时卷烟纸破损。同时，操作人员在更换烟条切刀时未将切刀安装到位，在运行过程中因刀头过长，在砂轮磨削后造成切刀损坏，会导致切割烟条时卷烟纸破损。对该案例的发生进行原因追溯后发现，卷烟机磨刀砂轮角度在运行设备过程中产生轻微偏移，造成切刀刃口磨削不良，进而导致切割烟条时卷烟纸破损。

烟支外观破损的缺陷产生通常会因为发生的部位不同，导致排查出的要因也不同，如图 4-5 中的缺陷样品，烟支破损的部位发生在烟支中段。

图 4-4　卷烟纸破损的缺陷图　　　　　图 4-5　烟支破损的部位发生在烟支中段

类似的缺陷产品通常产生于烟支存储输送装置，以图 4-6 所示机组为例。在烟支输送及暂储器中出现烟支歪斜，导致运动过程出现横烟，横烟使输送通道上的烟支排列变得凌乱，凌乱的烟支在输送过程中受到外力挤压，发生破裂。

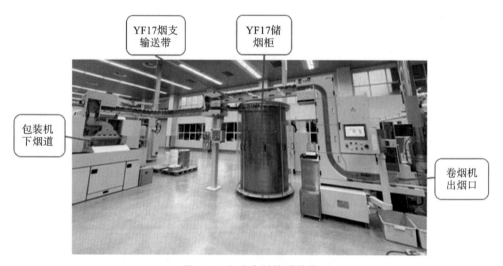

图 4-6　烟支存储输送装置

系统分析可能造成烟支挤压破裂的部位如图 4-7 所示，包括传送带拐点①、传送带拐点②、YF17 烟支输送装置储烟柜推烟排。

排查此类缺陷产生的方式，可以进行烟支挤压模拟实验。通过实验，发现在 YF17 烟支输送装置储烟柜推烟排处，当储烟柜排烟时，有横烟使烟支排列凌乱，会使烟支受到推烟排的推力产生挤压变形，出现破裂，模拟实验时产生的缺陷烟支，出现的缺陷特征与反馈情况一致（见图 4-8）。

设备正常运行状态下，一般不会发生烟支歪斜的现象，原因可能为相关人员到卷烟机出烟口处捧烟、取样，进行过程质量检验时，误触正常运行中的烟支造成烟支歪斜，最终导致在烟支输送装置储烟柜推烟排处形成缺陷。若烟支输送装置储烟柜出现烟支凌乱现象，操作工对凌乱的烟支处置不干净不彻底，会造成有缺陷的烟支流入下游工序，若自检、巡检未发现该缺陷且未及时处理，会导致缺陷烟支流出。

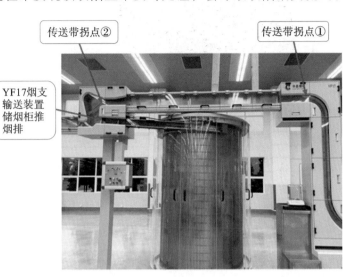

图 4-7　可能造成烟支挤压破裂的部位

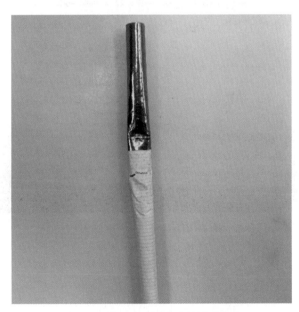

图 4-8　模拟实验时产生的缺陷烟支

当出现烟支歪斜时，会产生大量横烟，造成批量烟支排列不齐，烟支凌乱。在储烟柜排烟过程中，横烟会对推烟排输送造成卡阻，推烟排到位后，限位检测未能检测到，输送皮带未及时停止，皮带继续运动，使推烟排超出限位位置，继续向前运动，挤压到前方排列凌乱的烟支（见图 4-9）。向前的推力对凌乱错排的烟支形成挤压，使烟支变形并造成卷烟纸破裂，但在后续运动过程中，烟支间的相互作用力使得该烟支逐渐排正，最终流入包装流程。

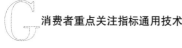

图 4-9 储烟柜排烟

第三节 小盒上胶故障导致相关质量缺陷产生的机理研究

卷烟小盒包装过程中因上胶工序出现故障导致的质量问题容易被消费者直观地看到，也是产生市场投诉的主要原因之一，如图 4-10 所示。

图 4-10 卷烟小盒质量缺陷

该案例商标为软包硬化方式，采用两胶点热熔胶喷胶的上胶方式，如图 4-11 所示。由于软包硬化商标相比普通软包商标存在压痕，部分商标可能会因压痕深度过浅、压痕宽度过宽的问题，导致压痕挺度过大，从而造成商标在折叠成型后反弹应力过大。由于现用的热熔胶喷胶仅有两个胶点，胶点与商标的接触面积不大，且商标表面涂有光油，若遇到压痕挺度过大的商标，折叠反弹应力过大，则容易出现小盒底部粘贴不牢、有狭缝的质量问题。此外，粘贴商标的热熔胶有遇到高温会出现软化的特性，烟包在包裹透明纸后需要通过烙铁进行烫封，而小包底部的透明纸烫封温度通常需要控制在 130℃ 左右才能保证透明纸被烫封好。若设备故障停机，烟包在过热的环境中停留时间过长，会造成热熔胶点出现软化，降低热熔胶的粘贴性能，也可能造成小盒底部粘贴不牢、有狭缝的质量问题。

图 4-11　软包硬化商标两胶点热熔胶喷胶

第四节　烟支过滤嘴脱落相关质量缺陷产生的机理研究

　　烟支过滤嘴脱落会导致过滤嘴与烟支分离，影响吸烟的口感和品质（见图 4-12）。产品发生过滤嘴脱落质量问题会严重影响消费者对品牌的信任度和忠诚度，从而影响企业的形象和声誉。因此，烟支过滤嘴脱落对产品的负面影响很大，烟草企业应采取有效的措施来减少或避免这种情况。

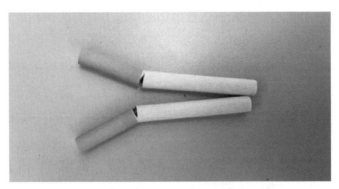

图 4-12　烟支过滤嘴脱落

一、烟支过滤嘴脱落与生产设备的关联性研究

　　（1）涂胶器胶辊轴承损坏。该轴承损坏后，胶辊容易产生径向跳动，导致涂胶量不充足或不均匀，会出现接装纸的部分区域断续性少胶和无胶，从而诱发烟支过滤嘴脱落。

（2）涂胶器传动轴承脱落。该故障容易导致上胶辊相对位置发生转动，致使接装纸跑窗口，从而诱发接装纸翘边，但不会发生上胶辊轴向位移而导致接装纸上胶缺失和诱发烟支过滤嘴脱落。

（3）胶泵供胶卡阻。该故障发生后，容易诱发供胶量急剧减少或停止供胶，从而导致烟支过滤嘴脱落和设备卡阻停机。但结合现场维修处置的情况分析，这种故障虽然会导致烟支过滤嘴脱落缺陷的产生，但会在极短的时间内发生设备卡阻停机，缺陷流入下一道工序的可能性不大，故初步排除该因素导致烟支过滤嘴脱落的可能性。

（4）胶泵供胶不畅。通过调查维修过程发现，胶泵供胶不畅的原因系胶泵齿轮上有胶垢胶皮，导致胶泵运转不灵活，转速不稳定。该故障发生时，容易诱发供胶量时大时小的现象，而且随着故障的持续恶化，胶辊表面会出现胶水厚薄不匀、小面积失胶等状况，从而诱发过滤嘴脱落。

（5）胶泵回胶管堵塞。该故障发生后容易导致胶液泄漏，致使胶液污染涂胶器下方零部件，但不会影响涂胶器性能或上胶量，故排除该因素导致烟支过滤嘴脱落的可能性。

（6）涂胶器定位锁紧装置松动。该锁紧装置用于调节上胶辊与接装纸中心位置，发生松动会造成胶辊轴向窜动，接装纸上胶位置会发生偏移，导致接装纸出现无胶，从而诱发烟支过滤嘴脱落。

（7）胶后加热器温度过高。发生该故障时设备会出现报警，通过对部分发生案例的调查，在维修过程中，发生该报警时已及时停机维修，并更换了热敏电阻，按照报警预设阈值（中心值80℃、高限报警120℃、低限报警50℃），该故障高限报警时不会导致接装纸胶液水分过量蒸发，从而诱发过滤嘴脱落，故排除该问题导致烟支过滤嘴脱落的可能性。

（8）修理接装纸搓接不好。在修理接装纸搓接不好的过程中只是对烟支靠拢鼓压缩量进行调整，未涉及接装纸供胶装置、接装纸涂胶装置、接装纸干燥及切割装置、烟支搓接及干燥装置的调整，基本排除由于修理接装纸搓接诱发烟支过滤嘴脱落的可能性。

二、烟支过滤嘴脱落与控制关键参数关联性机理研究

当烟支圆周过小或者过滤嘴圆周过大时，由于烟支与过滤嘴接触面存在空隙，致使接装纸不能完全与烟支紧密贴合，从而诱发烟支过滤嘴脱落。

三、烟支过滤嘴脱落预防纠正措施

结合缺陷产生的原因分析，对PASSIM卷烟机相应的部件进行改造，尽可能消除质

量隐患，降低质量风险。常见预防纠正措施如下。

（1）改造接装纸涂胶器限位装置，避免振动引起的轴向窜动（见图4-13）。

图4-13 改造接装纸涂胶器限位装置

（2）改造接嘴胶胶桶过滤装置，避免胶垢吸入胶泵后造成齿轮卡阻（见图4-14）。

图4-14 改造接嘴胶胶桶过滤装置

（3）增设PASSIM接装纸跑偏检测及其声光报警。

（4）增设胶辊胶堆视觉检测和预警装置。

（5）增设烟支漏气剔除异常的判断与报警装置。

（6）改进PA涂胶器限位锁紧装置，防止松脱而轴向窜动，同时改善其操作调整的便利性。

第五节 小盒透明纸相关质量问题的机理研究

小盒透明纸作为卷烟产品最小销售单元的"外衣"，是消费者体验卷烟产品质量最直观、最重要的组成部分，透明纸破损会给消费者一种很不好的消费体验，可能会流失消费者的信任，对品牌发展十分不利。

一、小盒透明纸泡皱、底部皱褶消费者体验性质量

综合运用PDCA、鱼骨图等工具，从人、机、料、法、环等方面找出关键因素，明确改进点和改进机会。

人：部分操作工人对"消费者体验性质量"关注不够，仅仅重视产品"符合性质量"的及格线，未追求"体验性质量"的高分线。

机：设备透明纸折叠通道、热封器等因长期使用出现定位偏差，部分功能不适应于消费者体验性质量要求。

料：现在使用的普通膜收缩性不好，烟条冷却后透明纸形态变化较小，极易出现泡皱情况；虽然供应商生产的烟用包装膜入库检验热收缩率指标（横、纵向）均合格，但不同供应商质量控制水平参差不齐，且当前热收缩率控制标准［（4.5±1.5）%］波动范围大，检验合格的BOPP膜上机适应性存在差异。

法：热封器、透明纸折叠成型通道的清洁周期与清洁方式未做到标准化管理，仅依靠操作工的经验开展清洁保养，不同机组之间差异较大。

针对上述原因，进行以下整改措施。

1. 设备专项技术改造

GDX6S机型：对小盒预热带带轮改造，将预热带带轮由聚氨酯材料改为耐磨陶瓷材料（见图4-15），进一步延长带轮使用寿命，解决磨损带来的跑偏问题，增加烫封过程的稳定性。

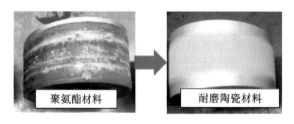

聚氨酯材料　　　　　　耐磨陶瓷材料

图4-15　GDX6S机型小盒预热带带轮改造

GDX500机型：对小包透明纸吸风带输送组件改进，将吸风带组件改造为正压"吹风"形式输送，解决设备切刀与输送组件共用一个动力使得机械零件累计误差造成小包透明纸输送不稳定的问题，确保小包透明纸输送到位，防止小包透明纸散包，减少顶部、底部折角褶皱。

2. 推动烟用材料适用性优化

根据玉溪（软）包装膜纵向热收缩率的研究试验，调整玉溪（软）包装膜纵向热收

缩率中心值为 4.0%，并要求各家供应商在生产过程中确保纵向热收缩率指标控制均在中心值附近，减少因供应商差异造成的质量波动。经与供应商沟通发现，80% 的供应商难以将允差控制在 ±0.5%，因此，将玉溪（软）包装膜纵向热收缩率允差范围控制在 ±1%。

3. 一机一策，建立多维度质量管理体系

GDX6S 机型：一机一策，优化烙铁及美容器参数。为每一台设备寻找合适的折角通道宽度尺寸，调整四个侧封烙铁位置与烟包接触面，确保平整烫封，在此基础之上确定最合适的侧封烙铁、预热带、热封轮温度。

GDX500 机型：为每一台设备寻找合适的折角通道宽度尺寸，调整两个侧封烙铁位置与烟包接触面，确保平整烫封，在此基础之上确定最合适的侧封烙铁、端封烙铁温度。

规定操作工烙铁、条包透明纸包装轮清洁周期及清洁方式，督促操作工定期清洁油封包装轮及烫封烙铁。

二、小盒透明纸破损缺陷消费者体验性质量

（一）机械原因

（1）六角轮折叠片错位或断裂。六角轮折叠片错位或断裂时，在折叠过程中易出现折叠不到位的情况，形成小透明纸破损或折叠不良的缺陷，若不合格品未能剔除或剔除不全，则透明纸破损小盒流入下一道工序（见图 4-16）。

图 4-16　六角轮折叠片

（2）小盒透明纸折叠梳子臂异位。小盒透明纸折叠梳子臂异位时，在梳子臂推动

烟包成型过程中，因接触位置不正确，受力不均，易导致小盒透明纸成型不良，形成小盒透明纸破损缺陷（见图4-17）。

图4-17　小盒透明纸折叠梳子臂

（3）小盒透明纸裁切带刀出现磨损。透明纸裁切刀片长时间使用出现磨损，导致裁切过程中透明纸未能完全切断，前后透明纸相互粘连，在输送过程中造成透明纸偏移，导致透明纸折叠不良，形成透明纸破损的质量缺陷（见图4-18）。

图4-18　小盒透明纸裁切带刀

（二）电气原因

（1）小盒透明纸输送负压异常。负压异常时，小盒透明纸在输送过程中会出现歪斜、偏移等问题，进而导致小盒透明纸包裹不良，形成透明纸破损缺陷。检测器检测到缺陷以后，未正常在CH剔烟口剔除，导致透明纸破损小盒流入下一道工序。

（2）小盒透明纸输纸气管阻塞。小盒透明纸输送依靠负压吸风，由输送带负压孔吸附透明纸输送到折叠工位进行折叠。由于生产过程有原辅料掉落灰尘的现象存在，负压吸风管易将生产过程中产生的灰尘吸入气管和负压孔，造成部分负压孔堵塞，从而导致吸力不均，在透明纸输送过程中产生不偏转应力，造成透明纸成型不良，产生透明纸破损缺陷。

（3）检测器灵敏度不匹配。CH 添加烟处的检测器正常工作时应能剔除透明纸破损小盒。由于不同品规卷烟小盒颜色深浅不同，透明纸反光率不同等因素，造成检测器对不同品规卷烟检测灵敏度不同，从而导致小盒透明纸破损缺陷产品未能完全剔除，流入下一道工序。

（三）辅料原因

设备机组频繁更换辅料，不同厂家辅料之间摩擦系数和静电情况也会存在差异，上机后表现出的适应性也会有所不同，进而影响小盒成型质量，造成小盒透明纸破损或其他与透明纸拉带相关的质量问题。

（四）人员原因

操作人员过程自检不到位，发现小盒透明纸破损的烟包时未及时翻箱复查，导致问题烟包流入市场。

针对上述原因，可采取以下整改措施。

（1）定期清理管路、气路，检查管路、气路是否老化、漏气，检查机械设备易损件是否磨损，若有磨损及时进行更换，提高机械修理工值守在机台巡查的时间，防微杜渐，发现问题及时处理，将质量隐患降到最小。

（2）加强电气修理工对检测器的检查校准能力，对性能不符合要求的检测器及时调整、维修、更换，以 C8#、C11# 为试点，在原机设备加装一个透明纸散包检测器（见图 4-19）。

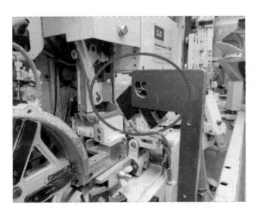

图 4-19 原机设备加装一个透明纸散包检测器

第六节　烟条内缺包质量缺陷问题的机理研究

随着卷烟新品数量和推出频率成倍增长，产品品规多，产品有时会不通过封箱机检测而由人工拾条完成装箱，故烟条内缺包检测器作为烟条内缺包检测的关键控制点和产品控制的最后一道防线，一旦出现漏检，就极有可能造成条缺包产品流入市场，引起消费者的投诉和不满。

一、原因分析

（一）检测技术

原机负压检测主要有检测值和门限值两个参数（见图4-20）。当检测值高于门限值时（见图4-21），不会产生剔除烟条的动作；当烟条缺包，气压检测值降低，低于门限值时，系统判断存在缺陷，进行烟条剔除（见图4-22）。

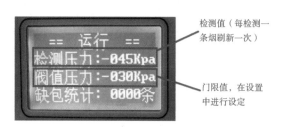

图4-20　原机负压检测参数

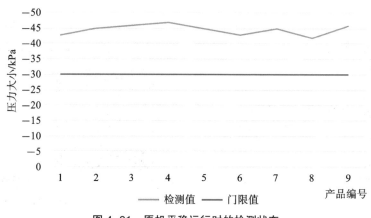

图4-21　原机平稳运行时的检测状态

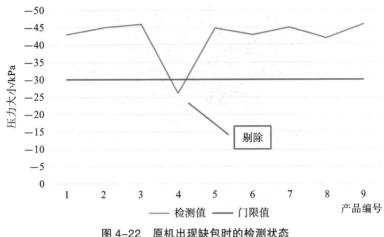

图 4-22　原机出现缺包时的检测状态

根据以上原理，判断漏检的可能原因如下。

（1）因检测门限值设置不当（见图 4-23），导致门限值未能区分出缺陷烟条。门限值设置距离检测值的平均值过远（见图 4-24），当缺包时，检测值下降，但未到达门限值，造成漏剔。

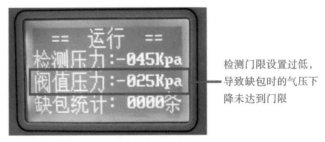

图 4-23　检测门限值设置不当运行图

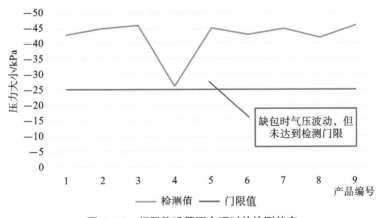

图 4-24　门限值设置不合理时的检测状态

（2）因压板气孔或导气管积灰、积胶造成气流阻塞（见图 4-25），使得检测气压整体减少，当缺包时，气压的下降值不足以到达检测门限（见图 4-26），从而造成漏剔。

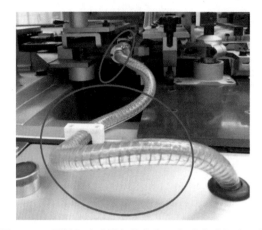

图 4-25　压板气孔或导气管积灰、积胶造成气流阻塞

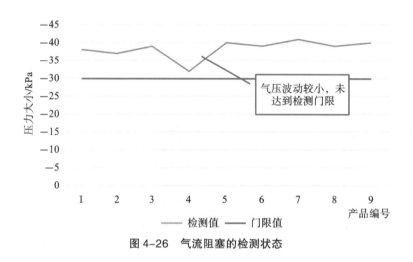

图 4-26　气流阻塞的检测状态

（二）人员管理

管理过程中缺乏规范的操作规程，人员培训不到位，监督、考核机制不够完善，导致操作人员责任意识不强，对标准执行不到位。

二、整改措施

（1）适当调高剔除门限值，保证检测灵敏度。

（2）清洁压板气孔及导气管，保证气流畅通，气压检测值正常。

（3）加强电气修理作业区对负压缺包检测的自检自查力度，以日为单位，即时维护调整参数，根据正常生产时的检测值，动态修改剔除门限参数（既要保证剔除准确又要保证不发生误剔的现象）。

（4）对操作工进行检测器相关培训，开班后对检测器进行有效自查，保证检测有效才能开机生产。

（5）制定相关管理规定，在人工打条环节加装烟条内缺包称重检测系统，并加重对烟条内缺包市场投诉相关责任人（操作人员、质量管理人员、修理工）处罚的方式，督促相关人员增强责任感，避免人为原因造成的烟条内缺包产品流入市场。

（6）以 ZB45 机型为试点，在条包机出口处，加装了烟条内缺包称重检测系统（见图4-27），缺包时烟条重量变轻，称重检测能够有效检测出缺包的烟条，并报警停机。烟条内缺包称重检测系统与负压缺包检测形成互补，构成二级防护，保证了缺包烟条不会流向市场。

（7）加装了烟条内缺包称重检测器的设备机组，检测器检查加上"烟条内缺包称重检测"这一检查项（见图4-28），并通过培训，保证相关操作人员都能规范操作该检测器，把烟条内缺包这一质量缺陷杜绝在源头环节。

图4-27　称重检测系统

图4-28　卷包车间检测器检查表

三、效果验证

（1）按照上述解决方案执行，即适当调高剔除门限值，定期清洁压板气孔及导气管后，检测器灵敏度明显提高，细支机组烟条内缺包光电检测器和称重检测器的检出率达到了100%。

（2）条包机出口处加装了烟条内缺包称重检测系统后，称重检测与负压缺包检测形成互补，构成二级防护，保证了缺包烟条均能被实时检出，并可以停机报警，杜绝了烟条内缺包产品流向市场。该项目改进实施完成至今，试点机组未再收到烟条内缺包市场投诉，说明烟条缺包这一质量缺陷已得到彻底解决。

第七节 小盒封签质量缺陷问题的机理研究

卷烟包装外观作为卷烟产品的"外衣",是卷烟产品质量的重要组成部分,在传递产品内在信息、树立品牌形象、鉴别真伪方面起着重要作用。

一、原因分析

(1)目前 GDX6S 包装机封签粘贴容易导致诸多的缺陷(见图 4-29),原因如下:GDX6S 速度较快和包装成型方式容易使烟包顶部在粘贴封签之前出现左右高低不平的情况,由于封签是在四号轮旋转的过程中完成粘贴的,加之封签通过吸风切刀轮切断后再由传送轮的吸风叉传送到封签的粘贴位置,吸风的大小以及吸风叉的位置均会影响封签的传送。吸风叉的叉臂间距位置不当,四号轮过渡板及压板的位置不当,四号轮鸭嘴的位置不当,四号轮与提升通道的过渡块、相对位置不当以及提升通道止退齿的位置不当等都会造成封签粘贴不良的情况。

图 4-29 GDX6S 包装机封签粘贴

(2)当出现封签粘贴不良的烟包后,一旦原有成像检测剔除系统灵敏度和可靠度不够高,就容易导致封签粘贴不良的烟包流入下游机。

(3)主机未剔除干净的封签粘贴不良的烟包以及在高空输送通道中产生的封签外观缺陷的烟包进入小盒透明纸包装机 C800 后,缺乏有效的检测和剔除手段,导致不良的烟包进入下道工序,进而流入市场。

二、整改措施

（1）当发现小盒烟包存在封签粘贴质量缺陷时，应及时对设备进行维修，对影响烟包封签粘贴质量的关键工序和关键点进行定期维修校检。定期校检的关键点如下：二号轮、三号轮烟包成型的情况，吸风切刀轮吸风的大小，封签裁切的情况，吸风叉吸风的大小及吸风叉的叉臂间距位置，四号轮过渡板及压板的位置，四号轮鸭嘴的位置，四号轮与提升通道的过渡块、相对位置以及提升通道止退齿的位置等。

（2）优化改进主机烟包出口成像检测剔除系统的灵敏度和可靠性（见图4-30）。

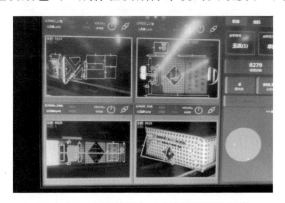

图4-30　主机烟包出口成像检测剔除系统

（3）在小盒透明纸包装机合适位置加装一套C800烟包成像检测剔除系统（见图4-31）。

图4-31　新加装的烟包成像检测剔除系统

三、效果验证

（1）定期对影响烟包封签粘贴质量的关键工序和关键点进行维修校检，封签粘贴外观存在缺陷的烟包大为减少（见图4-32）。

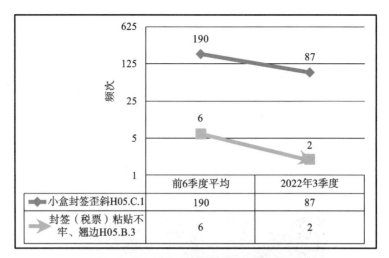

图 4-32　改善前后抽检封签缺陷频次对比

（2）主机烟包出口成像检测剔除系统的优化改进极大地提高了系统的灵敏度和可靠性，能及时有效地剔除检测到的存在封签粘贴缺陷的烟包。C800 烟包成像检测剔除系统的加装有效解决了主机剔除不干净的封签粘贴不良的缺陷烟包及在高空输送通道中产生的封签缺陷的烟包，形成了第二道保障通道，使得极少有流入后续工序的封签缺陷烟包（见图 4-33）。

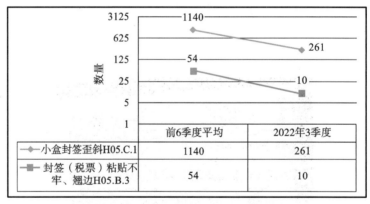

图 4-33　改善前后抽检封签缺陷数量对比

第八节　软包硬化小盒透明纸偏紧导致取出烟支后小盒变形问题的机理研究

在生产过程中，经常出现小盒透明纸偏紧，致使烟包变形或者取出烟支后出现小盒变形的缺陷，这种问题在软包硬化牌号产品较为常见。

一、原因分析

完成小盒透明纸包装的烟包在经过美容器装置时容易出现透明纸热封不平整、褶皱等缺陷，为了改善此缺陷，往往需要调整美容器的压力或者温度，美容器烙铁压力调整到合适大小能有效改善热封不平整等缺陷，但是又会造成小盒透明纸过紧，致使烟包变形。经过分析，此美容器设计存在如下缺陷。

（1）小包美容器存在着上、下烙铁可调行程短，压力调小效果不好，有太阳纹（不平整），压力调大又容易使透明纸过紧、烟包变形的问题。

（2）没有冷热板交替，停车一定时间后，烟包在烙铁区内容易把烟包烫坏，透明纸收缩过紧，严重影响产品质量。

为此，有必要对设计进行改进，重新设计既能实现热封功能又能保证产品质量的新的美容器。

二、整改措施

（一）机械部分

机械部分由以下部分组成。

（1）传动部件。连接移机后 C600 机与 CT 机的动力。

（2）齿轮箱部件。将原 C600 机与 CT 机传动箱的传动链动力引至齿轮箱，经齿轮、轴、槽凸轮和连杆，分别控制上、下烙铁，使其上、下运动状态与原机同步，即烟包每推送一个工位，烙铁即动作一次。槽凸轮的曲线控制上、下烙铁的上、下运动幅度。

（3）错位分烟部件。采用错位分烟形式，使 C600 转盘上重叠的两包烟错位分离进入上、下美容器区间进行美容。

（4）烙铁箱传动轴部件。支承上、下烙铁组件形成四连杆机构，使上、下烙铁作直线往复运动。

（5）上、下烙铁部件。满足美容器烟包效果和高低速及停机状态时冷、热区的工作状态。

（6）气缸部件。满足低速、高速或停机状态时烙铁的工作区间。

（7）上、下连杆部件。传递动力和当设备停机状态时，上、下烙铁由旋转气缸牵引提升 5 mm，增大烟道烟包的空间，便于透气，使烟包质量更为稳定。

（8）门组件。门关上时自然形成过烟通道，门打开时，便于检查与维护。

（9）检测器组件。遇到堵烟状态时，起到停机保护功能。

（10）出烟组部件。组成烟包通道与连接作用。

（二）电气控制系统部分

（1）温度控制。

（2）故障停机保护。

（3）高低速烙铁移动。

三、效果验证

新的美容器实现了冷热分区，烙铁可调节范围大，经过长时间的运行观察，烟包热封后平整、光滑、美观，无松弛、褶皱等缺陷，很好地保证了热封效果，同时基本不会出现烟包透明纸烫坏、透明纸收缩过紧，致使烟包变形或取出烟支后小盒变形的情况，新的美容器实现了较好的热封效果（见图4-34）。

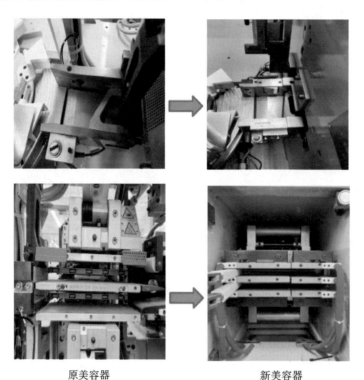

原美容器　　　　　　　　　　　　　　新美容器

图4-34　原美容器和新美容器对比

第九节 小盒密封度合格率整体 提升的机理研究

卷烟的外包装起着建立品牌认知的作用，尤其是烟用 BOPP 薄膜，更起到密封产品的作用。烟用 BOPP 薄膜是卷烟包装的最外层包装薄膜，不仅要能够保证香烟的储存、防水以及防止香味散发，而且外包装的品质对产品品牌的定位显得更为突出，因此烟膜的包装品质亟待提升。

一、原因分析

（1）从实际生产中可知，影响 BOPP 薄膜热封质量的工艺参数主要包括热封温度、烙铁的热封压力以及烙铁的热封时间，利用精益管理工具及数理分析方法，找出三者对于密封度的影响程度及交互影响关系。

（2）传统烙铁烫封面的设计与透明纸折叠后重叠面的接触，基本是面接触，虽然有些烙铁烫封面专为透明纸重叠面部分做凸起设计（烫封更牢固），但实际上也是面接触。透明纸折叠后的重叠区域，由多层透明纸重叠而成（最多可达 5 层）。理论上，应保证折叠后各层之间无间隙（确保烫封牢固且达到气密性要求）。实际上，透明纸在折叠后，重叠层之间是存在间隙的（即空气），当烙铁烫封面与透明纸重叠面接触瞬间，由于是面接触，重叠层里的空气无法排净，烫封后会出现不规则气泡痕迹，导致密封性达不到要求（见图 4-35 和图 4-36）。

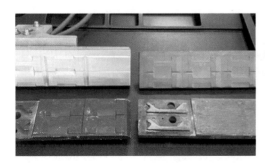

图 4-35 传统烙铁

图 4-36 烫封后出现不规则气泡痕迹

二、整改措施

（1）采用多元回归方程对热封温度、烙铁的热封压力以及烙铁的热封时间三个影响因子进行分析（见图4-37）。

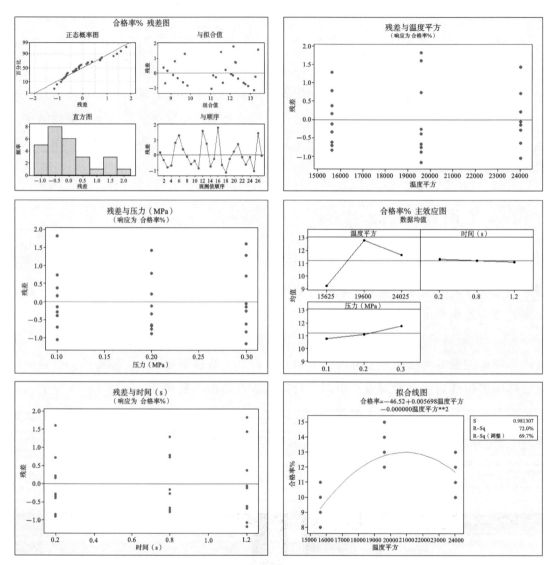

图4-37 回归方程分析结果

根据回归方程得出工艺参数最优值，温度选择144 ℃，时间为0.5 s，压力选择0.3 MPa，此时，气密性合格率取最大值14%。依据优化结果，再次进行气密性试验，条件分别选择最优工艺值参数，试验均值与期望接近，证实了模型预测值与试验值之间的良好拟合性，达到了优化目的。

（2）采用新型烙铁烫封面设计，将烙铁烫封面改为具有一定数量的向内凹陷的点阵式布置，由原烙铁烫封面与透明纸重叠面的面接触方式，改变为烙铁烫封面与透明纸重叠面能够接触的面周围有凹点包围。凹点的作用是当烙铁烫封时，网格线接触到透明纸重叠面的瞬时，网格线紧压透明纸重叠面形成线烫封，将重叠层之间未排净的空气排出或存于网格线凹入点部位，以达到提高小盒密封度的作用。根据此种构想推导出新的烙铁烫封结构，然后建立模型，得到烙铁的温度场分布情况，从而对烙铁的结构进行优化设计（见图 4-38）。

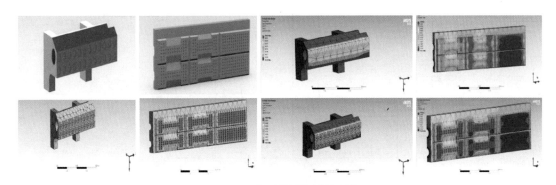

图 4-38　新型烙铁烫封面设计

（3）根据调整要求，设计端封烙铁调整工装。C600 端封烙铁调整工装由标尺座、顶座、调节螺栓组成，该工装可调整两个平行端面的距离，具有结构简单、调整快速、定位精准的突出优点（见图 4-39）。

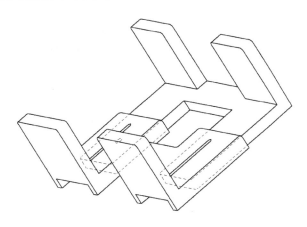

图 4-39　设计端封烙铁调整工装

三、效果验证

（1）建立了一套符合当前生产应用的热封工艺参数标准，温度选择 144 ℃，时间为 0.5 s，压力选择 0.3 MPa。

（2）优化了基于温度差产生的压差变化，从而设计了有利于空气排出的点阵式热封烙铁装置。

（3）设计了标准化的端封烙铁调整工装。

（4）小盒密封度合格率均值达到85.6%（见图4-40）。

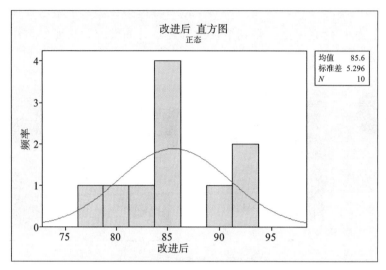

图4-40　改进后小盒密封度

第十节　本章小结

本章针对消费者重点关注的质量缺陷问题，深入开展了产品小盒开闭合性能研究、卷烟纸破损产生的机理研究、小盒上胶故障导致相关质量缺陷产生的机理研究、烟支过滤嘴脱落相关质量缺陷产生的机理研究、小盒透明纸相关质量问题的机理研究、烟条内缺包质量缺陷问题的机理研究、小盒封签质量缺陷问题的机理研究、软包硬化小盒透明纸偏紧导致取出烟支后小盒变形问题的机理研究、小盒密封度合格率整体提升的机理研究等9个质量指标影响机理研究，从人、机、料、法、环方面找出导致质量缺陷的关键因素，明确了产品品质提升的方向和手段，有针对性地制定整改和预防措施，并对整改效果进行验证，减少了消费者重点关注指标质量缺陷问题的发生，提升了产品质量和消费者满意度，并有以下结论。

（1）产品小盒开闭合性能研究从卷烟包装设备和包装材料两方面找出关键因素，明确改进点和改进机会，制定了整改预防措施，降低了产品小盒"开口笑"问题的发生率。

（2）卷烟纸破损产生的机理研究从卷烟机和烟支存储输送装置两方面找出关键因素，明确改进点和改进机会，为在线生产提供技术支撑，降低了卷烟纸破损率。

（3）小盒上胶故障导致相关质量缺陷产生的机理研究从商标压痕挺度和设备故障停机两方面找出关键因素，为在线生产提供技术支撑，降低小盒底部粘贴不牢有狭缝质量问题的发生率。

（4）烟支过滤嘴脱落相关质量缺陷产生的机理研究从生产设备和控制关键参数两方面找出关键因素，制定了烟支过滤嘴脱落预防纠正措施，为在线生产提供技术支撑，降低烟支过滤嘴脱落质量问题的发生率。

（5）小盒透明纸相关质量问题的机理研究结论如下。

①小盒透明纸泡皱、底部皱褶消费者体验性质量研究综合运用 PDCA、鱼骨图等工具，从人、机、料、法、环等方面找出关键因素，明确改进点和改进机会，从设备专项技术改造、推动烟用材料适用性优化一机一策，建立多维度质量管理体系等方面制定整改措施。

②小盒透明纸破损缺陷消费者体验性质量研究从机械原因、电气原因、辅料原因、人员原因等方面找出关键因素，明确改进点和改进机会，制定整改措施。

（6）烟条内缺包质量缺陷问题的机理研究从检测技术和人员管理两方面找出关键因素，明确改进点和改进机会，制定整改措施，并对整改效果进行验证，验证结果表明整改后的烟条内缺包质量缺陷已得到彻底解决。

（7）小盒封签质量缺陷问题的机理研究从 GDX6S 包装机封签粘贴、成像检测剔除系统、小盒透明纸包装机 C800 等方面找出关键因素，明确改进点和改进机会，制定整改措施，并对整改效果进行验证，验证结果表明整改后小盒封签质量缺陷已得到彻底解决。

（8）软包硬化小盒透明纸偏紧导致取出烟支后小盒变形问题的机理研究从美容器烙铁方面找出关键因素，明确改进点和改进机会，从机械部分和电气控制系统部分两方面制定整改措施，并对整改效果进行验证，验证结果表明，新的美容器实现了较好的热封效果。

（9）小盒密封度合格率整体提升的机理研究从热封温度、烙铁的热封压力以及烙铁的热封时间、烙铁烫封面的设计等方面找出关键因素，明确改进点和改进机会，制定整改措施，并对整改效果进行验证，验证结果表明整改后小盒密封度合格率均值达到85.6%。

第五章

消费者体验过程重点关注指标的应用

General Technical Guide to
Indicators of Consumer Care

第一节 消费者体验过程重点关注的缺陷指标和引领指标的方法研究

中华人民共和国国民经济和社会发展第十四个五年规划和 2035 年远景目标纲要指出"十四五"时期我国经济社会发展指导方针和主要目标包括"以推动高质量发展为主题,以深化供给侧结构性改革为主线,以改革创新为根本动力,以满足人民日益增长的美好生活需要为根本目的"。卷烟产品质量是烟草行业最为关注的主题之一,长期以来,烟草行业以"国家利益至上、消费者利益至上"行业核心价值观为指引,力求在保障卷烟产品质量的基础上不断提升消费者的消费体验。

现行卷烟国家标准中卷烟产品质量指标主要包括卷烟包装外观质量、卷烟卷制质量、烟气质量和感官质量。随着国民经济的全面发展,消费者对卷烟的包装外观、烟支类型等有了更高的消费需求,细支卷烟、中支卷烟、短支卷烟和爆珠卷烟等新兴卷烟类型不断涌现,对于卷烟质量,消费者也有了更高的需求。从近年来的市场反馈情况看,随着产品工艺质量的逐步提升,围绕卷烟工艺加工质量的消费者反馈和诉求量逐年降低,而围绕卷烟外观、抽吸过程燃烧灰柱外观、灰柱完整性、包灰、落头等方面的诉求量呈上升趋势,对卷烟产品的质量评价和提升提出了更高的要求。对 2015 年以来公开文献和部分企业市场反馈材料的梳理发现,消费者重点关注的国家标准外的指标主要有包灰、落头、粘唇、灰色、烫口等,如图 5-1 所示。

图 5-1 消费者重点关注指标词云图

因此，开发相应检测方法，为产品质量的评价提供技术支撑势在必行。

一、烟用接装纸疏唇性能测试方法研究

烟用接装纸是卷烟过滤嘴部分最外层的专用包装纸，用于将过滤嘴与卷烟烟支接装起来。对于卷烟抽吸者来说，卷烟的过滤嘴部分粘到嘴唇上，会对抽吸感受产生很大的影响，严重时还会粘掉嘴唇上的皮肤，为抽吸者带来一定的伤害。疏唇（lip release）性能是用来描述抽吸者嘴唇和卷烟过滤嘴部分接触时不粘在一起的能力。

针对疏唇性能的测试评价，还没有较为准确和成熟的方法，因此，需要探索一种直观、准确、方便的测试评价方法，来衡量接装纸的疏唇性能，从而减少卷烟抽吸时过滤嘴粘住嘴唇的情况发生。

（一）研究背景

国外从 20 世纪 90 年代初期就开始关注卷烟疏唇性能，1997 年的一项美国专利改进了接装纸的生产方法，提高了接装纸的疏唇性能。Lindner M. 等研究了烟用接装纸的疏唇性能的影响因素，并初步构建了疏唇性能与各个影响因素之间关系的方程。Lindner M. 等人建立了接装纸疏唇性能的评价模型，并将其应用于接装纸加工时疏唇性能的预测和控制。国内的一些接装纸生产厂家也对疏唇性能进行了关注，然而，由于技术和水平所限，生产出的接装纸疏唇性能还是参差不齐。

（二）方法的技术内容

为提出适用于烟用接装纸疏唇性能的测试方法，评价烟用接装纸在接触嘴唇时与嘴唇的粘连程度，提出了基于墨水渗透和计算机视觉评价的测试方法。

1.试样制备

从同一生产批、同一规格检查批中随机选取 5 张烟用接装纸，并裁切成 20.0 mm × 20.0 mm 的正方形，裁切时避开打孔区域。

2.试验步骤

试验步骤如下。

（1）根据纸样规格尺寸，将烟用接装纸使用裁切装置裁切成合适尺寸的测试样品，裁切时避开打孔区域，通过成像系统采集样品图像，计算区域面积 S_0，如图 5-2 所示。

（2）配制浓度为 20% 的染色剂，将染色剂装在容器中，容器开口尺寸需大于步骤（1）中的样品尺寸，如图 5-3 所示。

（3）将步骤（1）中制备的接装纸样品轻轻放入步骤（2）中的染色剂溶液，接装纸印刷面（近唇面）接触染色剂溶液，使用计时装置计时。

图 5-2　未染色的接装纸图像

图 5-3　接装纸在蒸发皿中的放置方式

（4）待接装纸在染色剂中浸润 10 s 后，取出接装纸样品，将接装纸放置在蒸发皿中自然干燥。

（5）将干燥后的接装纸展平，使用图像获取装置获取接装纸的未印刷面（远唇面）的清晰照片，如图 5-4 和图 5-5 所示。

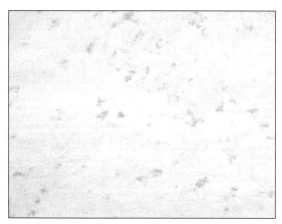

图 5-4　染色后的接装纸图像

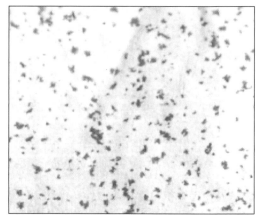

图 5-5　干燥后的接装纸

（6）使用图像分析处理软件对步骤（5）中拍摄的样品照片进行分割处理，分离出接装纸样品未印刷面（远唇面）被着色的区域，计算区域面积 S_1，如图 5-6 所示。

（7）定量计算被着色区域面积占样品面积的比例，通过式（5.1）计算被着色区域面积占样品面积的比例 R。烟用接装纸疏唇性能定量测试结果如图 5-7 所示。

$$R = \frac{S_1}{S_0} \times 100\% \qquad （5.1）$$

（8）依次测定 5 张样品，以 5 张样品的平均值作为测试结果，修约至 0.1%。

| 图 5-6　分割处理后的染色接装纸图像 | 图 5-7　烟用接装纸疏唇性能定量测试结果 |

3. 结果判定

以样品的着色比例表征烟用接装纸疏唇性能，着色比例越小，疏唇性能越好。

二、烟用接装纸脱色测试方法研究与开发

（一）研究背景

《烟用接装纸》YC 171—2014 规定脱色试验内容为："从其他检验项目试样中制样，沿纵向裁切 25 cm² 作为试料，放入盛有 100 mL 蒸馏水的比色管中，30 ℃下浸泡 2 h 后取出试料，与空白比较观察浸泡液的颜色是否改变。"该方法存在如下问题：①脱色试验内容不够详细，特别是对脱色现象的判定描述过于简单，未针对采用复合工艺生产的"特殊工艺接装纸"脱色试验过程中出现的涂层分离、脱落、漂浮等脱色现象给出相关规定；②采用的水浸泡方式不能真实地模拟接装纸接触口腔过程；③未考虑唇齿的压力作用；④接触时间和温度等条件不够科学合理。上述问题的存在导致在实施烟用接装纸脱色试验、烟用接装纸质量管控过程中，存在检测操作不够规范、检验结果易出现争议等问题。

（二）脱色原因分析

脱色原因分析如下。

（1）由于转移膜镀铝时镀铝不均匀、厚度太薄或者太厚。

（2）在加香、加料过程中导致试验过程中出现脱色现象。

（3）采用复合工艺，导致两层间涂层粘连不牢固，发生掉片、脱落。

（三）改进措施

特殊（复合）工艺接装纸在检验过程中按现有的标准方法不能明确判定脱色现象，因为试样出现了浸泡后涂层分离、脱落等现象，所以现行标准的脱色试验方法只适用于普通原纸型接装纸。针对特殊工艺接装纸在检验中出现的问题及现象，本小节研究开发了"烟用接装纸脱色测试 —— 浸泡法"测试方法。

（四）试剂及仪器设备

试剂及仪器设备如下。

（1）水：应符合《分析实验室用水规格和试验方法》GB/T 6682—2018 中三级水的要求。

（2）恒温水浴锅：恒温精度 ±1 ℃。

（3）比色管：应符合《烟用接装纸》YC 171—2014 规定的要求。

（4）背景板：用于观察比色管中试样浸泡液的颜色变化，且不影响检测结果的基材，如白卡纸。

（5）测试光源：非透射非直射太阳光。

（6）镊子：用于从比色管中取出样品。

（7）裁切工具：用于样品制备。

（五）试样制备

在《纸、纸板和纸浆 – 试样处理和试验的标准大气条件》GB/T 10739—2023 规定的标准环境大气条件下对样品进行调节后，沿纵向裁切 10 张大小为 25 cm² 的样品作为试样。

（六）试验步骤

1.浸泡试验

将试样放入盛有 100 mL 水的比色管中，置于 30 ℃恒温水浴锅中浸泡 2 h。

2.浸泡液制备

按相应试验条件进行浸泡试验，2 h 后取出试样得到试样浸泡液。

3.空白试液制备

不加试样，重复上述两个步骤，得到空白试液。

（七）目测检验

1. 一般性要求

目测判定时，应使用符合要求的背景板，在测试光源下观察，以排除视觉误差和背景干扰。

2. 常规接装纸

制备试样，2 h 后浸泡液与空白试液比较，观察浸泡液的颜色是否发生改变。

3. 特殊接装纸

（1）特殊接装纸脱色测试包括以下三个步骤。

①制备试样浸泡液，将试样浸泡液与空白试液进行比较，观察浸泡液的颜色是否发生改变。

②开展浸泡试验，2 h 后在不取出试样的情况下，观察试样浸泡液中是否有试样涂层脱落、涂层漂浮现象。

③开展浸泡试验，2 h 后将浸泡后的接装纸试样置于洁净、平整的实验台上，用手指指腹按压并轻触往复摩擦试样（在往复摩擦试样时，检验人员摩擦用手的手腕不宜离开桌面，往复摩擦次数为 5 次），观察试样表面是否有分离或脱落现象。

（2）在实施上述三个脱色测试步骤过程中，如发现浸泡液颜色改变、试样涂层发生脱落或漂浮、因触摸试样表面发生分离等现象中的任意一种时，按照相关规定进一步开展烟用接装纸耐唾液色牢度测试及判定。

（3）根据观察到的现象，议定脱色检验结论，典型脱色现象如图 5-8 ～图 5-11 所示。

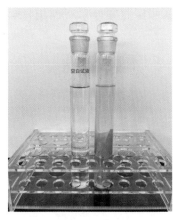

图 5-8　脱色 1（颜色发生
变化）现象图示

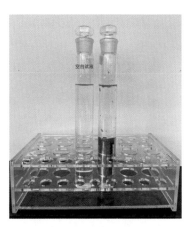

图 5-9　脱色 2（涂层脱落、
漂浮）现象图示

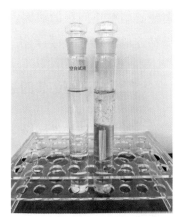

图 5-10　脱色 3（涂层分离）
现象图示

图 5-11　脱色 4（用手摩擦分离脱落）现象图示

三、烟用接装纸粘连测试方法研究与开发

（一）研究背景

随着技术水平的发展和强势品牌及低焦油卷烟的大量出现，烟用接装纸也由原来的普通、单一的涂布型接装纸，逐步被新型、特殊型的接装纸替代，如转移、高亮度、金属质感、加香增味等接装纸。在生产制造过程中，这些新型、特殊型接装纸具有比普通接装纸工艺更复杂、烫金面积更大、油墨成分更复杂等特点，导致部分烟用接装纸存在粘连问题。烟用接装纸卷成烟支塞进烟盒后，卷烟在生产、存储、运输与销售过程中，会出现烟支粘连问题。如果吸烟者在取烟、敬烟和吸烟过程中，出现烟支粘连现象，必会产生不愉悦的消费体验，导致卷烟产品被投诉，给生产企业造成一定的经济损失，且严重影响企业形象。针对上述存在的问题，通过文献调研、分析供应商生产工艺流程、油墨工艺、耐温性、运输环节温湿度影响及卷烟生产企业设备整形温度参数等影响因素，围绕卷烟粘连问题的成因，基于大量实验研究分析对比，本小节研究开发了"烟用接装纸粘连的测定 —— 热封法"测试方法。

（二）主要技术内容

1. 检测方法开发思路

参照《涂层织物 抗粘连性的测定》FZ/T 01063—2008，拟研究开发具有普适性的接装纸粘连测试方法，并从以下方面优化条件：①影响接装纸粘连的因素（温度、湿度、压力、时间）；②设计实验，考察温度、湿度、压力、时间对接装纸粘连的影响；③根据实验结果设计相关仪器，并验证方法的可行性。

2. 方法研究

（1）高温的影响情况。

实验方法：将接装纸样品裁成 15 mm 宽的条状，置于热封仪上，设置不同的温度梯度（80 ℃、120 ℃），将 2 片印刷面相对，在加热状态下压在一起，在放大镜下观察粘连情况。实验室相对湿度控制在 50%。

实验结果表明：在 80 ℃下加压 80 s，钓鱼台（中支）接装纸开始有轻度粘连，随着温度升高，加压时间增长，粘连情况越严重，在 120 ℃下加压 80 s，粘连已经很严重，放大镜下见明显脱色或露底的粘痕；同等条件下紫云和大重九粘连不明显。

（2）高温高湿的影响情况。

由于目前恒温恒湿箱能达到的极端高湿条件是 80% 相对湿度，根据调研情况，实验条件取 50 ℃温度，80% 相对湿度的条件。

实验方法：将接装纸样品裁成 15 mm 宽的条状，以夹子将 2 片印刷面相对夹在一起，置于恒温恒湿箱中，放置 30 min，取出观察粘连情况。

实验结果表明：①钓鱼台（中支）接装纸样品明显粘连，需用外力分离，放大镜下观察，粘连处有明显白色痕迹；②同等条件下，紫云和大重九粘连不明显。

（3）方法研究小结。

采用高温条件或高温高湿条件进行实验，可以初步区分粘连和不粘连的接装纸，具有建立接装纸粘连性测试方法的可能性。

3. 接装纸粘连风险初步排查

（1）排查工作。

采用高温条件或高温高湿条件对部分云产卷烟烟用接装纸粘连性进行初步筛查，共筛查 35 个接装纸样品。

（2）初步排查结果。

初步排查结果如表 5-1 所示。

表 5-1　初步排查结果

序号	样品名称	120 ℃，80 s	50 ℃，80% 相对湿度
1	玉溪（中支阿诗玛）（7.2）42.5 g/m²	轻度粘连	粘连
2	玉溪（中支阿诗玛）甜味、凉味降 30%	×	×
3	玉溪（中支阿诗玛）甜味 0、凉味降 50%	×	×
4	玉溪（中支阿诗玛）甜味 0 凉味 0	×	×
5	红河（快乐）	×	×
6	钓鱼台（中支）	粘连	粘连
7	钓鱼台（84 mm 细支）	轻度粘连	×
8	玉溪（华叶）	粘连	粘连

续表

序号	样品名称	120 ℃，80 s	50 ℃，80% 相对湿度
9	玉溪（高配版）	轻度粘连	粘连
10	云烟（云端）41 g/m²	轻度粘连	轻度粘连
11	70 mm 云烟（细支云龙）	轻度粘连	×
12	74 mm 云烟（黑金刚印象）	轻度粘连	轻度粘连
13	70 mm 玉溪（初心）	轻度粘连	轻度粘连
14	玉溪（软尚善）	轻度粘连	轻度粘连
15	红塔山（新时代）（7.1 版）40.5 g/m²	粘连	轻度粘连
16	玉溪（双中支翡翠）44.5 g/m²	粘连	轻度粘连
17	玉溪（硬）升级版（7.1）	粘连	轻度粘连
18	64 mm 红河（硬）	×	×
19	云烟（中支天眼）43.5 g/m²	×	×
20	云烟（硬云龙）	×	×
21	云烟（9+1）"9" 集友	轻度粘连	粘连
22	红塔山（硬传奇）（7.1 版）41.5 g/m²	粘连	轻度粘连
23	红塔山（细支传奇）（3.0 版）41.5 g/m²	粘连	轻度粘连
24	云烟（软大重九）	×	轻度粘连
25	玉溪（中支和谐）（7.2.1）42.5 g/m²	粘连	轻度粘连
26	74 mm 云烟（中支大重九）	×	×
27	云烟（74 mm 大团结）	×	×
28	云烟（细支珍品）	×	×
29	74 mm 云烟（9+1 大重九）	轻度粘连	粘连
30	云烟（中支金腰带）38.59 g/m²	×	×
31	云烟（软礼印象）	×	轻度粘连
32	云烟（细支珍品）38.5 g/m²	×	×
33	云烟（紫）	×	×
34	云烟（软珍品）	×	轻度粘连
35	盛世小熊猫	×	×

注：× 表示无粘连。

（3）排查结果分析。

不同材料、涂层和添加剂的接装纸，粘连情况不同，影响因素不同，如玉溪（中支阿诗玛），粘连的主要原因是接装纸中加入了甜味剂，受湿度的影响，在单纯的高温下并不粘连，在甜味剂和凉味剂降低30%的情况下，在高温高湿环境中的粘连有所缓解；而玉溪（双中支翡翠）粘连的主要原因是存在高光涂层（丙烯酸树脂类），受高温的影响，在120 ℃下粘连，而在高温高湿环境中轻度粘连。

4.方法研究比较

（1）烘箱法。

①裁取300 mm长的整幅烟用接装纸，沿中心纵向均分为2份，每份沿横向印刷面相对折叠为一组150 mm长的样品，制备6组备用。

②将6组试样平铺于200 mm × 200 mm×3 mm两块玻璃板之间。将质量为2 kg的砝码放在玻璃板的合适位置上，使压力分布均匀，成为一个试样组件。

③将试样组件放在烘箱中，于（120±2）℃条件下放置1 h。

④从烘箱中取出试样组件，冷却至室温，然后从玻璃板中取出试样，小心地分离试样，并检查涂层的黏附或剥离情况。

（2）热封法。

①裁切一定长度的试样，数量不少于5张，对每一张试样从宽度中心位置进行平分裁切，裁切后的试样印刷面对折。

②将热封仪上热封点全部开启，热封温度全部调至（120±2）℃，热封时间调至80 s。将对折后的试样放在热封仪上加热，加热时应保证热封线与接装纸试样纵向垂直。

③加热完成后，将试样取出，冷却至室温，然后进行试样的分离，观察印刷面涂层是否有粘连、剥离、脱落等现象。

（3）检测结果对比。

两种方法检测结果对比如表5-2所示。

表5-2　烘箱法与热封法检测结果对比

序号	样品名称	烘箱法	热封法
		120 ℃，1 h	120 ℃，80 s
1	玉溪（中支阿诗玛）（7.2）42.5 g/m²	轻粘/脱色	轻粘
2	玉溪（中支阿诗玛）甜味、凉味降30%	×	×
3	玉溪（中支阿诗玛）甜味0、凉味降50%	×	×
4	玉溪（华叶）	粘连/脱色严重	粘连/脱色严重
5	玉溪（高配版）	×	轻度粘连

续表

序号	样品名称	烘箱法 120 ℃，1 h	热封法 120 ℃，80 s
6	红塔山（新时代）（7.1 版）40.5 g/m²	粘连 / 脱色严重	粘连 / 脱色严重
7	玉溪（双中支翡翠）44.5 g/㎡	粘连 / 脱色严重	粘连 / 脱色严重
8	玉溪（硬）升级版（7.1）	粘连	粘连 / 脱色严重
9	云烟（9+1）"9"集友	轻粘	轻粘
10	红塔山（硬传奇）（7.1 版）41.5 g/m²	粘连 / 脱色	粘连 / 脱色
11	红塔山（细支传奇）（3.0 版）41.5 g/m²	粘连 / 边上脱	粘连 / 脱色严重
12	玉溪（中支和谐）（7.2.1）42.5 g/m²	边上粘连，脱色严重	粘连 / 脱色严重
13	74 mm 云烟（9+1大重九）	轻粘	轻粘

注：× 表示无粘连。

（4）两种检测方法对比结论。

①项目组挑选了 13 个代表性样品，用烘箱法和热封法进行对比实验，结果表明两个方法检测结果基本一致。

②实验过程中，发现烘箱法检测结果会出现有的粘连、有的不粘连的情况，稳定性和重复性不是很好，原因是砝码放在玻璃板上使接装纸受力不均匀，且该方法用时长，操作麻烦；热封法相对烘箱法操作简单、方便、快捷，稳定性、重复性好，且具有推广性，故项目组决定采用热封法进行后续试验。

5. 方法的优化建立

本方法参照《涂层织物 抗粘连性的测定》FZ/T 01063—2008 标准制订框架。选用两种不同重量的砝码，设置不同的温度梯度（80 ℃、100 ℃、120 ℃），实验室环境条件：温度控制在（23±1）℃；相对湿度控制在（50±2）%。选取 30 个样品，进行不同压力、温度条件下的粘连性实验。

实验结果如下。

（1）通过实验结果可以看出，利用小砝码（0.214 kg）在 80 ℃和 100 ℃条件下，部分存在粘连风险的样品没有被筛选出来，项目组结合前期研究的烘箱法和卷烟生产、堆放、储运等环境因素，最终选择使用大砝码（1.098 kg）。

（2）由实验结果可以看出，在 80 ℃的条件下，结合市场反馈结果以及卷烟成品小包粘连性实验结果，部分存在粘连风险的样品未被筛选出来，存在漏筛的风险，故项目组最终选择 100 ℃作为实验温度。

（3）120 ℃的条件下，大量没有粘连风险的样品也出现了粘连现象，可能存在误判的风险；同时，对接装纸供应商调研了解到，在接装纸生产制造过程中，容易出现粘连现象的主要问题出在电化铝（烫金）位置，电化铝生产工艺的极限温度在 100 ℃ 左右，120 ℃ 的条件太过严苛，故不作为后续试验温度。

6. 仪器设备

（1）压缩空气装置：0.1 ～ 0.6 MPa 可调，精度 ±5%。

（2）热封仪：热封温度范围 0 ～ 200 ℃ 可调，温度波动 ±2 ℃，热封时间 0.1 ～ 99.99 s 可调，热封压力 1.8 kPa。

（3）砝码盘：由多个砝码组合而成，每个砝码质量为 1 kg。

7. 试样制备

（1）以同一生产批、同一类型、同一规格的烟用接装纸为一个检查批，按照实验要求的规定进行实验室样品的抽取。

（2）按《纸和纸板试样的采取及试样纵横向、正反面的测定》GB/T 450—2008 的规定进行试样的选取，裁切一定长度的试样，数量不少于 5 张；对每一张试样从宽度中心位置进行平分裁切，如图 5-12 所示。

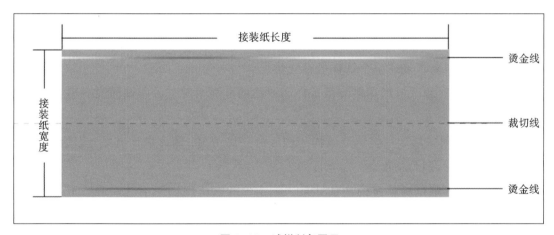

图 5-12　试样制备图示

（3）制备的试样不应有折痕、砂眼、孔洞、裂口、水印、污点等影响使用的外观缺陷。

8. 试验步骤

（1）将热封仪上热封点全部开启，热封温度全部调至（100±2）℃，热封时间调至 80 s。

（2）取试样，将试样印刷面进行对折，待用，如图 5-13 所示。

（3）将砝码盘抬起放到夹持装置上，将试样放置于热封仪绝缘盘上，放下砝码盘，按下热封按钮，沿宽度方向在热封仪上加热，加热时应保证热封线与接装纸试样纵向垂直。

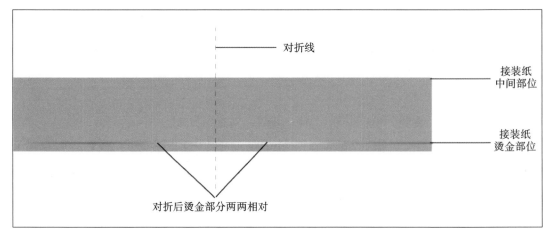

图 5-13　试样测试图示

（4）加热完成后，将砝码盘抬起放到夹持装置上，将试样取出，冷却至室温，然后进行测试后烟用接装纸试样的分离，观察测试后烟用接装纸试样印刷面是否有粘连、涂层剥离、涂层脱落等现象。

（5）按照上述（2）～（4）的步骤，对试样印刷面中间部位测试3组，对印刷面烫金部位测试3组，共测试6组，并在实验报告中注明测试面位置。

9. 结果的表述

（1）按下列要求表述单个试样的粘连情况。

不粘连：观察测试后烟用接装纸试样印刷面的分离情况，若印刷面没有粘连情况，则为不粘连。

粘连：观察测试后烟用接装纸试样印刷面的分离情况，若印刷面有粘连、涂层剥离、涂层脱落等现象，则为粘连。

（2）汇总6组试样粘连的测试结果，依据单一试样印刷面中粘连最严重的情况，作为试验结果，并增加备注栏，在备注栏描述粘连位置和情况。

（3）由三人及以上组成评定小组，若评定结果有争议，以2/3及以上人数认同的结论作为最终结果。

四、卷烟燃烧锥落头倾向测试方法研究

（一）研究背景

随着卷烟消费市场中消费体验的不断升级变换，消费者对卷烟的消费诉求已不再是满足于价格高低、是否好抽，而是上升到视觉、味觉、嗅觉、触觉、听觉的"五感"体验。

在卷烟燃吸过程中,味觉、嗅觉感知烟气质量,视觉感知烟支燃烧过程的外观形貌,而"五感"中任何一方面感受得不到满足都将有可能影响消费体验,降低消费者对卷烟品牌的满意度。燃烧锥是卷烟燃烧过程中形成的碳化锥形体,燃烧锥的形态,如锥长、锥面积、偏离角等是烟丝、卷烟纸、烟支卷制特性及燃烧过程综合作用的结果,卷烟燃烧锥形态在一定程度上将影响落头倾向。燃烧锥掉落会使抽吸中断,影响消费体验,严重的话可能会引发火灾,危及生命财产安全。因此,研究影响卷烟燃烧掉落的因素尤为迫切,这将为卷烟产品的改进提供理论依据。本研究针对大气压及调节湿度环境,研究了不同地理位置的两家实验室中卷烟燃烧锥落头倾向、燃烧速率、抽吸口数以及同一家实验室中不同湿度调节对卷烟燃烧锥落头倾向的影响,旨在为进一步改善卷烟燃烧锥落头提供技术支撑。

（二）材料与方法

1. 样品

分析样品包含常规烟 8 个、细支烟 3 个、中支烟 4 个、短支烟 2 个。样品信息如表 5-3 所示。

表 5-3　样品信息

样品编号	样品名称	价类	规格
YN2021001	玉溪（硬）	一类	常规
YN2021002	红塔山（软经典）	高三类	常规
YN2021003	云烟（软印象烟庄）	一类	常规
YN2021004	云烟（福）	二类	常规
YN2021005	红河（硬88）	高三类	常规
YN2021006	红河（A7）	二类	常规
YN2021007	玉溪（108）	一类	短支
YN2021008	云烟（74 mm 大团结）	一类	短支
YN2021009	玉溪（中支华叶）	一类	中支
YN2021010	玉溪（鑫中支）	一类	中支
YN2021011	云烟（中支大重九）	一类	中支
YN2021012	云烟（中支金腰带）	一类	中支
YN2021013	云烟（细支珍品）	一类	细支
YN2021014	玉溪（细支初心）	一类	细支

样品编号	样品名称	价类	规格
YN2021015	玉溪（创客）	一类	细支
YN2021016	监控样品 A	高三类	常规
YN2021017	监控样品 B	高三类	常规

2. 研究方法

落头倾向的测试依据行业标准《卷烟 燃烧锥落头倾向的测试》YC/T 558—2018，卷烟燃烧速率的测试依据国家烟草质量监督检验中心实验室方法，具体方法简述如下。

燃烧速率指卷烟燃烧过程中炭线位置变化的速率，以 mm/min 表示。

燃烧锥落头性能的测试依据行业标准中弹击方式测试卷烟燃烧锥落头倾向的方法，标准中燃烧锥落头倾向的定义为"在一批卷烟试样中，发生燃烧锥落头的烟支数与被测烟支总数的比值"，实验测试的烟支总支数为 200 支，弹击的力度等参数是根据烟支圆周分别选用《卷烟 燃烧锥落头倾向的测试》YC/T 558—2018 表 1 中推荐的常规卷烟、细支卷烟对应的测试条件（见表 5-4），现行标准中未规定中支卷烟的部分条件，如夹持力度和施力频次等，可参照细支卷烟的技术要求，短支卷烟参照常规卷烟的技术要求。

表 5-4 落头倾向测试条件

参数	常规（短支）卷烟	细支卷烟	中支卷烟
施力力度 /mN	373	314	333
施力作用时间 /s	0.030	0.030	0.030
施力位置 /mm	30.0	32.0	31
夹持力度 /mN	177	157	157
夹持位置 /mm	18.0	19.0	18
施力频次	2	1	1
烟蒂长度 /mm	45.0	47.0	46
施力时机	第二口起每口抽吸结束后 10 s 内实施弹灰动作		
持烟夹宽度 /mm	10.0		
弹击锤宽度 /mm	10.0		
施力角度 /（°）	45		

（三）燃烧锥落头影响因素差异分析

1. 不同类型卷烟落头位置差异分析

为了考察测试条件差异对落头测试的影响，分析了落头位置的差异，落头位置测试结果对比如图5-14所示。两家实验室的落头位置测试结果分布和平均值均有一定的差异，云南中烟实验室的测试结果中，玉溪（硬）、红塔山（软经典）、云烟（中支大重九）的落头时剩余长度均大于质检中心，表明落头出现得较早，云烟（中支金腰带）、云烟（细支珍品）和玉溪（细支初心）的落头时剩余长度小于质检中心，表明落头出现得较晚。

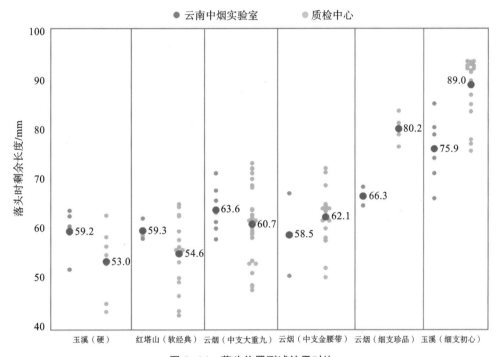

图5-14　落头位置测试结果对比

2. 不同类型卷烟燃烧速率差异分析

燃烧速率能够反映两家实验室大气压力的差异，图5-15是燃烧速率的测试结果对比情况，云南中烟实验室的测试结果的燃烧速率明显低于质检中心。

3. 不同类型卷烟抽吸口数差异分析

抽吸口数和燃烧速率一样，能够反映两家实验室大气压力的差异，图5-16是抽吸口数的测试结果对比情况，云南中烟实验室的测试结果的抽吸口数整体上大于质检中心，比质检中心一般多抽吸1口。

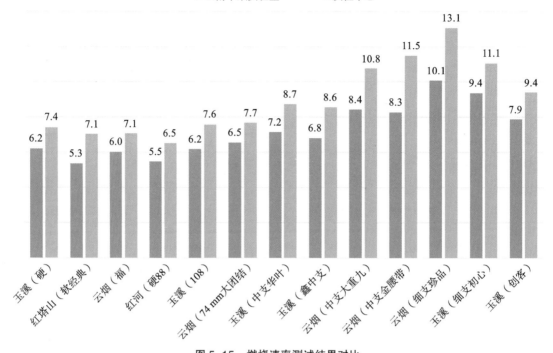

图 5-15　燃烧速率测试结果对比

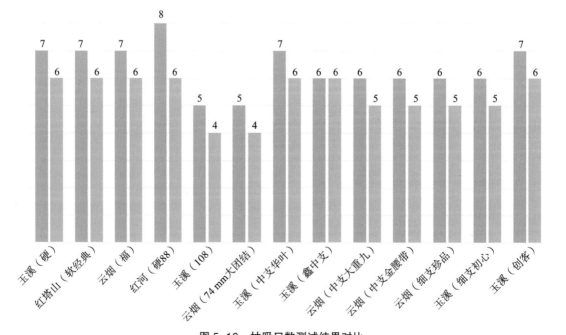

图 5-16　抽吸口数测试结果对比

（四）调节温湿度对卷烟燃烧锥落头倾向的影响

选取 5 个样品，每个样品测试 2 轮，每轮测试 40 支。测试前分别在温度（22±1）℃，相对湿度 30%、40%、50%、60%、70% 的环境中调节 48 h，考察调节温湿度条件对样品落头倾向的影响。

调节温湿度对卷烟燃烧锥落头倾向的影响测试结果如表 5-5 和图 5-17 所示，除监控样品 B 外，所有调节温湿度下的样品均出现了燃烧锥落头，各条件下样品的落头倾向有一定差异，但整体随调节湿度的增加，落头倾向呈降低趋势。

表 5-5　调节温湿度对卷烟燃烧锥落头倾向的影响测试结果　　　　　　（单位：%）

样品编号 \ 调节湿度	30	40	50	60	70
YN2021002	12.5	5	5	15	2.5
YN2021003	7.5	7.5	2.5	7	2.5
YN2021006	7.5	7.5	12.5	4	7.5
YN2021016	15	12.5	7.5	5	2.5
YN2021017	0	0	0	0	0

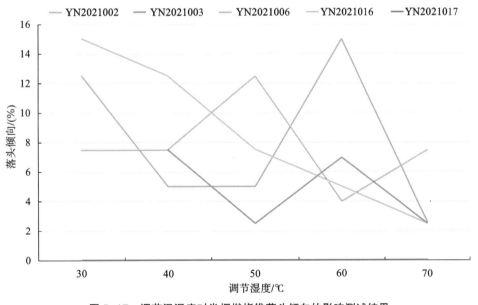

图 5-17　调节温湿度对卷烟燃烧锥落头倾向的影响测试结果

随着环境湿度的增加，烟丝和卷烟纸的含水率增加，单支质量增大，吸阻增加，硬度减小，烟丝柔韧性变好。含水率的增加也会引起卷烟燃烧速率的变化，表 5-6 和图 5-18 是调节温湿度对卷烟燃烧速率的影响测试结果，随着调节湿度的增加，卷烟燃烧速率呈下降趋势。

表 5-6　调节温湿度对卷烟燃烧速率的影响测试结果　　　　（单位：mm/min）

样品编号 ＼ 调节湿度	30	40	50	60	70
YN2021002	8.7	8.0	7.7	7.1	5.9
YN2021003	11.0	10.1	9.1	8.0	6.0
YN2021006	10.7	10.0	9.3	7.5	6.3
YN2021016	9.4	8.7	8.0	7.4	6.2
YN2021017	10.2	9.9	9.7	8.4	6.8

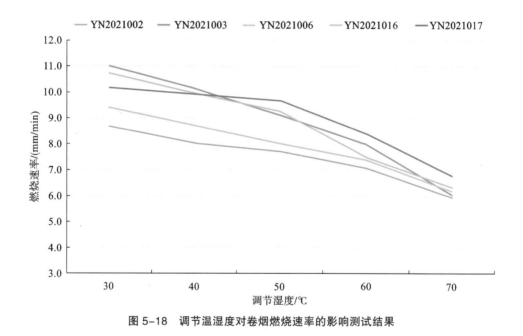

图 5-18　调节温湿度对卷烟燃烧速率的影响测试结果

综合来看，在干燥环境中放置时间较长的卷烟燃烧速率更高，落头的概率更大。

五、卷烟包灰性能测试方法研究与开发

（一）研究背景

卷烟包灰是消费者在抽吸卷烟时视觉感知到的烟支燃烧灰分的综合表现，好的包灰性能更能吸引消费者的注意力，增加消费者对卷烟产品的美誉度。行业内多家工业企业都将卷烟包灰作为产品形象宣传的重点，例如：黄金叶（天叶）主打宣传语"烟丝金黄金黄，烟灰雪白雪白"，中华（金短支）主打宣传语"包灰一根到底，品质看得见、可感知",小熊猫（中支）主打宣传语"高包灰的贴心享受"。因此，改善卷烟产品的包灰性能，提升消费者满意度，对提升卷烟产品的市场竞争力具有深远的意义。本研究开发了基于计算机视觉的卷烟包灰性能的测试方法，并针对大气压、温湿度环境、测试区域和拍摄方式进行了研究，旨在全面了解影响卷烟包灰性能的外在环境因素，改善卷烟产品的包灰性能，提升卷烟产品的市场竞争力。

（二）主要技术内容

1.研究方法

基于计算机视觉的卷烟燃烧锥颜色、包灰性能、燃烧匹配性、持灰力测试方法的关键过程是数据图像处理。数字图像处理是通过计算机对图像进行去除噪声、增强、复原、分割、提取特征等处理的方法和技术。处理的过程包含图像处理、分析和理解三个层次。

图像处理是对采集的被检测对象图像进行初步处理，通过数字化、几何变换、归一化、平滑、修复和增强等算法优化和改善对检测有影响的图像质量指标。

图像分析是从图像出发，对其中感兴趣的目标进行检测、提取、表达、描述和测量，从而获取客观信息，输出数据结果的过程和技术。图像分析的主要手段有图像分割、纹理分析、形状分析、运动分析等。在图像分析中，输出的结果是对图像的描述、分类或其他的某种结论。

图像理解是对表征事物或现象的图像信息进行处理和分析，从而达到对事物或现象进行描述、辨认、分类和解释的目的。

基于计算机视觉的包灰性能参数测定的图像处理过程主要涉及裂口区域的分割、裂口区域和包灰区域图像的轮廓检测、提取出的区域的连通域测量等，噪声处理、对比度增强等也会影响检测结果。

作为定量测试系统，处理系统的量值输出主要是颜色和分割后区域的计算结果，因此，从两个方面规定了系统的技术要求。

（1）图像颜色空间转换。

从文献分析结果来看，当前采用的包灰颜色测量方法结果值主要有两种表征方式，一种是基于RGB颜色模型，以0～255来表征颜色从黑到白，另一种是基于CIELAB颜色模型，以0～100%来表征颜色从黑到白。

同时，考虑到部分标准板的量值溯源是基于CIELAB颜色模型的白度值，因此，处理系统应能实现不同颜色模型的空间互相转换。

（2）图像处理系统的精确度。

图像分割的目的是将包灰图像分隔成包灰区、裂口区、炭线区等，以实现不同区域的结果测量。因此，图像处理系统应能够通过相应的标准件进行校准，校准的精度要求应与成像系统的分辨率相当。

2. 调节和测试环境对测试的影响研究

温湿度调节和测试环境会造成卷烟含水率的差异，不仅影响卷烟吸阻、硬度、圆周、长度等物理指标，还会影响卷烟燃烧速率，而燃烧速率的差异会影响包灰测试结果。

图 5-19 是不同调节湿度时卷烟样品的燃烧速率测定结果，随调节湿度的增加，样品含水率增加，烟丝和卷烟纸的燃烧变慢，烟支燃烧速率明显下降。

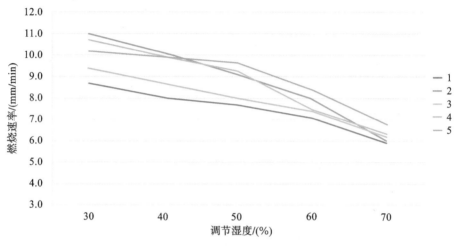

图 5-19　不同调节湿度时卷烟样品的燃烧速率

3. 大气压力对测试结果的影响

环境大气压力过低时，卷烟燃烧供氧量不足，造成燃烧速率降低，抽吸口数增加，从而影响包灰测试结果。图 5-20 是大气压力差异较大的两家实验室的卷烟燃烧速率

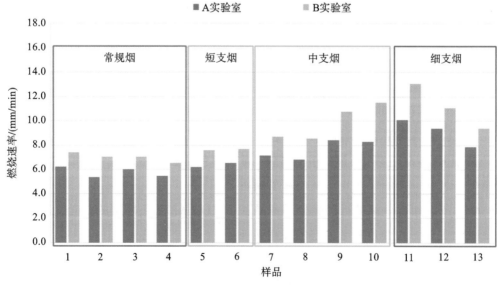

图 5-20　不同大气压力时卷烟样品的燃烧速率

测试结果，大气压力较低的 A 实验室（气压一般为 80 kPa）的燃烧速率明显低于 B 实验室（气压一般为 101 kPa）。图 5-21 是不同大气压力时卷烟样品的包灰颜色测试结果，气压较低的实验室卷烟燃烧不充分，包灰颜色较黑。图 5-22 是不同大气压力时卷烟样品的裂口率测试结果，气压较低的实验室燃烧速率低，燃烧过程的能量较低，从而造成燃烧裂口数量和爆裂程度均低于气压较高的实验室，裂口率明显偏低。图 5-23 是不同大气压力时卷烟样品的缩灰率测试结果，气压较低的实验室，样品燃烧得不充分，烟丝燃烧的收缩较少，因此缩灰率整体上低于气压较高的实验室。图 5-24 是不同大气压力时卷烟样品的炭线宽度测试结果，大气压力低时圆周较小的中支烟和细支烟

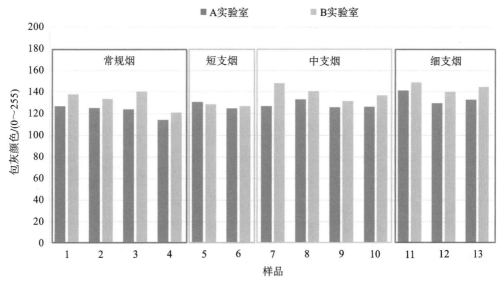

图 5-21　不同大气压力时卷烟样品的包灰颜色

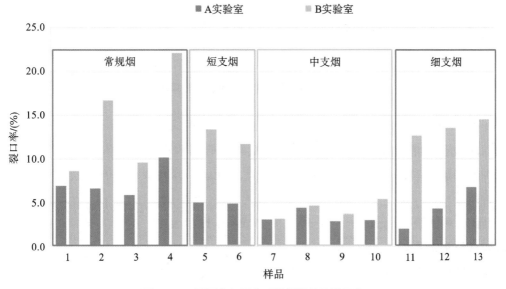

图 5-22　不同大气压力时卷烟样品的裂口率

335

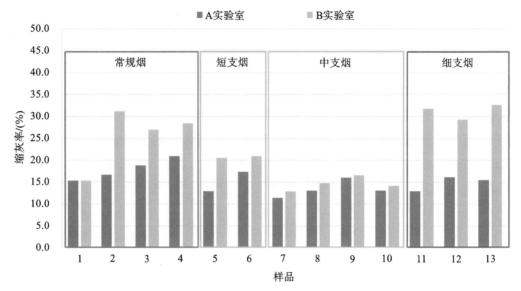

图 5-23　不同大气压力时卷烟样品的缩灰率

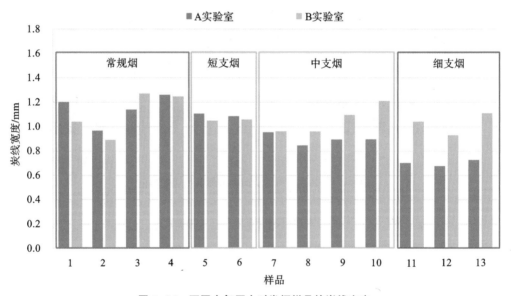

图 5-24　不同大气压力时卷烟样品的炭线宽度

　　的样品炭线宽度较小，圆周较大的常规烟和短支烟炭线宽度差异不大。图 5-25 是不同大气压力时卷烟样品的炭线整齐度测试结果，圆周较小的样品炭线较整齐。从烟支规格类型的影响看，中支烟的裂口率、缩灰率、炭线宽度和炭线整齐度较其他类型低，包灰性能较好。

　　因此，包灰性能的测试应规定样品的调节和测试的温度、湿度，同时应考虑大气压力对测试结果的影响。

　　参照《烟草及烟草制品 调节和测试的大气环境》GB/T 16447—2004 规定的通用大气环境，规定了包灰测试的调节和测试环境要求。

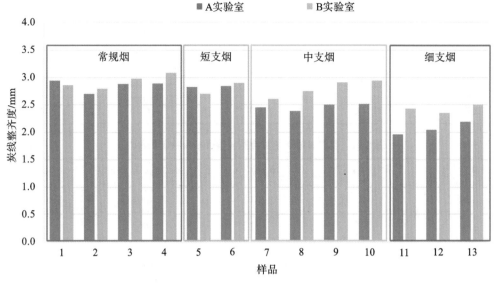

图 5-25　不同大气压力时卷烟样品的炭线整齐度

调节大气：样品试验前应按照要求进行状态调节，即温度（22±1）℃，相对湿度（60±3）%，调节时间不少于 48 h。

测试大气：测试大气应符合《烟草及烟草制品 调节和测试的大气环境》GB/T 16447—2004 规定的条件，即温度（22±2）℃，相对湿度（60±5）%。

大气压力：应对大气压力进行测试，并记录到试验报告中。

4. 拍摄方式对测试结果的影响

由于卷烟是圆柱形，单幅静态图像无法表征样品的全部表面形貌，全景成像无疑是最理想的拍摄方式，然而，全景成像的实际操作却存在诸多技术问题。首先，固定摄像头，旋转样品拍摄多张图片进行拼接的方式受样品的持灰能力、偏斜、图像拼接质量等影响较大；其次，通过设置多个摄像头或单一摄像头围绕样品旋转的方式成像，需要较大的成像空间，造成测试设备体积过大，同时也无法进行多通道实时测试，测试效率低下。因此，现有的包灰测试设备主要使用单面拍摄成像方式，以部分区域的包灰性能表征卷烟的整体包灰性能。为考察单面与全景拍摄的差异，对比了两种成像方式的检测结果。

表 5-7 ～表 5-11 是某样品单面和全景拍摄成像的包灰测试结果，图 5-26 是单面拍摄和全景拍摄的相对偏差随测试次数的变化。

表 5-7　包灰颜色单面拍摄检测与全景拍摄检测结果对比

样品量/支	全景/（0～255）	单面/（0～255）	绝对偏差	相对偏差/（%）
20	113.58	111.52	－ 2.06	1.85
40	113.29	111.00	－ 2.29	2.06

续表

样品量 / 支	全景 /（0～255）	单面 /（0～255）	绝对偏差	相对偏差 /（%）
60	113.59	111.17	－ 2.42	2.18
80	113.24	111.35	－ 1.89	1.70
100	111.93	111.48	－ 0.45	0.40

表 5-8　裂口率单面拍摄检测与全景拍摄检测结果对比

样品量 / 支	全景 /（%）	单面 /（%）	绝对偏差 /（%）	相对偏差 /（%）
20	10.19	10.27	0.08	0.78
40	9.64	10.31	0.67	6.50
60	9.28	9.85	0.57	5.79
80	9.87	10.23	0.36	3.52
100	9.13	9.15	0.02	0.22

表 5-9　缩灰率单面拍摄检测与全景拍摄检测结果对比

样品量 / 支	全景 /（%）	单面 /（%）	绝对偏差 /（%）	相对偏差 /（%）
20	83.94	83.05	－ 0.89	1.07
40	83.74	83.06	－ 0.68	0.82
60	83.89	83.37	－ 0.52	0.62
80	83.87	83.47	－ 0.40	0.48
100	83.96	83.48	－ 0.48	0.57

表 5-10　炭线宽度单面拍摄检测与全景拍摄检测结果对比

样品量 / 支	全景 /mm	单面 /mm	绝对偏差 /mm	相对偏差 /（%）
20	0.76	0.72	-0.04	5.56
40	0.70	0.72	0.02	2.78
60	0.71	0.73	0.02	2.74
80	0.74	0.73	-0.01	1.37
100	0.72	0.71	-0.01	1.41

表 5-11　炭线整齐度单面拍摄检测与全景拍摄检测结果对比

样品量 / 支	全景 /mm	单面 /mm	绝对偏差 /mm	相对偏差 /（%）
20	2.59	2.45	－ 0.14	5.71
40	2.48	2.45	－ 0.03	1.22

续表

样品量 / 支	全景 /mm	单面 /mm	绝对偏差 /mm	相对偏差 / (%)
60	2.48	2.43	− 0.05	2.06
80	2.44	2.44	0	0
100	2.47	2.43	− 0.04	1.65

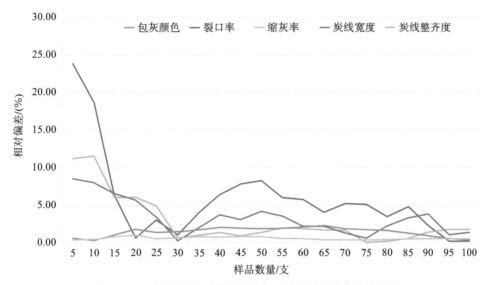

图 5-26　单面拍摄和全景拍摄的相对偏差随测试次数的变化

绝对偏差的计算公式如式（5.2）所示。

$$P = L - F \qquad (5.2)$$

相对偏差的计算公式如式（5.3）所示。

$$R = \frac{|L - F|}{L} \qquad (5.3)$$

式中：P——绝对偏差；

　　　R——相对偏差；

　　　L——单面拍摄检测结果；

　　　F——全景拍摄检测结果。

从对比结果可以看出：①单面拍摄检测的平均包灰颜色以及平均裂口率略高于全景拍摄检测，单面拍摄检测的平均炭线整齐度略低于全景拍摄检测，分析是由于卷烟搭口区域受双层卷烟纸以及黏结剂的共同影响，该区域燃烧后包灰表面强度更高、灰化程度更低，燃烧炭线更加整齐；②单面拍摄检测的平均缩灰率以及炭线宽度与全景拍摄检测无明显差异；③当样本量大于 20 支以后，上述 5 个指标的单面和全景拍摄检测结果的相对偏差显著降低，除裂口率外，其余指标的相对偏差均低于 5%。

综合考虑检测效率和结果一致性，认为单面拍摄方式是可行的。

5. 测试区域对测试结果的影响

卷烟的抽吸口数由烟支长度和燃烧速率决定，卷烟规长度一般为 70.0 ～ 100.0 mm，其中烟支部分长度 40.0 ～ 75.0 mm，抽吸口数 2 ～ 10 口 / 支。包灰测试时，灰柱高度应尽量大，以更加完整地表征整支卷烟包灰性能，然而，对于长度较大、圆周较小的细支卷烟，灰柱很难维持到完成整个抽吸过程，一般在燃烧线达到烟支卷烟纸部分长度的 60 %时结束抽吸过程，此时，灰柱的长度为 25.0 ～ 45.0 mm。

为考察确定的测试长度的合理性，分别测试了常规、中支、细支卷烟在不同灰柱长度时的包灰指标，每个规格测试 8 个样品，每个样品测试 20 支，图 5-27 ～图 5-31 为不同灰柱长度对应的检测结果。

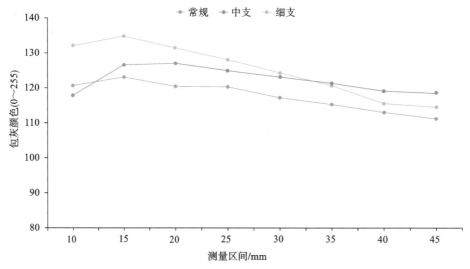

图 5-27　包灰颜色随灰柱检测长度的变化

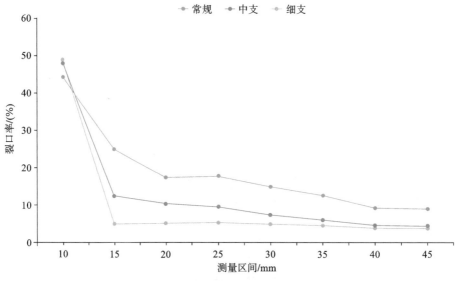

图 5-28　裂口率随灰柱检测长度的变化

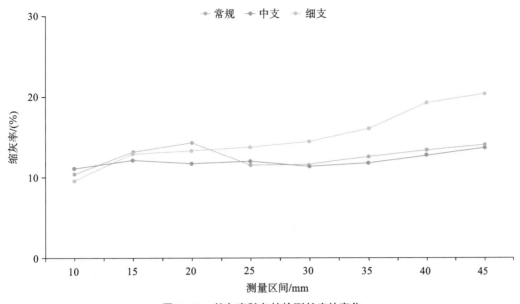

图 5-29 缩灰率随灰柱检测长度的变化

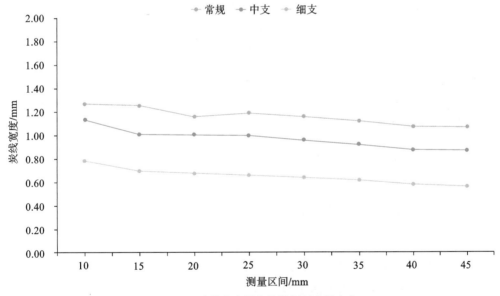

图 5-30 炭线宽度随灰柱检测长度的变化

结果表明：①随灰柱长度的增加，包灰颜色先增大后减小，这是由于伴随着检测时间的增加，燃烧后烟丝焦炭的灰化过程逐渐完成，降低了包灰灰柱的整体白度；②随灰柱长度的增加，裂口率迅速减少，当检测长度大于 25 mm 后，裂口率趋于稳定，这是由于卷烟纸与烟丝的燃烧热解是先炭化（变黑）再灰化的过桂（变白），当灰柱测量长度较小时，部分卷烟纸与烟丝仍然处于炭化过程，呈现与裂口近似的深黑色被识别为裂口；③随灰柱长度的增加，缩灰率整体呈先增加、后减少、再增加的趋势（细支卷烟除外），这是由于烟支中烟丝的填充为"紧头→松头→紧头"，密度从大到小再增大，直

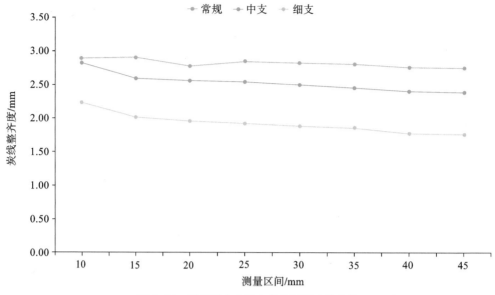

图 5-31 炭线整齐度随灰柱检测长度的变化

接影响燃烧后的收缩程度；④随着灰柱长度的增加，炭线宽度及炭线整齐度均明显下降，当灰柱长度大于 25.0 mm 后，炭线宽度及炭线整齐度趋于稳定，这也是由于炭线是卷烟纸燃烧形成的炭化线，但受到卷烟纸与烟丝燃烧匹配性不一致的影响，炭化线的宽度与烟丝填充密度呈正相关（烟丝密度越高、燃烧越不充分，炭化区越宽）、炭化线的整齐度与烟丝填充均匀性呈负相关（烟丝均匀性越好、燃烧越均匀，炭化线越整齐），因此燃烧长度越长，炭线宽度及炭线整齐度受烟丝填充的影响越小。综上，为保证检测数据的稳定性与真实性，灰柱检测长度至少为 25.0 mm。

6. 测试方法步骤

使用吸烟机抽吸时，先点燃卷烟，然后间隔一定时间进行抽吸，抽吸间隔时间 60 s，抽吸的持续时间 2 s，抽吸时炭线向接装纸端移动，灰柱变长，因此包灰颜色、裂口率和缩灰率的测试需要规定测试区域长度，炭线宽度和整齐度测试在每口抽吸的阴燃期间进行，基于以上考虑，包灰测试的步骤如下。

（1）按照仪器设备说明书校准测试系统。

（2）将试样向下插入卷烟夹持器，使滤嘴端面正好接触捕集器内的有孔垫片。插入时应避免漏气或使烟支变形。调整试样位置，使卷烟纸搭口区背面正对成像系统的镜头，确保试样与水平面垂直。拍摄未点燃的试样图像并保存。

（3）点燃试样，按《卷烟 用常规分析用吸烟机测定总粒相物和焦油》GB/T 19609—2004 中 7.6.3 条的抽吸条件进行抽吸，从第二口开始，每次抽吸结束后 10 s 时，拍摄试样图像，使用图像处理系统提取并计算炭线区的宽度和整齐度。

（4）当燃烧线达到烟支卷烟纸部分长度的 60% 时，结束抽吸过程。抽吸过程结束 10 s 时拍摄试样图像，使用图像处理系统识别并分割提取图像中的炭线，提取炭线以上的包灰区，计算包灰区面积 S_1、裂口区面积 S_2，获取炭线列数、炭线最高点和最低点位置。

（5）对照步骤（3）中拍摄的未点燃试样图像，提取炭线以上的烟支区域，计算包灰区燃烧前面积 S_0。

（6）应剔除燃烧过程中出现部分或全部区域掉落或有明显缺陷的试样。

（7）每一样品至少测试 20 支试样。

（8）计算各指标检测结果。

计算机图像处理系统的主要工作内容：识别并分割提取图像中的炭线，提取炭线以上的包灰区，计算包灰区面积、裂口区面积，获取炭线列数、炭线最高点和最低点位置。处理流程如图 5-32 所示。

图 5-32　包灰图像的处理过程

①包灰颜色的计算。

以样品包灰区数字图像的所有像素的灰度平均值表示包灰颜色，结果以灰阶或百分比表示。灰阶表示法以 CIELAB 颜色空间的数字图像中卷烟包灰区所有像素 L 值的平均值从 0 ~ 100% 范围映射到 0 ~ 255 范围内的数值表示。百分比表示法以 CIELAB 颜色空间的数字图像中卷烟包灰区所有像素 L 值的平均值表示，量值范围为 0 ~ 100%。

②裂口率的计算。

裂口率按式（5.4）进行计算。

$$CR = \frac{S_2}{S_1} \times 100 \tag{5.4}$$

式中：CR——裂口率，单位为百分比（%）；

　　S_1——包灰区面积，单位为平方毫米（mm^2）；

　　S_2——裂口区面积，单位为平方毫米（mm^2）。

③缩灰率的计算。

缩灰率按式（5.5）进行计算。

$$SR = \left(1 - \frac{S_1}{S_0}\right) \times 100 \tag{5.5}$$

式中：SR——缩灰率，单位为百分比（%）；

　　S_0——包灰区燃烧前面积，单位为平方毫米（mm^2）；

S_1——包灰区面积，单位为平方毫米（mm²）。

④炭线宽度和整齐度的计算。

炭线宽度按式（5.6）进行计算。

$$W = \frac{\sum_{x=a}^{b}\left(H_x - L_x\right)}{L} \tag{5.6}$$

式中：W ——炭线宽度，单位为毫米（mm）；

a ——参考图 5-33，x 轴方向炭线的起始坐标，单位为毫米（mm）；

b ——参考图 5-33，x 轴方向炭线的终止坐标，单位为毫米（mm）；

H_x——参考图 5-33，y 轴方向横坐标 x 对应的炭线最高点坐标（$x \in [a, b]$），单位为毫米（mm）；

L_x——参考图 5-33，y 轴方向横坐标 x 对应的炭线最低点坐标（$x \in [a, b]$），单位为毫米（mm）；

L——参考图 5-33，炭线区域中心线 l_c 的长度，单位为毫米（mm）。

炭线整齐度按式（5.7）进行计算。

$$U = H_{max} - H_{min} \tag{5.7}$$

式中：U——炭线整齐度，单位为毫米（mm）；

H_{max}——参考图 5-33，y 轴方向横坐标起始点 a 对应的炭线最高点坐标，单位为毫米（mm）；

H_{min}——参考图 5-33，y 轴方向横坐标终止点 b 对应的炭线最高点坐标，单位为毫米（mm）。

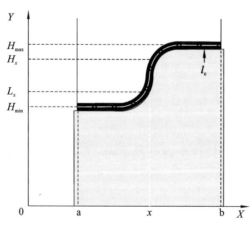

图 5-33　包灰炭线测量参数示意

六、卷烟条与盒包装纸耐光色牢度测试方法研究

（一）研究背景

卷烟条与盒包装纸是卷烟包装材料的重要组成部分，条与盒卷烟产品在各销售网点柜台内摆放、展示期间，受太阳光照射、温度、湿度等影响，均会发生一定程度的褪色现象，影响消费者体验感受和企业形象。因此，对卷烟条与盒包装纸耐光色牢度的评价和质量控制，逐渐成为卷烟条与盒包装印刷质量控制的重要指标。

烟草行业在 2010 年制订并颁布了《卷烟条与盒包装纸印刷品 耐光色牢度符合性的测定 氙弧灯法》YC/T 374—2010 行业标准，该标准存在以下缺陷：①测试条件未控制湿度参数，未明确辐照度、温度对耐光性能测试的影响；②未明确规定对照样品和测试样品的选取原则和方法；③耐光性能等级评价不够细化，缺乏可操作性。这些技术缺陷影响了卷烟条与盒包装纸印刷品耐光色牢度测定的客观性和准确性。本小节通过文献调研与大量实验研究，分析了影响卷烟条与盒包装纸耐光性能的因素及测试方法，从而更客观、准确地表征耐光色牢度情况，进而有效指导卷烟条与盒包装纸供应企业，通过油墨选择、工艺技术、辅料配方等方面的技术研究，提升卷烟条与盒包装纸耐光性能，在卷烟外观质量提升、品牌价值和市场竞争力增强、消费体验升级等方面发挥显著作用。

（二）影响因素分析

影响卷烟条与盒包装纸耐光性能的主要因素如下。

1. 太阳光

紫外光：引起印刷品老化最主要的因素，极易引起颜料等的分子间高能态的变化和能量的传递，为光化学反应提供活化能，导致一系列光化学反应的发生。

红外线：对印刷品老化也起一定的作用，因为材料吸收红外线后会转变为热能，热能能够加速印刷品的老化。

可见光：在一定条件下，可见光能够对含有有机颜料的油墨起破坏作用。

2. 温度

纸张和油墨都是由很多原子和原子团组成的大分子，它们时刻处于振动之中。振动的频率和环境温度密切相关，温度越高，振幅越强。温度升高到一定程度时，会引起纸张或油墨旁侧的官能团的分离、解聚作用和主链断裂，造成纸张和油墨中分子结构改变，其性能和色泽也随之改变。

3. 湿度

在大气环境中，水对材料的作用表现为降水、潮湿（水汽的侵袭）、凝露等多种形

式的作用，特别是凝露形成的水膜，能够深入印刷品材料的内部，使体系内的某些水溶性物质和含亲水性基团的物质（如纤维素）被水所溶解或吸收，逐步改变材料的物料组成和比例，加速印刷品的老化。

（三）耐光性能的测试方法

目前，耐光性能的测试方式，主要为户外暴晒法和实验室加速测试法（氙弧灯法）。

户外暴晒法具有数据准确可靠，能真实反映材料的实际老化情况和状态，设备简单的优点；同时也具有试验周期长，难以快速满足研究、生产、应用的要求，受时间和地域的制约，重现性差的缺点。

氙弧灯光源光谱能量分布与太阳光中紫外、可见光部分极其相似，氙弧灯法已广泛应用于评价材料老化性能、耐光性。

（四）主要技术内容

1. 湿度条件对测试结果的影响

在暴晒实验部分中，新增了湿度实验条件的要求，在不同湿度（50%，10%）条件下，对 3#、4#、5# 蓝色羊毛标样和 14 个卷烟条与盒包装纸印刷品进行暴晒实验，实验数据见表 5-12。结果表明，湿度增加会加剧条与盒包装纸的褪色，考虑到极端温度和湿度条件下条与盒包装纸颜色稳定性，参考卷烟运输和销售环节的温湿度条件要求，确定采用《卷烟条与盒包装纸印刷品 耐光色牢度符合性的测定 氙弧灯法》YC/T 374—2010 暴晒实验上限温度及黑标温度（47±3）℃、黑板温度（45±3）℃、湿度（50±2）% 作为方法的暴晒条件。

表 5-12　不同湿度条件下耐光色牢度实验数据汇总

样品名称	暴晒 14 h			暴晒 56 h			暴晒 72 h		
	湿度（50%）	湿度（10%）	差值	湿度（50%）	湿度（10%）	差值	湿度（50%）	湿度（10%）	差值
3# 蓝色羊毛	7.28	8.79	1.51	14.65	17.88	3.23	15.64	21.07	5.43
4# 蓝色羊毛	1.97	1.22	− 0.75	3.36	3.61	0.25	3.25	3.74	0.49
5# 蓝色羊毛	1.68	1.75	0.07	3.25	4.16	0.91	3.7	4.62	0.92
云烟（中支大重九）礼盒	1.14	1.26	0.12	2.01	1.88	− 0.13	1.74	1.60	− 0.14
云烟（软大重九）礼盒	0.72	0.95	0.23	1.16	2.01	0.85	2.65	0.96	− 1.69
云烟（紫）盒	1.8	0.71	− 1.09	6.32	2.56	− 3.76	7.58	3.14	− 4.44

续表

样品名称	暴晒 14 h			暴晒 56 h			暴晒 72 h		
	湿度（50%）	湿度（10%）	差值	湿度（50%）	湿度（10%）	差值	湿度（50%）	湿度（10%）	差值
云烟（紫）条	1.32	0.5	− 0.82	4.26	2.09	− 2.17	5.38	2.43	− 2.95
云烟（硬云龙）盒	1.16	1.09	− 0.07	3.27	2.63	− 0.64	3.82	3.09	− 0.73
云烟（硬云龙）条	1.2	1.24	0.04	2.98	2.45	− 0.53	3.57	2.97	− 0.60
云烟（小熊猫家园）盒	1.33	0.83	− 0.50	1.93	1.21	− 0.72	2.23	1.47	− 0.76
云烟（小熊猫家园）条	1.25	0.89	− 0.36	1.92	1.53	− 0.39	2.07	1.77	− 0.30
红河（硬88）盒	1.17	0.79	− 0.38	2.62	2.03	− 0.59	3.66	2.05	− 1.61
红河（硬88）条	0.73	0.57	− 0.16	2.94	2.26	− 0.68	4.02	3.04	− 0.98
红塔山（硬经典100）盒	0.64	− 0.1	− 0.74	1.56	0.49	− 1.07	1.9	0.46	− 1.44
红塔山（硬经典100）条	0.51	0.15	− 0.36	1.7	0.64	− 1.06	1.9	− 0.39	− 2.29
红塔山（硬经典）盒	2.02	1.86	− 0.16	4.45	3.99	− 0.46	4.85	4.61	− 0.24
红塔山（硬经典）条	2.51	1.4	− 1.11	5.41	4.01	− 1.40	4.88	4.58	− 0.30

2. 方法验证

采用对比的方式，验证了方法的可行性和结果准确性。对比实验数据见表 5-13。从对比数据中可以看出，在 14 h、56 h、72 h 三个暴晒时间下，蓝色羊毛标样和卷烟条与盒包装纸样品实验室间检测结果相对偏差小于 10%，说明该方法具有较好的重现性，检测结果具有良好的一致性、可比性。

表 5-13　耐光色牢度对比数据汇总

样品名称	暴晒 14 h			暴晒 56 h			暴晒 72 h		
	质评中心	Q-LAB公司	相对偏差/（%）	质评中心	Q-LAB公司	相对偏差/（%）	质评中心	Q-LAB公司	相对偏差/（%）
3# 蓝色羊毛	7.28	7.63	2.35	14.65	15.15	1.68	16.64	16.80	0.47
4# 蓝色羊毛	1.47	1.38	3.16	3.36	3.12	3.70	3.25	3.31	0.87
5# 蓝色羊毛	1.58	1.37	7.12	3.25	3.27	0.28	3.70	3.58	1.60
云烟（中支大重九）礼盒	1.14	0.96	8.57	2.01	2.05	0.99	2.04	2.34	6.85
云烟（软大重九）礼盒	1.13	1.25	5.04	2.76	3.00	4.17	2.65	2.48	3.31
云烟（紫）盒	1.80	1.64	4.65	6.32	6.55	1.79	7.58	7.87	1.88

样品名称	暴晒 14 h			暴晒 56 h			暴晒 72 h		
	质评中心	Q-LAB公司	相对偏差/（%）	质评中心	Q-LAB公司	相对偏差/（%）	质评中心	Q-LAB公司	相对偏差/（%）
云烟（紫）条	1.32	1.42	3.65	4.26	4.86	6.58	5.38	5.39	0.09
云烟（硬云龙）盒	1.16	1.00	7.41	3.27	3.59	4.66	3.82	3.56	3.52
云烟（硬云龙）条	1.10	0.96	6.80	1.98	2.22	5.71	3.57	3.30	3.93
云烟（小熊猫家园）盒	1.33	1.24	3.50	1.93	1.79	3.76	2.23	2.14	2.06
云烟（小熊猫家园）条	1.25	1.32	2.72	1.92	2.28	8.57	2.07	2.39	7.17
红河（硬88）盒	1.17	1.04	5.88	2.62	2.27	7.16	3.66	3.08	8.61
红河（硬88）条	0.73	0.68	3.55	2.94	2.97	0.51	4.02	3.80	2.81
红塔山（硬经典100）盒	0.64	0.56	6.67	1.56	1.34	7.59	1.90	1.64	7.34
红塔山（硬经典100）条	0.51	0.62	9.73	1.70	1.44	8.28	1.90	2.22	7.77
红塔山（硬经典）盒	2.02	2.32	6.91	4.45	4.35	1.14	4.85	4.98	1.32
红塔山（硬经典）条	2.51	2.32	3.93	4.41	4.18	2.68	4.88	5.35	4.59

3. 耐光性能等级技术要求的确定

对部分代表性样品进行了耐光色牢度专项测试分析，实验结果见图 5-34。暴晒 24 h 后，97.1% 的样品色差变化值 $\Delta E_{*ab} \leqslant 3.4$；暴晒 48 h 后，80.0% 的样品色差变化值 $\Delta E_{*ab} \leqslant 3.4$；暴晒 72 h 后，72.9% 的样品色差变化值 $\Delta E_{*ab} \leqslant 3.4$；根据实验结果，5# 蓝色羊毛在规定条件下暴晒到 3 级灰卡的实际时间为 72 h，实际合格率将高于 72.9%。为进一步提升卷烟条与盒包装纸的耐光性能，降低因条与盒包装纸褪色而导致消费者投诉增加的质量风险，卷烟条与盒包装纸耐光性能等级应根据各生产企业的需求，选择适合自身产品的蓝色羊毛标样来确定暴晒时间，提高产品的耐光性能要求。

4. 方法确定

通过对耐光色牢度国际、国家和行业标准和文献进行调研，分析影响卷烟条与盒包装纸耐光性能的因素及测试方法，参考纺织品、油漆、印刷技术等耐光性能测定的相关标准，结合条与盒卷烟产品在实际销售、运输等过程中的情况，选择合适的耐光色牢度条件（温度、湿度和滤光片等）和细化评级方法等，建立条与盒包装纸耐光色牢度的检测方法。

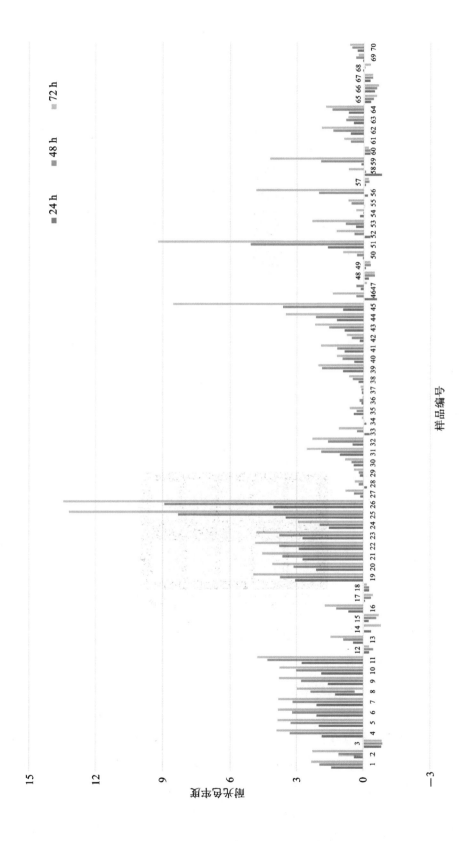

图 5-34　耐光色牢度专测试分析结果

5. 仪器与材料

（1）蓝色羊毛标样。应符合《纺织品 色牢度试验 蓝色羊毛标准（1～7）级的品质控制》GB/T 730—2008 规定的要求，如图 5-35 所示。

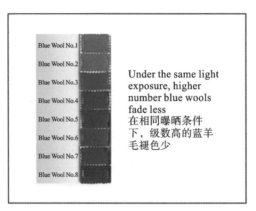

图 5-35　蓝色羊毛标样

（2）评定变色用灰色样卡。应符合《纺织品 色牢度试验 评定变色用灰色样卡》GB/T 250—2018 的要求，如图 5-36 所示。

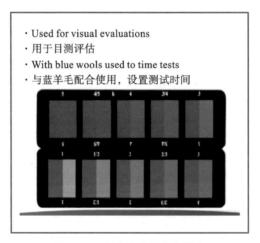

图 5-36　评定变色用灰色样卡

（3）氙弧灯暴晒设备。附有空冷或水冷装置的氙弧灯暴晒设备，性能应满足要求。

（4）光源。安装在通风良好的暴晒仓中，光源为氙弧灯，相关色温为 5500～6500 K，尺寸由设备型号而定。

（5）滤光片。设备应在光源和试样之间安装滤光片，使紫外光谱稳定衰减。滤光片的透光率在 380～750 nm 之间至少为 90%，而在 310～320 nm 之间降为 0。

（6）黑标温度计或黑板温度计。满足相关标准要求。

（7）湿度控制装置。设备应通过加湿试验箱内的空气提供并控制试样周围的湿度，用水应至少符合《分析实验室用水规格和试验方法》GB/T 6682—2008 中三级水的要求。

（8）观察条件。目测观察应符合《纺织品　色牢度试验　试验通则》GB/T 6151—2016 观察条件。

（9）分光光度计（色差仪）。符合《印刷技术　印刷图像的光谱测量和色度计算》GB/T 19437—2004 要求。

（10）白卡纸。应不含荧光增白剂。

6. 暴晒条件

辐照度：（1.10 ± 0.02）W/m^2 @ 420 nm。

滤光片：Window-IR 窗玻璃滤光片。

黑标温度：（47 ± 3）℃ 或者 黑板温度（45 ± 3）℃。

相对湿度：（50 ± 5）%。

7. 试验准备

（1）检查试验设备是否处于良好的运转状态，氙弧灯及试验箱内是否洁净。

（2）试样制备。

①裁取蓝色羊毛标样两份，裁切尺寸不小于 45 mm × 20 mm，一份为测试样品，另一份为对照样品，把进行测试样品固定在白卡纸板上，对照样装入避光密封袋内。

②从同一批次卷烟条与盒包装纸样品中抽取 10 张样品，进行色差仪器检测和目测，选取 4 张色差值接近，目测无明显差异的样品，其中一张为测试样品，两张作为备份样品，一张为对照样品，对照样品装入避光密封袋内。

③从卷烟条与盒包装纸印刷品测试样品上裁取试样，不同色相的部位分别裁取，尽量裁取色彩较全面的部分。盒包装纸裁切尺寸不小于 50 mm × 50 mm，条包装纸裁切尺寸不小于 80 mm × 80 mm，选择三个测试点并做好记号，用分光光度计先测出测试点的 CIELAB 值，作为基准值，把进行测试的试样固定在白卡纸上。

8. 暴晒试验

（1）确定暴晒时间：将裁取好的蓝色羊毛标样放入氙弧灯暴晒箱内，在规定的条件下连续暴晒，直到蓝色羊毛标样暴晒和未暴晒部分的色差达到灰色样卡 3 级，记录暴晒时间 T。

注：实验室应根据设备状况定期或不定期，采用蓝色羊毛标样对 T 进行修正。

（2）样品检测：将裁取好的测试样品放入氙弧灯暴晒箱内，在规定的条件下连续暴晒，累计暴晒时间达到 T 时，停止暴晒，等样品冷却至室温后进行耐光色牢度的评定。

9. 耐光色牢度的评定

（1）目测评定。

①比较试样变色和目标蓝色羊毛标样变色，如果试样变色程度不大于 5 级蓝色羊毛标样变色程度，则试样的耐光色牢度评定为"符合"；如果试样变色程度大于蓝色羊毛标样变色程度，则试样的耐光色牢度评定为"不符合"。

②对照样与暴晒后的测试样的目测比较应在 D65 光源（见《纺织品 色牢度试验 试验通则》GB/T 6151—2016）下进行。建议 3 人成立一个目测评定小组，如判定结果有争议，少数服从多数，以 2 人以上认同的结论作为最终判定结果。

（2）仪器评定。

用分光光度计测量暴晒后试样标记位置的 ΔE_{*ab}，所有测试点的 ΔE_{*ab} 以最大值表示。如果试样在暴晒前后的 3 个标记点色差 ΔE_{*ab} 变化值均不大于 5 级蓝色羊毛标样暴晒至灰色样卡 3 级的色差值（$|\Delta E_{*ab}| \leqslant 3.4$），则试样的耐光色牢度评定为"符合"；如果有一个标记点的 ΔE_{*ab} 变化值大于 5 级蓝色羊毛标样暴晒至灰色样卡 3 级的色差值（$|\Delta E_{*ab}| > 3.4$），则试样的耐光色牢度评定为"不符合"。

注：ΔE_{*ab} 是采用分光光度计测定 3 级灰色样卡而得出的数值。

（3）综合评定。

目测评定与仪器评定结果不一致时，以目测评定结果为准。

七、卷烟硬小盒闭合性能方法研究

（一）研究背景

随着消费升级，消费者对卷烟产品及其包装质量的要求日益提高。硬盒卷烟作为当前主流包装形式，消费者在拿取烟支过程中需反复开启与闭合盒盖，若数次开合后，小盒盒盖与盒体出现狭缝，未能完全闭合，将会引起部分消费者的反感，甚至影响抽吸品质。

卷烟硬小盒闭合性能一方面与小盒材质密切相关，另一方面与包装成型密切相关，如框架纸耳朵的长度、宽度及包装后位置的偏移等。研究表明，小盒纸张定量是影响卷烟小盒包装成型的重要因素，会对纸张挺度、弯曲度等方面造成直接影响。此外，纸张定量均一性较差，也易造成包装纸模切过程中压力难以控制，出现模切尺寸偏差的问题。纸张挺度对包装成型质量和硬小盒闭合性能同样影响较大，根据纸张纤维的走向及组织排列不同，纸张纤维方向可分为纵向和横向两种，其中，纵向纤维的拉力与抗损性较强，撕裂度较弱，而横向则相反。此外，内衬纸和框架纸对包装盒的摩擦力、阻力、纸张吸水性等会直接影响硬小盒闭合性能。

因此，影响硬小盒闭合性能的因素较多，且目前，国家、行业、企业标准中均未对卷烟硬小盒的闭合性能进行规定，如何评价卷烟硬小盒的闭合性能，满足消费需求，已成为亟待解决的问题。

（二）主要技术内容

1. 卷烟硬小盒闭合性能测定方法

（1）卷烟硬小盒闭合性能测试工具（专利号：CN202320660812.3）。

烟盒"开口笑"质量缺陷是吸烟者在多次打开烟盒过程中由于烟盒受力及形变造成的。在检测过程中，由于检测人员每次开合手法及力度存在误差，故设计了卷烟硬小盒闭合性能测试工具，该工具能够保证在进行卷烟硬小盒性能测试时，小盒盖开启角度一致，从而保证测试条件的稳定性，避免人为操作导致的误差。卷烟硬小盒闭合性能测试工具如图 5-37 所示。

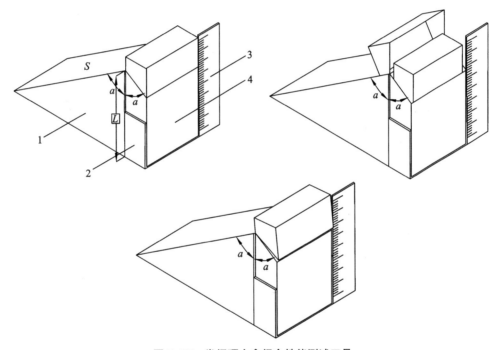

图 5-37　卷烟硬小盒闭合性能测试工具

1—盒盖开合角度稳定组件；2—烟包固定组件；3—开合角度 / 高度测量组件（直尺或量角器）；4—待测烟包

卷烟硬小盒闭合性能测试工具包括：盒盖开合角度稳定组件、烟包固定组件和开合角度 / 高度测量组件。其中，盒盖开合角度稳定组件设置在烟盒背面，并且为向外倾斜的直角斜面，并且盒盖开合角度稳定组件的直角边紧贴烟盒背面，在烟盒的盒盖开启后，盒盖顶部与所述盒盖开合角度稳定组件的斜面 S 相接触，用于保证每次测试时烟盒开启角度一致且稳定；烟包固定组件为 U 形双直角结构，包覆在烟盒底部和相对的两个侧面外部，用于对烟盒进行固定；开合角度 / 高度测量组件用于在按照测试要求打开盒盖预设次数后，对盒盖侧面狭缝的角度或盒盖超出盒体的高度进行测量。

且在该测试工具中，盒盖开合角度稳定组件的直角边高度 L 与烟盒的盒体后背长度一致，并且盒体后背长度由烟盒模切尺寸确定。盒盖开合角度稳定组件的斜面和直角面之间的夹角 a 与烟盒后背和烟盒打开后盒体顶面之间的角度 a 一致，并且烟盒后背与烟盒打开后，盒体顶面之间的角度 a 由烟盒模切尺寸确定。盒盖开合角度稳定组件的两个直角面和一个倾斜面的宽度与烟盒底部宽度一致，并且所述烟盒底部宽度由烟盒模切尺寸确定。开合角度 / 高度测量组件包括直尺或量角器。

该工具的烟包固定组件包括底板和设置在所述底板两侧的侧板，底板的长度与烟盒的长度一致，底板的宽度与烟盒的宽度一致；侧板的宽度与烟盒的宽度一致，侧板的高度低于烟盒高度，即侧板对烟盒的侧面进行部分包覆，方便烟盒的放入和取出。

在工作中，将样品烟盒背面紧贴盒盖开合角度稳定组件的直角边，利用烟包固定组件对烟包进行固定。烟包固定后，即可开始测试烟盒的闭合性能，按照要求打开盒盖一定次数（例如 20 次）后，通过开合角度 / 高度测量组件对盒盖侧面狭缝的角度或盒盖超出盒体的高度进行测量，通过盒盖侧面狭缝的角度或盒盖超出盒体的高度即可表征卷烟硬小盒的闭合性能。当烟盒存在"开口笑"质量缺陷时，小盒正面盒盖处与小盒主体存在一定的高度差，盒盖处与小盒主体盒盖拼合线存在宽度差。通过卷烟硬小盒闭合性能测试工具对样品进行预处理，保证卷烟硬小盒闭合性能测试时小盒盖开启角度一致，从而保证测试条件的稳定性，且测试后可根据工具上的标尺或量角器直接读数，来得到硬小盒盒盖闭合质量。

（2）卷烟硬小盒闭合性能测试系统。

为了提高读数的准确性及效率，在利用上述卷烟硬小盒闭合性能测试工具对烟包进行处理后，可以采用激光扫描的方式对实验后样品开口大小进行测量。因此，本小节基于上述硬小盒闭合性能测试工具开发了卷烟硬小盒闭合性能测试系统，具体如下。

该系统包括评估卷烟硬小盒闭合性能的测试工具（同上）、烟包检测区域、扫描系统、数据采集模块、处理模块和可视化模块（见图 5-38），其中数据采集模块分别与扫描系统和处理模块连接，处理模块与可视化模块连接。扫描系统中的激光器，用于向样品台上放置的待检测烟包发射激光。数据采集模块包括 CCD 摄像机和接收器，CCD 摄像机用于采集烟包开口面的图像，得到若干复合图像信号；接收器用于接收经烟包样品反射的激光信号，得到激光轮廓信息。处理模块包括数据采集卡和处理器，其中数据采集卡用于将数据采集模块采集的复合图像信号和激光轮廓信息进行模数转换，得到数字信号；处理器用于对复合图像信号对应的数字信号进行转化处理，得到烟包的轮廓信息，并根据烟包的轮廓信息得到烟包开口位置坐标信息。

卷烟硬小盒闭合性能测试方法流程如图 5-39 所示。

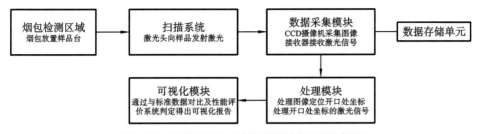

图 5-38 卷烟硬小盒闭合性能测试方法原理框图

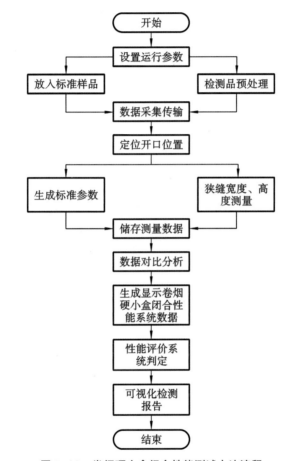

图 5-39 卷烟硬小盒闭合性能测试方法流程

利用该系统测试硬小盒闭合性能的详细方法如下。

（1）将含烟支的烟盒样品的拉线和盒盖处的 BOPP 膜撕去，打开烟盒盒盖，撕去内衬纸撕片后合上盒盖，将烟盒样品的背面紧贴所述盒盖开合角度稳定组件的直角侧面，对烟盒进行固定；将盒盖开启至盒盖顶部与所述盒盖开合角度稳定组件的斜面接触后，合上盒盖；重复上述盒盖开启过程预设次数后，获得预处理的烟包样品。

（2）将预处理后的烟包样品放置在烟包检测区域，扫描系统向烟包样品发射激光；数据采集模块采集烟包开口面的图像，并接收经烟包样品反射的激光信号，得到激光轮廓信息；处理模块对烟包样品的复合图像信号进行处理，以得到烟包的轮廓信息，并根据烟包的轮廓信息得到烟包开口位置坐标信息；可视化模块对烟包开口处坐标的激光信号进行处理，得到开口位置坐标位置表面的平整度参数信息，并将得到的平整度参数信息与数据库内标准参数进行对比，得到硬小盒闭合性能评价结果（见图 5-40）。

图 5-40　卷烟硬小盒闭合性能测试结果

（3）卷烟硬小盒闭合性能测试装置及方法。

针对上述检测方法，在检测过程中，由于检测人员每次开合手法及力度存在差别，本小节开发了盒盖自动开合装置，对盒盖闭合质量样品进行预处理工作。该非接触测量方法能够有效避免因接触、人为因素导致的误差。并基于该装置设计了图像采集检测系统，用于获取硬盒主体及盒盖的位置信息，进而获取其闭合性能结果。

①烟盒盒盖自动开合装置。

机架上设有烟盒定位槽，烟盒定位槽在烟盒开口面及背面有高度差。烟盒开合工位包括盒盖开合装置（左边）、气动压杆、用于检测启动压杆位置的位置传感器、支撑组件（右边）、PLC控制系统，其中气动压杆设置于支撑组件上，由支撑组件上旋转气缸控制角度变换，且其输出端与盒盖开合装置连接，以带动开合装置进行变换位置，位置传感器设置于气动压杆或支撑组件上，PLC控制系统设置于支撑组件上。烟盒盒盖自动开合装置结构示意及打开盒盖的实施示意如图5-41、图5-42所示。

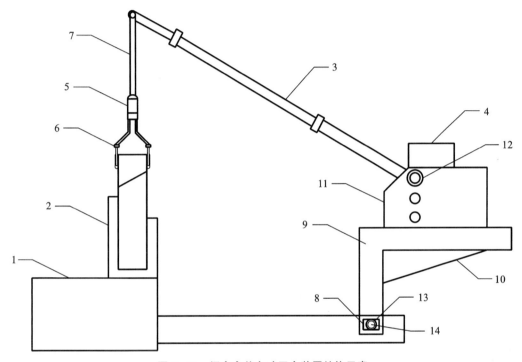

图5-41　烟盒盒盖自动开合装置结构示意

1—机架；2—烟盒定位槽；3—气动压杆；4—旋转气缸；5—抓夹气缸；6—机械手；7—连接杆；8—支撑固定座；9—支撑底座；10—加强板；11—支撑连接座；12—多组连接孔；13—固定栓；14—调节固定槽

盒盖开合装置包括抓夹气缸、机械手、连接杆。机械手与抓夹气缸固定连接，抓夹气缸顶部通过活动连接座与连接杆底部连接，连接杆尾部与气动压杆顶部铰接，抓夹气缸可通过连接杆随气动压杆的升降及角度改变进行变换。

支撑组件包括支撑固定座、支撑底座、加强板、支撑连接座。支撑固定座设置于机架上，支撑底座的底部通过活动连接组件与支撑固定座活动连接，用于调节和固定支撑底座的位置。支撑底座处设有加强板，支撑连接座固定于支撑底座表面，支撑连接座上有多组连接孔。气动压杆的底部由多组连接孔连接固定于支撑连接座。多组连接孔在不同规格烟盒高度不同情况或开合角度变化情况下，气动压杆的长度变化不足以满足时，可以调整气动压杆与多组连接孔连接位置，以调节高度及开合角度。

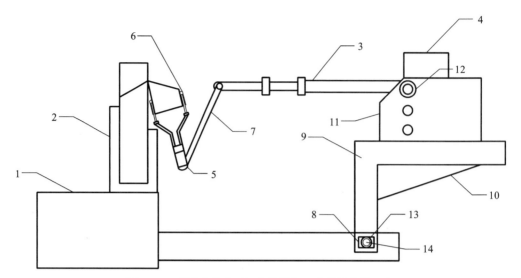

图 5-42　烟盒盒盖自动开合装置打开盒盖的实施示意

1—机架；2—烟盒定位槽；3—气动压杆；4—旋转气缸；5—抓夹气缸；6—机械手；7—连接杆；8—支撑固定座；
9—支撑底座；10—加强板；11—支撑连接座；12—多组连接孔；13—固定栓；14—调节固定槽

　　活动连接组件包括调节固定槽、固定栓。调节固定槽设置于支撑固定座上，支撑底座下部设有固定孔，固定栓用来连接固定槽和固定孔。抓夹气缸、旋转气缸、气动压杆及位置传感器分别与 PLC 控制系统连接。

　　②图像采集检测系统组成。

　　图像采集检测系统包括样品图像获取模块、位置信息获取模块、盒盖闭合质量评估模块，图像获取模块用于分别获取未开合的含烟支的标准硬小盒样品所对应的标准样品图像和含烟支的待测硬小盒样品对应的待测样品图像。位置信息获取模块，用于根据标准样品图像和待测样品图像，分别检测标准硬小盒样品和待测硬小盒样品上的表面主体和盒盖部分的图文信息，并根据所述图文信息分别获取标准硬小盒样品和待测硬小盒样品所对应的表面主体和盒盖部分的位置信息。盒盖闭合质量评估模块，基于标准硬小盒样品和待测硬小盒样品所对应的表面主体和盒盖部分的位置信息，得到待测硬小盒样品的盒盖闭合性能评价结果。

　　③图像采集检测系统应用。

　　利用图像采集检测系统测试硬小盒闭合性能的详细方法如下。

　　样品预处理：手动撕去含烟支的烟盒样品的拉线及盒盖处 BOPP 膜，打开烟盒盒盖，撕去内衬纸撕片后合上盒盖，将样品放置于烟盒盒盖自动开合装置的烟盒定位槽中；启动电源和压缩空气装置，通过控制器控制气动压杆带动盒盖开合装置变换位置，打开烟盒盒盖，开合一定次数后得到待检测样品。

　　开启光源装置并调节至预设光照亮度，调节光源装置的位置，使光源装置照射在烟包检测区域。将未开合的含烟支的标准硬小盒样品放置在烟包检测区域，通过拍摄装置获取标准硬小盒样品的图像，得到标准样品图像。将含烟支的待测硬小盒样品放置在烟包检测区域，通过拍摄装置获取待测硬小盒样品的图像，得到待测样品图像。

分别对标准样品图像和待测样品图像进行预处理，以提高图像质量，预处理必须包括图像灰度化处理、图像滤波处理和图像增强处理中的至少一个。采用 ORB（Oriented FAST and Rotated BRIEF）特征提取与匹配算法对预处理后的图像分析，可以获取标准硬小盒样品和待测硬小盒样品的表面主体和盒盖部分的图文信息。硬小盒样品盒盖闭合质量检测方法流程如图 5-43 所示。

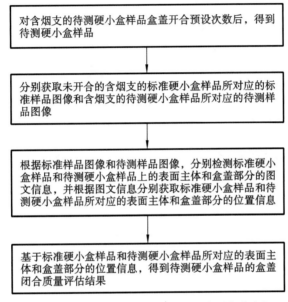

图 5-43　硬小盒样品盒盖闭合质量检测方法流程

基于识别到的表面主体及盒盖部分的图文信息，可分别获取标准硬小盒样品和待测硬小盒样品所对应的表面主体和盒盖部分的位置信息。标准硬小盒样品对应的表面主体和盒盖部分的图文信息分别如图 5-44 的识别区域 1 和识别区域 2 所示。待测硬小盒样品对应的表面主体和盒盖部分的图文信息分别如图 5-45 的识别区域 1 和识别区域 2 所示。

通过比较待测硬小盒样品和标准硬小盒样品所对应的表面主体和盒盖部分的位置差异，确定待测硬小盒样品是否符合预设的位置偏差，若符合，则待测硬小盒样品的盒盖闭合质量评估结果为合格。检测中，也可以逐个对比待测硬小盒样品和标准硬小盒样品所对应的表面主体和盒盖部分的位置偏差，若二者之间的狭缝偏差大于等于预设位置对应的偏差标准，则确定当前待测硬小盒样品的盒盖闭合质量评估结果为不合格，即出现"开口笑"缺陷。

2. 卷烟硬小盒闭合性能对烟支含水率的影响

为研究硬小盒样品盒盖不同开合度对内置烟支含水率的影响，设置了不同梯度的实验，用来研究开合度与烟支含水率的变化规律，以期为卷烟硬小盒闭合性能指标的判定提供参考。

图 5-44　标准硬小盒样品对应的识别
区域 1 和识别区域 2

图 5-45　待测硬小盒样品对应的识别
区域 1 和识别区域 2

（1）试验方法。

取牌号 1、牌号 2 卷烟样品各 30 盒，按照表 5-14 和表 5-15 对样品进行预处理后，随即放入恒温恒湿箱中，每个预处理条件平行试验 3 盒卷烟，恒温恒湿箱的温度 25 ℃，湿度 50%。24 h 后取出，采用红外水分仪，分别测量小盒中烟支的含水率。

表 5-14　牌号 1 样品预处理条件

样品	预处理条件	样品编号
样品 1	BOPP 膜不拆封	1-1
		1-2
		1-3
样品 2	撕开内衬纸，开口 0 mm	2-1
		2-2
		2-3
	撕开内衬纸，取出 1 排烟支，开口 0 mm	2-4
		2-5
		2-6

样品	预处理条件	样品编号
样品3	撕开内衬纸，开口1 mm	3-1
		3-2
		3-3
	撕开内衬纸，取出1排烟支，开口1 mm	3-4
		3-5
		3-6
样品4	撕开内衬纸，开口2 mm	4-1
		4-2
		4-3
	撕开内衬纸，取出1排烟支，开口2 mm	4-4
		4-5
		4-6
样品5	撕开内衬纸，开口3 mm	5-1
		5-2
		5-3
	撕开内衬纸，取出1排烟支，开口3 mm	5-4
		5-5
		5-6
样品6	全开口	6-1
		6-2
		6-3

表5-15　牌号2样品预处理条件

样品	预处理条件	样品编号
样品1	BOPP膜不拆封	1-1
		1-2
		1-3
样品2	撕开内衬纸，开口0.5 mm	2-1
		2-2
		2-3

样品	预处理条件	样品编号
样品 2	撕开内衬纸，取出 1 排烟支，开口 0.5 mm	2-4
		2-5
		2-6
样品 3	撕开内衬纸，开口 1 mm	3-1
		3-2
		3-3
	撕开内衬纸，取出 1 排烟支，开口 1 mm	3-4
		3-5
		3-6
样品 4	撕开内衬纸，开口 1.5 mm	4-1
		4-2
		4-3
	撕开内衬纸，取出 1 排烟支，开口 1.5 mm	4-4
		4-5
		4-6
样品 5	撕开内衬纸，开口 2 mm	5-1
		5-2
		5-3
	撕开内衬纸，取出 1 排烟支，开口 2 mm	5-4
		5-5
		5-6
样品 6	全开口	6-1
		6-2
		6-3

（2）试验结果。

牌号 1 样品预处理后烟支含水率如表 5-16 所示。

表 5-16 牌号 1 样品预处理后烟支含水率

样品	预处理条件	样品编号	烟支含水率
样品 1	BOPP 膜不拆封	1-1	11.54%
		1-2	11.75%
		1-3	11.74%

续表

样品	预处理条件	样品编号	烟支含水率
样品 2	撕开内衬纸，开口 0 mm	2-1	11.11%
		2-2	11.08%
		2-3	10.99%
	撕开内衬纸，取出 1 排烟支，开口 0 mm	2-4	10.52%
		2-5	10.38%
		2-6	10.43%
样品 3	撕开内衬纸，开口 1 mm	3-1	10.96%
		3-2	11.05%
		3-3	11.01%
	撕开内衬纸，取出 1 排烟支，开口 1 mm	3-4	10.48%
		3-5	10.34%
		3-6	10.52%
样品 4	撕开内衬纸，开口 2 mm	4-1	10.66%
		4-2	10.92%
		4-3	10.89%
	撕开内衬纸，取出 1 排烟支，开口 2 mm	4-4	10.29%
		4-5	10.25%
		4-6	10.30%
样品 5	撕开内衬纸，开口 3 mm	5-1	10.74%
		5-2	10.74%
		5-3	10.79%
	撕开内衬纸，取出 1 排烟支，开口 3 mm	5-4	10.07%
		5-5	9.91%
		5-6	10.09%
样品 6	全开口	6-1	10.02%
		6-2	10.05%
		6-3	10.04%

牌号 2 样品预处理后烟支含水率如表 5-17 所示。

表 5-17　牌号 2 样品预处理后烟支含水率

样品	预处理条件	样品编号	烟支含水率
样品 1	BOPP 膜不拆封	1-1	12.85%
		1-2	12.81%
		1-3	12.80%

样品	预处理条件	样品编号	烟支含水率
样品 2	撕开内衬纸，开口 0.5 mm	2-1	12.19%
		2-2	12.27%
		2-3	12.28%
	撕开内衬纸，取出 1 排烟支，开口 0.5 mm	2-4	11.83%
		2-5	11.82%
		2-6	11.77%
样品 3	撕开内衬纸，开口 1 mm	3-1	12.14%
		3-2	12.23%
		3-3	12.26%
	撕开内衬纸，取出 1 排烟支，开口 1 mm	3-4	11.79%
		3-5	11.82%
		3-6	11.78%
样品 4	撕开内衬纸，开口 1.5 mm	4-1	12.05%
		4-2	12.11%
		4-3	12.12%
	撕开内衬纸，取出 1 排烟支，开口 1.5 mm	4-4	11.63%
		4-5	11.70%
		4-6	11.75%
样品 5	撕开内衬纸，开口 2 mm	5-1	12.07%
		5-2	12.14%
		5-3	12.08%
	撕开内衬纸，取出 1 排烟支，开口 2 mm	5-4	11.67%
		5-5	11.63%
		5-6	11.58%
样品 6	全开口	6-1	11.35%
		6-2	11.48%
		6-3	11.42%

采用方差分析两个牌号卷烟盒盖不同开合度与烟支含水率的关系，其结果如表 5-18 ～表 5-21 所示。可以看出，卷烟在不同开合度下放置一段时间后，盒内的烟支含水率具有显著性差异，且随着盒盖开合度的增大，烟支含水率逐渐降低。取出一排烟支后，含水率变化具有相同的变化趋势，且在相同开合度的条件下，取出 1 排烟支后的

含水率低于未取出烟支条件下的含水率。

表 5-18　牌号 1 不取出烟支条件下不同开合度的方差分析结果

预处理条件	含水率平均值	方差	P 值
BOPP 膜不拆封	11.68%	1.40333E-06	
开口 0 mm	11.06%	3.9E-07	
开口 1 mm	11.01%	2.03333E-07	
开口 2 mm	10.82%	2.02333E-06	6.97889E-10
开口 3 mm	10.76%	8.33333E-08	
全开口	10.04%	2.33333E-08	

表 5-19　牌号 1 取出烟支条件下不同开合度的方差分析结果

预处理条件	含水率平均值	方差	P 值
取出 1 排烟支，开口 0 mm	10.44%	5.03333E-07	
取出 1 排烟支，开口 1 mm	10.45%	8.93333E-07	
取出 1 排烟支，开口 2 mm	10.28%	7E-08	0.000489
取出 1 排烟支，开口 3 mm	10.02%	9.73333E-07	

表 5-20　牌号 2 不取出烟支条件下不同开合度的方差分析结果

预处理条件	含水率平均值	方差	P 值
BOPP 膜不拆封	12.82%	7E-08	
开口 0.5 mm	12.25%	2.43333E-07	
开口 1.0 mm	12.21%	3.9E-07	
开口 1.5 mm	12.09%	1.43333E-07	9.26846E-12
开口 2.0 mm	12.10%	1.43333E-07	
全开口	11.42%	4.23333E-07	

表 5-21　牌号 2 取出烟支条件下不同开合度的方差分析结果

预处理条件	含水率平均值	方差	P 值
取出 1 排烟支，开口 0.5 mm	11.81%	1.03333E-07	
取出 1 排烟支，开口 1.0 mm	11.80%	4.33333E-08	
取出 1 排烟支，开口 1.5 mm	11.69%	3.63333E-07	0.00216419
取出 1 排烟支，开口 2.0 mm	11.63%	2.03333E-07	

（3）试验结论。

卷烟"开口笑"不仅影响其美观，而且对内置烟支含水率影响较大，随着盒盖开合度的增大，烟支含水率下降幅度变大，且取出一定烟支后，造成烟盒内空隙增大，烟支水分散失随开合度的增大而增大。因此，在卷烟辅料生产及卷烟生产制造中要提升卷烟硬小盒闭合性能，保障产品质量。

3. 卷烟硬小盒闭合性能稳定性研究

基于当前卷烟生产现状，为了解卷烟硬小盒闭合性能的稳定性，在同一机台上连续抽取硬盒卷烟 100 包，其中 50 包撕开铝箔纸后，利用卷烟硬小盒闭合性能测试工具翻盖 20 次后测量其闭合性能；另外 50 包撕开铝箔纸，每排烟支取出 3 支后，利用卷烟硬小盒闭合性能测试工具翻盖 20 次后测量其闭合性能。闭合性能用盒盖超出盒体距离表示，其结果如表 5-22 和表 5-23 所示。

表 5-22　卷烟硬小盒不抽取烟支闭合性能测试结果

试验编号	闭合质量 /mm	试验编号	闭合质量 /mm	试验编号	闭合质量 /mm
1	2.62	18	2.11	35	2.11
2	1.99	19	1.74	36	2.09
3	2.43	20	2.65	37	0.64
4	2.35	21	0.1	38	0.47
5	1.82	22	0.31	39	1.68
6	1.75	23	1.08	40	2.01
7	1.15	24	2.1	41	0.4
8	0.28	25	1.57	42	2.1
9	1.65	26	2.15	43	1.47
10	1.36	27	2.31	44	1.03
11	2.88	28	0.98	45	1
12	2.24	29	2.2	46	0.44
13	0.26	30	1.43	47	1.13
14	1.87	31	0.47	48	1.34
15	1.78	32	1.2	49	2.07
16	2.14	33	0.41	50	1.96
17	0.3	34	1.9	平均值	1.51
最大值	2.88	最小值	0.1	标准差	0.751

表 5-23　卷烟硬小盒抽取 9 支烟后闭合性能测试结果

试验编号	闭合质量 /mm	试验编号	闭合质量 /mm	试验编号	闭合质量 /mm
1	1.93	18	0.5	35	3.52
2	1.71	19	1.63	36	2.76
3	2.27	20	1.13	37	0.06
4	2.13	21	0.46	38	0.99
5	1.93	22	1.78	39	2.89
6	1.84	23	1.2	40	1.68
7	3.03	24	1.94	41	2.3
8	2.44	25	2.91	42	2.5
9	0.95	26	2.01	43	2.32
10	2.38	27	2.66	44	1.87
11	0.34	28	1.79	45	2.09
12	0.32	29	2.19	46	1.8
13	0.31	30	3.67	47	0.42
14	1.68	31	0.2	48	1.79
15	0.35	32	1.06	49	1.32
16	0.4	33	2.69	50	0.85
17	2.95	34	0.05	平均值	1.68
最大值	3.67	最小值	0.05	标准差	0.952

可以看出，硬小盒闭合性能波动性较大。进一步测试该小盒商标其他关键物理指标，结果如表 5-24 所示。可以看出，静摩擦系数的标准差相对较大，其主要影响商标的上机适应性和包装成型效果，从而对硬小盒的闭合性能稳定性造成影响。

表 5-24　卷烟硬小盒商标其他关键物理指标测试结果

编号	定量 / (g/m²)	水分 / (%)	动摩擦系数	静摩擦系数	纵向（MD）平均值	横向（CD）平均值
1	228.3	4.7	0.145	0.246	61.17	53.02
2	232.7	5.5	0.168	0.363	60.81	57.49
3	232.2	5.6	0.152	0.303	58.80	51.92
4	230.4	5.3	0.118	0.236	56.74	48.97
5	228.2	5.7	0.132	0.354	60.23	54.51

编号	定量 / （g/m²）	水分 /（%）	动摩擦系数	静摩擦系数	纵向（MD）平均值	横向（CD）平均值
6	228.6	5.1	0.135	0.313	60.68	47.66
7	229.5	5.6	0.177	0.296	59.50	50.57
8	229.8	5.7	0.147	0.304	56.06	49.03
9	227.5	5.6	0.139	0.333	58.79	51.40
10	229.2	5.8	0.156	0.321	54.65	45.64
11	231.5	6.1	0.152	0.315	50.88	54.95
12	225.4	5.7	0.14	0.266	54.80	50.87
13	228.9	5.4	0.131	0.287	52.96	48.62
14	229.4	5.5	0.126	0.271	49.30	44.59
15	229.3	5.8	0.181	0.314	54.44	50.65
最大值	232.7	6.1	0.181	0.363	61.17	57.49
最小值	225.4	4.7	0.118	0.236	49.3	44.59
平均值	229.39333	5.54	0.1466	0.30147	56.654	50.659
标准差	1.842152	0.329068	0.01822	0.03605	3.7580	3.4677

因影响卷烟硬小盒闭合性能的因素较多，且这些因素相互作用，提高卷烟硬小盒闭合性能的稳定性需要科研工作者一方面从商标质量指标入手，另一方面从包装成型质量入手。

八、小结

本节以提升消费体验满意度为锚点，基于消费者视觉、嗅觉、味觉、听觉和触觉的"五感"体验，以消费者可感知、易感知为准绳，靶向精准地加强消费者高度关注指标的研究，对消费者关注的粘唇、脱色、粘连、包灰、燃烧锥落头、条与盒包装纸耐光色牢度及小盒"开口笑"等消费者体验重点关注缺陷指标和引领指标开展了检测方法的研究，对影响因素和关键技术开展了文献调研、实验分析，确定了这些检测方法的范围和准确性，并对这些检测方法进行验证，确保检测方法的普适性和实用性，旨在提升消费者视觉、嗅觉、听觉、触觉和味觉的"五感"体验，使消费体验质量控制实现新突破。

（1）消费者体验过程重点关注缺陷指标检测方法研究与开发。

①烟用接装纸疏唇性能测试方法研究，形成实验室方法。

②烟用接装纸脱色测试方法研究与开发，形成了企业标准《烟用接装纸脱色测试浸泡法》QYNZY.J07.227—2023。

③烟用接装纸粘连测试方法研究与开发，形成了企业标准《烟用接装纸粘连的测定热封法》QYNZY.J07.230—2023。

（2）消费者体验过程重点关注引领指标检测方法研究与开发。

①卷烟燃烧锥落头倾向测试方法研究，形成实验室方法。

②卷烟包灰性能测试方法研究与开发，形成行业标准《卷烟包灰性能测试方法》，该标准已过审。

③卷烟条与盒包装纸耐光色牢度测试方法研究，形成企业标准《转移接装纸耐唾液色牢度的检测 振荡法》QYNZY（HT）J07.01—2021。

④卷烟硬小盒闭合性能方法研究，形成实验室方法。

第二节　消费者体验过程重点关注指标在云产卷烟中的应用

一、玉溪（中支境界）烟支拿取困难、烟支端面圆度不够问题的优化

原因分析：玉溪（中支境界）商标模切面宽过窄，包装机盒模尺寸过小，导致成型后盒内烟支包装过紧，造成首支烟拿取困难，同时造成盒内烟支存在挤压变形的情况。

优化措施：①增加小盒模切尺寸；②增加包装机2、3轮内衬及商标纸成型轮盒模尺寸。

优化效果：小盒模切、包装机2、3轮盒模尺寸优化后，小盒方正、平齐，外观质量较好，首支烟拿取困难的问题得到解决，盒内烟支变形问题得到明显改善，如图5-46所示。

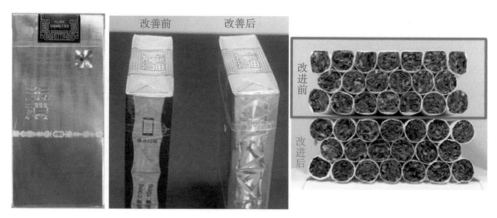

图 5-46　小盒模切及包装机盒模尺寸优化后效果

二、软包小盒烟包凹陷形变问题的改进

原因分析：在设备参数和状态稳定的前提下，导致烟包凹陷形变的质量问题的主要因素是 BOPP 膜收缩率过大。不同供应商质量控制水平参差不齐，且当前热收缩率控制标准波动范围大，检验合格的 BOPP 膜上机适应性存在差异。

优化措施：进行不同纵向热收缩率的梯度实验，综合小盒膜平整度、小盒成型质量、小包密封度三个指标，以定性和定量结合的方式对小包外观质量进行评价，确定 BOPP 膜纵向热收缩率最佳控制区间。

优化效果：小盒 BOPP 膜纵向热收缩率由（4.5±1.5）% 调整为（4.0±1.0）% 后，小盒成型质量、膜平整度都有显著提升，且小包密封度符合要求（见图 5-47 和图 5-48）。

图 5-47　软包小盒烟包凹陷形变问题改进前　　图 5-48　软包小盒烟包凹陷形变问题改进后

三、和谐系列产品烟支综合燃烧性能优化改进

针对和谐系列产品包灰性较差的问题，玉溪卷烟厂针对和谐卷烟纸进行了相关研究，在检测包灰的同时，对燃吸性能的其他指标也进行了检测，具体研究内容如下。

（一）相同定量、不同颜色卷烟纸燃吸性能对比

1. 比较样品

牌号：玉溪（硬和谐升级版）。

卷烟纸：硬和谐升级版正常样和 1# 白色卷烟纸（定量同为 35 g、颜色不同）。

2. 包灰性能差异性对比

包灰性能差异性对比如图 5-49 和图 5-50 所示。

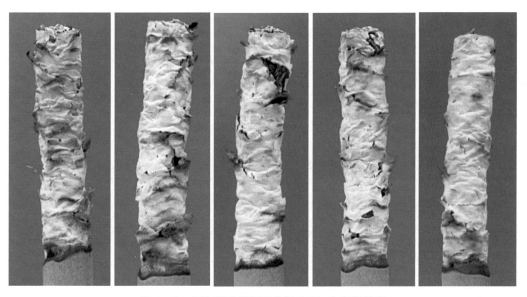

图 5-49　硬和谐升级版正常样（35 g）包灰性能

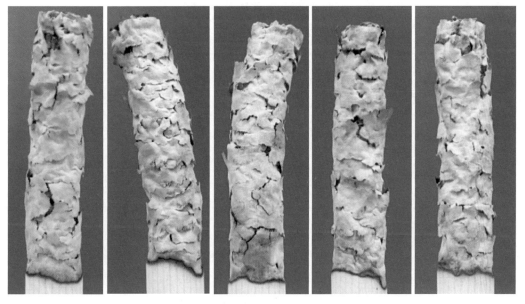

图 5-50　1# 白色卷烟纸（35 g）包灰性能

硬和谐升级版相同定量、不同颜色卷烟纸凝灰指数检验结果对比如表 5-25 所示，在定量相同的情况下，1# 白色卷烟纸的包灰效果要略优于正常样，通过与卷烟纸厂家技术人员沟通发现，和谐系列卷烟纸会增加一些外源物质，对于卷烟纸来说，这就是一种杂质，会对卷烟纸整体完整性造成一定的影响，最终影响燃烧后的完整性。

表 5-25　硬和谐升级版相同定量、不同颜色卷烟纸凝灰指数检验结果对比

卷烟纸类型	凝灰指数					
	1	2	3	4	5	均值
正常样（35 g）	95.06	95.42	93.11	94.70	97.07	95.07
1# 白色卷烟纸（35 g）	97.28	96.59	96.07	97.03	96.90	96.77

3. 其他指标的对比

（1）掉头检测结果对比。

硬和谐升级版相同定量、不同颜色卷烟纸掉头检测结果对比如表 5-26 所示。

表 5-26　硬和谐升级版相同定量、不同颜色卷烟纸掉头检测结果对比

卷烟纸类型	掉头支数		
	第一轮 /20 支	第二轮 /20 支	合计 /40 支
正常样（35 g）	3	3	6
1# 白色卷烟纸（35 g）	1	0	1

（2）烟灰灰色检测结果。

硬和谐升级版相同定量、不同颜色卷烟纸烟灰灰色检测结果如表 5-27 所示。

表 5-27　硬和谐升级版相同定量、不同颜色卷烟纸烟灰灰色检测结果

卷烟纸类型	白度值										
	1	2	3	4	5	6	7	8	9	10	均值
正常样（35 g）	16.98	16.85	17.04	17.18	17.14	17.6	17.51	16.94	17.45	17.09	17.18
1# 白色卷烟纸（35 g）	19.79	19.71	21.08	20.96	21	20.12	19.86	20.1	20.19	20.44	20.33

对于硬和谐升级版来说，将正常样的棕色纸换成定量相同的白色卷烟纸，对掉头和烟灰颜色影响较大，掉头支数从 6 支 /40 支降到了 1 支 /40 支，烟灰白度值均值从 17.18 提高到了 20.33，改善幅度十分明显。

（二）相同颜色、不同定量卷烟纸燃吸性能对比

1. 比较样品

牌号：玉溪（中支和谐）。

卷烟纸：中支和谐正常样（28 g）和3#棕色卷烟纸（35 g）。

2. 包灰性能差异性对比

中支和谐相同颜色、不同定量卷烟纸凝灰指数检验结果对比如表5-28所示。包灰性能差异对比如图5-51和图5-52所示。

表5-28　中支和谐相同颜色、不同定量卷烟纸凝灰指数检验结果对比

卷烟纸类型	凝灰指数					
	1	2	3	4	5	均值
正常样（28 g）	95.16	96.11	95.28	92.60	94.07	94.64
3# 棕色卷烟纸（35 g）	97.29	97.25	96.46	96.96	96.42	96.87

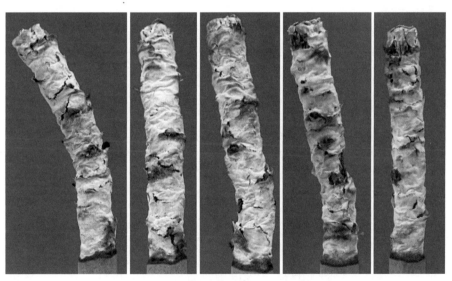

图5-51　中支和谐正常样（28 g）包灰性能

对中支和谐来说，在同为棕色卷烟纸的情况下，卷烟纸定量较高的3#棕色卷烟纸包灰性能明显优于定量为28 g的正常样。

3. 其他指标的对比

（1）掉头检测结果对比。

中支和谐相同颜色、不同定量卷烟纸掉头检测结果对比如表5-29所示。

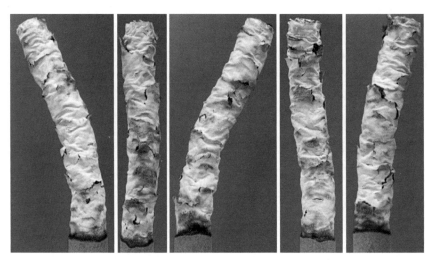

图 5-52　3# 棕色卷烟纸（35 g）包灰性能

表 5-29　中支和谐相同颜色、不同定量卷烟纸掉头检测结果对比

卷烟纸类型	掉头支数		
	第一轮 /20 支	第二轮 /20 支	合计 /40 支
正常样（28 g）	5	4	9
3# 棕色卷烟纸（35 g）	3	2	5

（2）烟灰灰色检测结果。

中支和谐相同颜色、不同定量卷烟纸烟灰灰色检测结果对比如表 5-30 所示。

表 5-30　中支和谐相同颜色、不同定量卷烟纸烟灰灰色检测结果对比

卷烟纸类型	白度值										
	1	2	3	4	5	6	7	8	9	10	均值
正常样（28 g）	17.55	17.55	17.14	17.35	16.85	16.80	16.90	16.38	16.26	16.55	16.93
3# 棕色卷烟纸（35 g）	18.58	18.44	17.80	17.66	18.10	18.55	18.56	18.74	18.37	18.60	18.34

对于中支和谐来说，将卷烟纸定量从 28 g 提高到 35 g 后，对掉头和烟灰颜色影响较大，掉头支数从 9 支 /40 支降到了 5 支 /40 支，烟灰白度值均值从 16.93 提高到了 18.34，改善效果较明显。

（三）包灰改善样燃吸性能对比

结合前期研究及与卷烟纸厂家技术人员沟通，卷烟纸定量对包灰效果影响明显，但

是在定量达到 35 g 以后，再增加定量，包灰改善效果就不明显了，故针对和谐产品的改善样，卷烟纸定量采取 35 g，浆料组成为全麻，同时增加了一定量的功能性凝灰助剂和胡精类物质，分别用于改善卷烟凝灰和口感的功效。

1. 玉溪（硬和谐）

卷烟纸：正常样（定量 28 g）和 2# 改善样（定量 35 g）。

（1）包灰性能差异性对比。

包灰性能差异性对比如图 5-53 和图 5-54 所示。

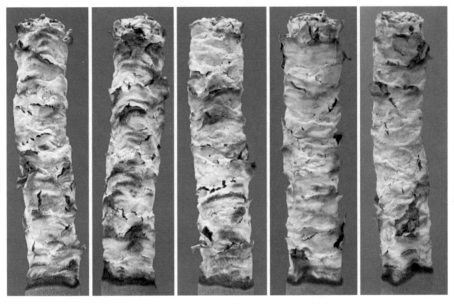

图 5-53 硬和谐正常样（28 g）包灰性能

图 5-54 硬和谐改善样（35 g）包灰性能

硬和谐正常样和改善样凝灰指数检验结果对比如表 5-31 所示。

表 5-31 硬和谐正常样和改善样凝灰指数检验结果对比

卷烟纸类型	凝灰指数					
	1	2	3	4	5	均值
正常样（28 g）	94.95	92.51	94.99	94.20	93.99	94.13
改善样（35 g）	94.62	93.46	94.75	94.50	95.91	94.65

对硬和谐来说，两个样品包灰性能差别不大，改善样品凝灰指数也是略有提升，有改善，但改善效果不明显。

（2）其他指标的对比。

①掉头检测结果对比。

硬和谐正常样和改善样掉头检测结果对比如表 5-32 所示。

表 5-32 硬和谐正常样和改善样掉头检测结果对比

卷烟纸类型	掉头支数		
	第一轮 /20 支	第二轮 /20 支	合计 /40 支
正常样（28 g）	6	5	11
改善样（35 g）	2	2	4

②烟灰灰色检测结果。

硬和谐正常样和改善样烟灰灰色检测结果对比如表 5-33 所示。

表 5-33 硬和谐正常样和改善样烟灰灰色检测结果对比

卷烟纸类型	白度值										
	1	2	3	4	5	6	7	8	9	10	均值
正常样（28 g）	14.92	13.43	14.18	14.95	15.15	14.35	14.89	15.04	15.27	13.75	14.59
改善样（35 g）	16.28	16.52	16.24	15.16	16.00	16.21	16.15	15.95	15.78	16.10	16.04

对于硬和谐来说，和正常样相比，改善样对掉头和烟灰颜色改善明显，掉头支数从 11 支 /40 支降到了 4 支 /40 支，烟灰白度值均值从 14.59 提高到了 16.04，改善效果明显。

2. 玉溪（硬和谐升级版）

卷烟纸：正常样（定量 35 g）和 2# 改善样（定量 35 g）。

包灰性能差异对比如图 5-55 和图 5-56 所示。

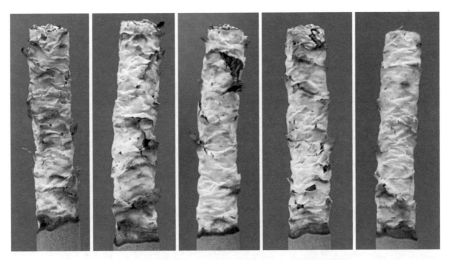

图 5-55　硬和谐升级版正常样（35 g）包灰性能

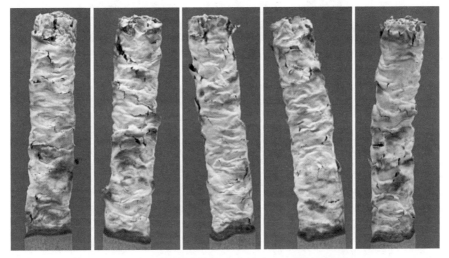

图 5-56　硬和谐升级版改善样（35 g）包灰性能

硬和谐升级版正常样和改善样凝灰指数检验结果对比如表 5-34 所示。

表 5-34　硬和谐升级版正常样和改善样凝灰指数检验结果对比

卷烟纸类型	凝灰指数					
	1	2	3	4	5	均值
正常样（35 g）	95.06	95.42	93.11	94.70	97.07	95.07
改善样（35 g）	97.28	96.59	96.07	97.03	96.90	96.77

对硬和谐升级版来说，改善样的包灰性能改善明显。

3. 玉溪（中支和谐）

卷烟纸：正常样（定量 28 g）和 4# 改善样（定量 35 g）。

（1）包灰性能差异性对比。

包灰性能差异对比如图 5-57 和图 5-58 所示。

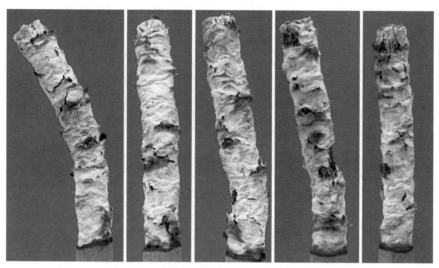

图 5-57　中支和谐正常样（28 g）包灰性能

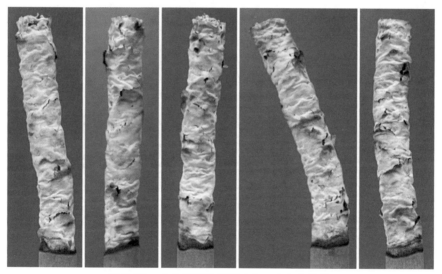

图 5-58　中支和谐改善样（35 g）包灰性能

中支和谐正常样和改善样凝灰指数检验结果对比如表 5-35 所示。

表 5-35　中支和谐正常样和改善样凝灰指数检验结果对比

卷烟纸类型	凝灰指数					
	1	2	3	4	5	均值
正常样（28 g）	95.16	96.11	95.28	92.60	94.07	94.64
改善样（35 g）	97.68	97.47	97.01	96.42	96.27	96.97

对中支和谐来说，改善样的包灰性能改善明显。

（2）其他指标的对比。

中支和谐正常样和改善样掉头检测结果对比如表5-36所示。

表5-36　中支和谐正常样和改善样掉头检测结果对比

卷烟纸类型	掉头支数		
	第一轮/20支	第二轮/20支	合计/40支
正常样（28 g）	5	4	9
改善样（35 g）	1	2	3

从表5-36可以看出，中支和谐改善样的掉头也得到了明显的改善。

（四）感官评吸汇总

感官评吸汇总如表5-37所示。

表5-37　感官评吸汇总

共17人	包灰视觉对比			感官描述
	无明显改善	稍有改善	明显改善	
硬和谐（正常样）	3	10	4	刺激性、残留优于正常样品（1人）
硬和谐（改善样）				香气略欠、杂气明显（1人）
硬和谐升级版（正常样）	5	12	0	略有差异（1人）
硬和谐升级版（改善样）				
中支和谐（正常样）	0	6	11	试验样品刺激性略大于正常样品（3人）
中支和谐（改善样）				甜香丰富性略下降、回味层次感略加强（1人）

硬和谐有3人认为包灰无明显改善，10人认为包灰稍有改善，4人认为包灰改善明显。感官方面：有1人认为刺激和残留方面试验样优于正常样品，有1人认为试验样香气略欠、杂气明显。

硬和谐升级版有5人认为包灰无明显改善，12人认为包灰稍有改善。感官方面：1人认为感官略有影响，较玉溪（硬和谐）明显。

中支和谐有11人认为包灰明显改善，有6人认为包灰稍有改善。感官方面：1人认为感官影响明显，主要表现为甜香丰富性略下降、回味层次感略加强，另有3人认为试验样品刺激性略大于正常样品。

（五）小结

（1）在定量相同的情况下，硬和谐升级版卷烟纸包灰性能略差于白色卷烟纸。

（2）同为棕色卷烟纸，在定量提高的情况下，包灰性能明显改善。

（3）结合前期研究及与卷烟纸厂家技术人员交流，确定改善样的定量为 35 g（再提高对包灰的改善效果不明显），浆料组成为全麻，同时添加了一定量的功能性助剂，分别用于改善卷烟凝灰和口感。

（4）和正常样相比，硬和谐升级版和中支和谐的包灰改善效果明显。

（5）卷烟纸定量同为 28 g 的硬和谐和中支和谐，在使用定量为 35 g 的改善纸样以后，掉头也得到了明显的改善，掉头支数分别从 11 支 /40 支、9 支 /40 支降低到 4 支 /40 支、3 支 /40 支。

（6）在感观评吸中，评委视觉感受中支和谐包灰效果改善最为明显，硬和谐和硬和谐升级版略有改善，但在感官方面，对中支和谐造成的负面影响最大。